Ian Graham · Ivor Guild · Lynn Myring · Maurice Kimmitt
Tony Potter

ROBOTER
LASER
NEUE MEDIEN

Aus dem Englischen übersetzt von Gabriele Preis-Bader

Otto Maier Verlag Ravensburg

Erster Teil

NEUE MEDIEN

Elektronische Informations- und Kommunikationstechnik

Inhalt

3 Eine lautlose Revolution
4 Die elektronische Stadt
6 Neue Möglichkeiten durch die Technik
8 Wie Computer Informationen verarbeiten
10 Einkaufen per Computer
12 Bezahlen per Computer
14 Neue Wege in der Fernsehtechnik
16 Informationen vom Bildschirm
18 Bildschirmtext
22 Videotext
24 Telesoftware
26 Das elektronische Büro
28 Das Telefon von morgen
32 Telekommunikation – was ist das?
34 Nachrichten aus dem All
36 Informationen mit Lichtgeschwindigkeit
38 Computer in der Fabrik
40 Videotechnik
42 Der Chip – Herzstück der Mikroelektronik
44 Kommunikation mit Computern
46 Neue Medien auf einen Blick

Eine lautlose Revolution

Viele Dinge, die man tut, hängen davon ab, daß man von anderen Leuten Informationen erhält und darauf reagiert. Selbst für ganz alltägliche Erledigungen – um einen Zug zu erreichen, ein Telefongespräch zu führen, eine Fernsehsendung anzuschauen, ein Würstchen zu kaufen oder ins Kino zu gehen – müssen Informationen gespeichert, verarbeitet und übertragen werden. Zur Zeit wird die meiste Information noch auf Papier gespeichert: in Büchern, Zeitschriften, Fahrplänen, Karteien usw. Dadurch ist uns vielleicht noch nicht bewußt geworden, daß die Methoden der *Informationsverarbeitung* durch die Mikroelektronik und durch Computer revolutioniert werden. Computer können viel größere Mengen an Informationen speichern, und zwar nicht nur Wörter, sondern auch Bilder und Töne. Sie können diese Informationen auch millionenfach schneller verarbeiten, als es der Mensch vermag. Wahrscheinlich benutzt du täglich Computer, ohne sie immer als solche zu erkennen. Im Supermarkt wird die Rechnung viel-

leicht von einer Registrierkasse addiert und ausgedruckt, die eigentlich ein Computerterminal ist. Das Geld, das du beim Bezahlen zurückbekommst, wurde vielleicht von einem Computerterminal in der Bank abgeholt. Sogar deine Stimme kann elektronisch so verarbeitet werden, daß sie in Form von winzigen Laserblitzen durch ein Lichtleiternetz übermittelt wird, ohne daß dein Gesprächspartner irgendeine Veränderung bemerkt. Viele dieser Dinge, über die du in diesem Buch mehr erfahren wirst, sind durch die moderne Informationstechnologie weiterentwickelt oder sogar erst ermöglicht worden.
Die Auswirkungen dieser Informationstechnologie sind auf den ersten Blick nicht immer eindeutig zu erkennen. Frühere Entwicklungen in der Mikroelektronik haben es ermöglicht, winzige „Computer auf einem Chip" und Speicherbausteine in ganz alltäg-

liche Maschinen einzubauen, z. B. in Autos, Fernsehgeräte, Telefonapparate und Waschmaschinen. Um solche alltäglichen Gegenstände leistungsfähiger und

vielseitiger zu machen, wurden die Chips programmiert. Dadurch können sie die eingegebenen Informationen verarbeiten und die entsprechenden Aufgaben ausführen. So kann z. B. die Registrierkasse in einem Supermarkt die Menge speichern, die von bestimmten Waren verkauft wurde, und sie kann ausrechnen, was nachbestellt werden muß. Gleichzeitig errechnet sie die Kaufsumme und stellt eine Quittung aus.
Informationsverarbeitung ist also wichtig, aber sie ist nur ein Teilbereich der Informationstechnik. Ein ebenso wesentlicher Teil ist das, was man *Kommunikationstechnik* nennt: Telefon, Radio und Fernsehen haben ebenfalls dazu beigetragen, die Kommunikation, also den Austausch von Informationen zwischen den Menschen, zu revolutionieren. Mit Hilfe der Informationstechnik wird einerseits die Kommunikation zwischen Maschinen und Menschen ermöglicht, andererseits die Kommunikation zwischen Maschi-

nen untereinander. Die Registrierkasse im Supermarkt kann also über die Telefonleitung mit einem anderen Computer in einer Firma verbunden sein und dort die benötigten Waren bestellen. Mit Hilfe dieser neuen Kommunikationstechnik kann man auch mit entfernten Computern in Verbindung treten und z. B. von zu Hause aus einkaufen, Bankgeschäfte erledigen, in Bibliotheken nach Büchern oder bei Informationsdiensten nach Programmen für den eigenen Heimcomputer suchen und mit anderen Leuten über Telefon elektronische Spiele spielen. Alle diese Dinge sind inzwischen technisch möglich, wenn auch noch nicht überall und in jedem Haushalt. Ob sie sich auch alle durchsetzen, wird davon abhängen, was der Mensch als Fortschritt ansieht und fördert.

Die elektronische Stadt

Die neue Informationstechnik bringt allmählich in allen Lebensbereichen Veränderungen mit sich – zu Hause, am Arbeitsplatz, in der Unterhaltung, sogar bei Alltagsdingen wie beim Einkaufen. Sie liefert in der Regel zusätzliche Möglichkeiten und muß nicht zwangsläufig bisher Gewohntes ersetzen. Man schreibt heutzutage immer noch Briefe und liest Zeitungen, obwohl es Telefon und Fernsehen gibt. Die moderne Informationstechnik macht es aber möglich, elektronisch vorbereitete Texte und Bilder zu übermitteln, z. B. über Telefon.

Die meisten dieser neuen Möglichkeiten der Kommunikation hängen von leistungsfähigen Zweiweg-Telekommunikationsverbindungen ab; diese sind fähig, Computerdaten, Fernsehsendungen, Grafiken, Telefongespräche, Texte, Videobilder und andere Informationen zu übertragen. Manche Übertragungen sind bereits über die bestehenden Telefon- und Kabelfernseh-Leitungen möglich. Mit der Ausbreitung der neuen Informationstechnik werden sicher noch verbesserte Leitungsnetze und Übertragungsmöglichkeiten eingerichtet, die den Anforderungen der neuen technischen Medien gewachsen sind.

Bürofernschreiben
So nennt man die Möglichkeit, geschriebenen oder gedruckten Text über Kabel zu empfangen. Solche Texte können auf einem Fernsehschirm angezeigt oder von einem Drucker ausgedruckt werden, der wie ein Telefon dauerhaft mit einem Kabelnetz verbunden ist.

Elektronische Druckmedien
Zeitungen, Zeitschriften, Bücher und alle Arten von Druckwerken kann man auch über Kabel empfangen. Man ruft die gewünschten Texte auf, kann sie auf einem Fernsehgerät anschauen und sich von den interessanten Teilen durch einen Farbbilddrucker Kopien ausgeben lassen.

„Teleshopping" und „Telebanking"
Über eine Zweiweg-Kabelverbindung kann man bei Geschäften Waren bestellen, indem man sich direkt mit dem Auftragsannahme- und Warenbestandskontrollcomputer der betreffenden Firma verbinden läßt. Man bezahlt die Ware, indem man den Computer in seiner Bank anweist, das Geld zu überweisen. Nur auf die Lieferung muß man noch warten.

Bildschirmtext und Videotext
Beide sind Informationsdienste, die von großen Zentralcomputern oder Datenbanken gespeist werden. Übertragen werden diese Informationen über die Telefonleitung (beim Bildschirmtext) oder zusammen mit den üblichen Fernsehsignalen (beim Videotext).

Zu Hause

Auch zu Hause wird sich die neue elektronische Technik weiter ausbreiten. Viele Geräte könnten unter der Kontrolle eines zentralen Heimcomputers stehen, den man über Telefon erreichen kann, wenn niemand zu Hause ist. Man könnte ihn anweisen, das Licht oder die Heizung einzuschalten, ein Fernsehprogramm auf Videoband aufzuzeichnen, das Essen aufzuwärmen, telefonische Mitteilungen entgegenzunehmen oder weiterzugeben, den Ausdruck einer elektronischen Zeitung anzufordern usw.

Am Arbeitsplatz

Mit guten Telekommunikationsverbindungen wird es aus technischer Sicht überflüssig, alle Büros und Produktionsstätten einer Firma an einem einzigen Ort zu konzentrieren. Computer und die Menschen, die daran arbeiten, könnten auch über größere Entfernungen so in Verbindung miteinander stehen wie in einem großen Gebäude. In der elektronischen Stadt könnten Lehrer von zu Hause aus die Arbeiten ihrer Schüler beurteilen, Ingenieure könnten Roboter in automatisierten Fabriken steuern, Ärzte Patienten befragen und beraten, Reisebüros Ferien buchen, Bankangestellte den Geldverkehr ihrer Kunden kontrollieren usw. Diese technischen Möglichkeiten würden allerdings erhebliche Umstellungen im menschlichen Bereich erfordern.

In der Unterhaltung

Die Entwicklung der neuen Informations- und Kommunikationstechnik bringt unter anderem auch mehr Fernsehprogramme, die über Satellit und über Kabel empfangen werden können. Neben den bestehenden Programmen der öffentlich-rechtlichen Sendeanstalten können weitere Programme eingerichtet werden. Auch Computerprogramme lassen sich über Kabel auf den Bildschirm holen, und das Angebot an Informationen, die auf Videobändern oder Disketten aufgenommen sind, dürfte wachsen. Die neue technische Entwicklung hat auch die Möglichkeiten verbessert, Musik aufzunehmen und abzuspielen. Freilich wird es durch dieses vielfältige Angebot zunehmend schwieriger, eine sinnvolle Auswahl aus all diesen Möglichkeiten zu treffen.

Neue Möglichkeiten durch neue Technik

Durch die Entwicklung der Elektronik werden mehr und mehr neue Geräte und Maschinen eingeführt. Auch die Handhabung herkömmlicher Maschinen wird dadurch verändert oder ihr Einsatzbereich erweitert. Noch vor einigen Jahren waren Taschenrechner teurer und viel größer als jetzt. Heute sind sie klein, flach, preisgünstig und können mehr als nur rechnen. Kassettenrecorder lassen sich als Speichergeräte für Heimcomputer verwenden. Alle diese Veränderungen wurden dadurch ermöglicht, daß man umfangreiche Schaltungen nun auf einem winzigen Siliziumchip* unterbringen und auf diese Weise Maschinen leistungsfähiger, vielseitiger und weniger störanfällig machen kann.

Die neue Technik im Einsatz

Dieses Bild stellt einige Einsatzmöglichkeiten der neuen Technik vor. Das Fernsehgerät zeigt eine Wetterkarte von Europa, die aus den Informationen eines Wettersatelliten zusammengesetzt wurde und über Bildschirmtext abgerufen werden kann. Der Telekopierer ist an das Telefonnetz angeschlossen und empfängt auf diesem Weg Bürofernschreiben, die auf der Tastatur eines Heimcomputers eingegeben wurden, der ebenfalls hier abgebildet ist. Durch ein Zusatzgerät, das sogenannte Modem (siehe Seite 19), kann jeder Computer in die Empfangsstation einer Nachrichtenverbindung umgewandelt werden. Der Kassettenrecorder wird zum Speichern von Computerdaten benutzt und kann z. B. ein Programm zur Steuerung des Roboterarms aufnehmen. Auf dem Bildplattenspieler liegt vielleicht gerade eine Bildplatte mit Tips zur Fahrradpflege, und das Telefon ist so programmiert, daß Anrufe zu einem anderen Anschluß weitergeschaltet werden.

Datenverarbeitung

Die meisten Informationen werden als Texte und Bilder aufgenommen, weil diese in der Regel am besten zu verstehen sind. Elektronisch gesteuerte Maschinen verarbeiten Informationen in Form von elektrischen Impulsen. Alle Arten von Informationen – geschriebene und gesprochene Texte, Bilder, Meßwerte, Geräusche, sogar Gerüche, lassen sich in elektronische Impulse umsetzen, so daß sie von Mikrochips „verstanden" werden. Informationen werden oft elektronisch gespeichert und übertragen. Sie müssen schließlich aber in eine Form gebracht werden, die der Mensch verstehen kann, z. B. in Fernsehbilder oder in eine Tonbandaufnahme.

Computer eignen sich besonders gut zur Verarbeitung großer Informationsmengen und sind so schnell, daß sie uns ganz neue Möglichkeiten eröffnet haben. Ein Computer kann Informationen im Umfang einer ganzen Bibliothek in Sekundenschnelle prüfen, wenn

* Mehr über Chips auf Seite 42.

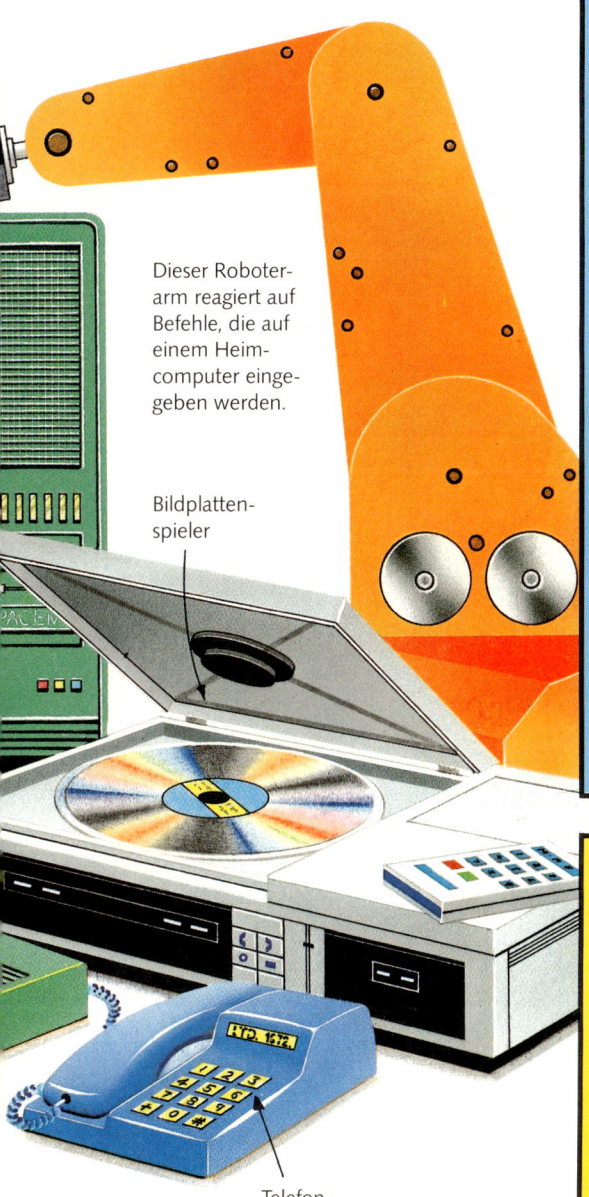

Dieser Roboterarm reagiert auf Befehle, die auf einem Heimcomputer eingegeben werden.

Bildplattenspieler

Telefon

Auto fahren mit neuer Technik

Auto fahren ist eine vielschichtige Aufgabe. Das bedeutet, daß eine große Zahl von Informationen aus vielen Quellen verarbeitet werden muß: welche Strecke die günstigste ist, wie man wirtschaftlich fährt, ob man die Scheibenwischer und die Beleuchtung einschalten muß, welche Geschwindigkeit angemessen ist usw.
Dabei kann die neue Technologie sehr hilfreich sein. Um die günstigste Strecke herauszufinden, kann man eine Bildschirmtextkarte des Gebietes in den Computer eingeben, dazu den gewünschten Ort und eventuelle Hindernisse auf der Strecke, die man dem Verkehrsfunk entnommen hat. Dann folgt man den Richtungspfeilen, die auf dem Bildschirm des Armaturenbrettcomputers erscheinen. Er ist so programmiert, daß er alle diese Informationen auswertet. Außerdem überwacht er den Motor, die Beleuchtung, Scheibenwischer, Geschwindigkeit und Heizung und sogar Dinge, die man nicht unmittelbar ändern kann, wie die Federung und den Luftwiderstand. Durch Sprachsynthesizer wird man daran erinnert, die Gurte anzulegen oder langsamer zu fahren. Oder man erhält einen Hinweis, daß irgendein Defekt vorliegt und wie man ihn behebt. Alle diese Möglichkeiten wurden bereits getestet, und einige davon sind in manchen neueren Automodellen schon verwirklicht worden.

„Intelligente" Maschinen

Maschinen und Geräte, die von Mikrochips gesteuert werden, bezeichnet man manchmal als „intelligente" Maschinen. Sie erwecken den Anschein, auf Informationen „vernünftig" einzugehen, indem sie in verschiedenen Situationen unterschiedlich reagieren. In Wirklichkeit folgen sie nur einer Reihe von Anweisungen, einem Programm, das in einem Chip gespeichert ist. Das Programm arbeitet nach dem Schema: „Wenn dies geschieht…, tu das!" Ein Fotoapparat kann z. B. ein Programm enthalten, das ihn die richtige Belichtungszeit entsprechend den Lichtverhältnissen und der Filmempfindlichkeit berechnen läßt. Der Apparat reagiert automatisch auf Informationen vom Belichtungsmesser und legt fest, wie lange der Verschluß offen bleibt. Durch solche zusätzlichen Möglichkeiten lassen sich elektronisch gesteuerte Geräte oft leichter handhaben als herkömmliche.

sie dafür aufbereitet sind. Die Geschwindigkeit, mit der Daten überprüft, sortiert und verarbeitet werden können, läßt den Computer Berechnungen durchführen, für die Menschen viel zu lange brauchen würden. Die gesamte Raumfahrt wäre ohne Computer unmöglich. Sogar alltägliche Arbeiten wie Auto fahren, Wäsche waschen oder Fotografieren können durch Mikroelektronik wesentlich erleichtert werden.

Wie Computer Informationen verarbeiten

Computer benutzen einen sehr einfachen Code, der aus elektrischen Impulsen besteht. In diesem Code gibt es nur zwei Signale: „Impuls" oder „ein" und „kein Impuls" oder „aus". Geschrieben werden die Signale als 1 und 0. Diesen Computercode nennt man einen *binären Digitalcode*; binär, weil er zwei Signale benutzt, und digital, weil er aus Ziffern besteht.

Der Computer verarbeitet Bilder, Texte, Töne, Meßwerte u. ä., indem er sie in eine Folge der Ziffern 1 und 0 umsetzt. Solche für Computer aufbereitete Informationen werden als *digitale Informationen* bezeichnet. (Das Wort „Informationen" wird dabei oft mit „Daten" gleichgesetzt.) Nichtdigitale Informationen nennt man *analog*. Den Unterschied zwischen analoger und digitaler Information erkennt man, wenn man eine gewöhnliche Uhr mit einer Digitaluhr vergleicht: Die herkömmliche Uhr zeigt die Zeit an, indem sich die Uhrzeiger gleichmäßig über das Zifferblatt bewegen; das ergibt eine analoge Messung. Die Digitaluhr zeigt die Zeit in Zahlen an, die sich in Schritten verändern, z. B. einmal pro Sekunde.

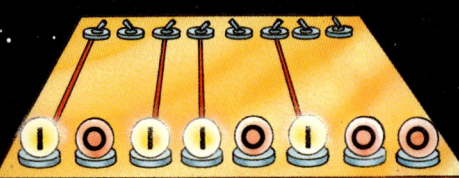

Dieser Nachrichtensatellit übermittelt Telefongespräche und Computerdaten in digitaler Form von einem Teil der Erde zu einem anderen.

Bits und Bytes

Jeder Impuls oder Nicht-Impuls des Computercodes ist ein sogenanntes *Bit* (engl. Abkürzung für **b**inary dig**it** = binäre Ziffer). Die meisten Computer und andere elektronisch gesteuerte Geräte benutzen Gruppen von acht Bits, um Informationen darzustellen, z. B. einen Buchstaben des Alphabets, eine Zahl oder ein Zeichen. Eine Gruppe von acht Bits nennt man *Byte*.

Im Inneren des Computers werden die Bits mit Hilfe von elektrischen Signalen dargestellt: Eine hohe Spannung bedeutet 1, eine niedrige Spannung 0. Jede Art von Information kann in Bytes dargestellt werden, wenn sie zuvor in eine Folge von elektrischen Signalen umgewandelt worden ist. Viele Informationen erreichen uns bereits wieder in Form von analogen Signalen: Die Stimme wird durch ein Telefon von elektrischen Signalen in Töne zurückverwandelt, digital aufgenommene Musik wird ebenfalls wieder in Klänge umgesetzt, und Fernsehgeräte setzen Bilder aus elektrischen Signalen zusammen. Informationen in digitaler Form haben gegenüber analogen Informationen den Vorteil, daß sie vom Computer direkt verarbeitet werden können. Die Digitalisierung von Informationen ist also der Schlüssel zur Revolution derr Kommunikationstechnik.

Wie sieht digitale Information aus?

Digitale Information muß nicht immer aus elektrischen Impulsen bestehen. Da sie als Einsen und Nullen geschrieben werden kann, gibt es auch andere Darstellungsmöglichkeiten. Die Bilder rechts zeigen einige davon. Der Satellit oben strahlt digitale Informationen in den Weltraum aus.

▲ Der digitale Code kann auch aus Lichtimpulsen bestehen. Dieses Bild zeigt einen Lichtleiter (Glasfaserkabel), der digitale Daten in Form von Laserblitzen überträgt.

Flügel mit Solarzellen versorgen den Satelliten mit elektrischem Strom.

Parabolantennen empfangen, verstärken und übertragen die Signale.

Signale von der Parabolantenne

Die digitalen Signale werden als zwei Frequenzen gesendet.

Warum man Informationen digital verarbeitet

Digitale Daten haben gegenüber herkömmlichen Informationen mehrere Vorteile: So benötigt elektronisch gespeicherter Text auf Disketten weitaus weniger Platz, als wenn er auf Papier geschrieben wäre. Der Hauptvorteil besteht jedoch darin, daß digitale Daten von Computern und anderen Geräten verarbeitet werden können, die mit Mikroprozessoren ausgestattet sind. Elektronisch gespeicherte Information kann abgerufen und mit Hilfe eines Computers leicht geändert werden. Sie kann über die Telefonleitung auch zu einem anderen computergesteuerten Gerät, beispielsweise zu einem Drucker, geschickt werden.

Auch herkömmliche technische Verfahren oder Geräte lassen sich mit digitaler Technik kombinieren. Digital aufgenommene Musik z. B. klingt besser als herkömmliche Aufnahmen, da durch die Digitalaufnahme hohe und tiefe Töne besser wiedergegeben werden. Digitale Kompaktplatten, sogenannte Compact Discs, nutzen sich praktisch nie ab, da sie von einem Laserstrahl abgetastet werden, der die Oberfläche nicht berührt.

▼ Die ersten Computer erhielten digitale Informationen, die auf Lochstreifen oder Lochkarten codiert waren: Ein Loch bedeutet 1, ein fehlendes Loch 0.

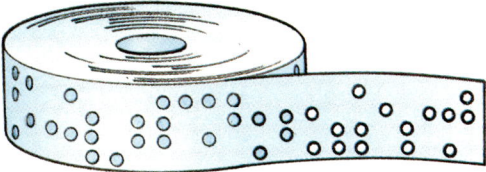

▼ Bei Compact Discs wird für die Klangaufzeichnung ein ähnliches System angewandt: In der spiegelnden Oberfläche der Platte gibt es mikroskopisch kleine Löcher und erhabene Stellen, die von einem Laserstrahl abgetastet werden.

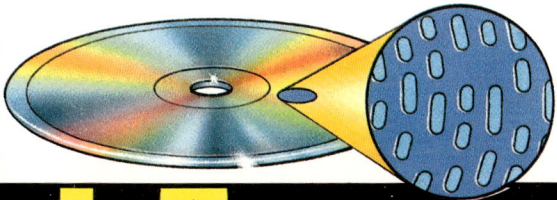

▲ Strichcodes bestehen aus unterschiedlich breiten, schwarzen und weißen Linien, die einen Digitalcode darstellen. Dieser Digitalcode kann die verschiedensten Arten von Informationen enthalten, von Musik bis zu Computerprogrammen.

▲ Digitale Informationen können auch durch zwei Tonhöhen – hohe und tiefe Töne – übertragen werden. Sie lassen sich, wie andere Töne, durch die Telefonleitung übermitteln.

Einkaufen per Computer

Computer spielen beim Einkaufen bereits eine wichtige Rolle. Große Firmen, besonders solche mit Filialen im ganzen Land, müssen riesige Informationsmengen bewältigen. Sie müssen dafür sorgen, daß ausreichend Ware in den Verkaufsregalen steht, daß Waren nachbestellt werden, die zur Neige gehen, müssen entscheiden, welche Artikel sich gut verkaufen, die Preise überwachen usw. Ein automatisiertes System, wie das hier abgebildete, kann überwachen, was verkauft und was noch auf Lager ist, und kann bei der Preiskalkulation und Nachbestellung helfen.

Lagerverwaltung

Wenn das Geschäft mit Waren beliefert wird, werden entsprechende Informationen in den Computer eingegeben. Er weiß dann, wieviel von jeder Ware vorrätig ist. Darüber hinaus übermittelt die Registrierkasse alle Verkäufe an den Computer. Dieser ist so programmiert, daß er Warenbestände und Warenverkäufe miteinander vergleicht und auf diese Weise ermittelt, wie schnell

Dieses Bild zeigt eine typische Situation an der Registrierkasse eines Supermarkts. In dieser Kasse wird nicht nur Geld aufbewahrt, sondern sie enthält auch einen Computer, der mit anderen Terminals im Verkaufsraum und mit den wichtigsten Lagerhaltungscomputern im Hauptbüro verbunden ist.

Der geheimnisvolle Strichcode

Viele Warenverpackungen werden heute mit einem Muster aus schwarzen und weißen Streifen bedruckt, dem sogenannten Strichcode. Dieser Strichcode bietet die Möglichkeit, digitale Informationen so anzubringen, daß sie direkt in den Computer eingegeben werden können. Die schwarzen und weißen Linien stellen Einsen und Nullen dar und können mit einem entsprechenden Lichtstift gelesen werden. Wenn ein Lichtstrahl über den Strichcode fährt, reflektieren nur die weißen Linien Licht. Dies wird von einem Fotodetektor aufgenommen, der einen elektrischen Impuls erzeugt, wenn er Licht empfängt. So wird der schwarzweiße Strichcode in elektrische Impulse übertragen. Die als Strichcode verschlüsselte Information ist in Wirklichkeit eine 13stellige Zahl. Jedes Produkt hat seine eigene, einmalige Nummer, die dem Computer alles über das Produkt sagt.

Dickmanns dicke Bohnen

Das Bild zeigt den erdachten Strichcode für eine Konservendose von Dickmanns dicken Bohnen. Der erste Teil des Strichcodes bezeichnet das Herkunftsland der Dose, der zweite Teil, die Betriebsnummer, sagt, daß es sich um ein Produkt von Dickmann handelt; alle Waren von Dickmann tragen dieselbe Betriebsnummer. Die restlichen Ziffern bilden die Artikelnummer. Sie kann z. B. die Information vermitteln, daß die Dose dicke Bohnen enthält und wie groß die Dose ist. Der Preis ist nicht Bestandteil des Strichcodes, da er sich leicht ändern kann. Der Computer in der Registrierkasse ermittelt den Preis der Dose anhand der Artikelnummer, die er mit den Artikelnummern in seinem Speicher vergleicht.

Strichcode

Strichcode vergrößert

bestimmte Waren verkauft werden. Er kann dann auch angeben, wann verschiedene Produkte nachbestellt werden müssen. Die Lagerhaltung kann ebenfalls automatisiert werden. Dazu wird der Computer programmiert, die Bestellungen auszudrucken oder sogar direkt über Telefon bei den Computern der Lieferanten Waren zu bestellen.

Die Registrierkasse

Diese Registrierkasse hat einen Speicher, der die Artikelnummern sowie die Preise sämtlicher Waren enthält, die geführt werden. Erhält die Kasse vom Laser-Lesegerät eine Artikelnummer, so schlägt sie die Nummer nach und zeigt dann den Produktnamen und den zugehörigen Preis auf ihrem Bildschirm an. Gleichzeitig werden diese Angaben auch auf einem Beleg ausgedruckt. Auf einem kleinen eingebauten Kassettenrecorder speichert die Kasse, was verkauft wurde. Diese Information wird für die Vorratskontrolle benötigt.

Gewöhnlich ist es ausreichend, wenn nur eine Registrierkasse eine solches „intelligentes" Terminal mit Speicher hat. Alle anderen Registrierkassen sind mit diesem Terminal verbunden und benutzen dessen Speicher, um Produkte zu erkennen und Verkaufsdaten zu speichern. Es gibt auch Systeme ohne „intelligentes" Terminal. In diesem Fall erhalten alle Kassen ihre Informationen von einem Computer, der irgendwo anders im Geschäft steht.

Die Einkäufe bewegen sich auf dem Förderband über das Laser-Lesegerät.

Das Laser-Lesegerät

Dieses Förderband hat neben der Ladenkasse ein eingebautes Lesegerät. Dort wird ein Strahlennetz durch das Fenster geschickt, über das die eingekauften Waren hinweggeschoben werden. Die Strahlen „lesen" die Strichcodes und senden die Nummern zum Terminal. Man benutzt hierbei ein Netz von Laserstrahlen, so daß es keine Rolle spielt, wie die Packung über das Fenster geschoben wird. Bei anderen Systemen benutzt der Verkäufer eine Laser- oder LED-Pistole, mit der er über den Strichcode fährt.

Bezahlen per Computer

Das Bankwesen ist ein weiterer Bereich, in dem viele Informationen verarbeitet werden müssen, was gut von Computern erledigt werden kann. Die Banken benutzen bereits Computer, um die Konten der Kunden zu verwalten und um über die Bewegungen auf den Geldmärkten auf dem laufenden zu sein. Darüber hinaus ist nun geplant, elektronische Überweisungsmöglichkeiten einzurichten, um dadurch Bargeld und Schecks zu ersetzen. Das wäre ein weiterer Schritt zu einer „bargeldlosen Gesellschaft". Ob es dazu kommt, hängt nicht zuletzt davon ab, ob die Bankkunden sich damit anfreunden können.

Einkaufen ohne Bargeld

Beim bargeldlosen Bezahlen würden Scheckkarten aus Kunststoff an die Stelle von Bargeld und Schecks treten. Sie könnten in allen Geschäften benutzt werden, die über ein computergesteuertes Bankterminal wie das unten abgebildete verfügen. Die Scheckkarte wird in das Terminal gesteckt und von diesem elektronisch gelesen. Dann gibt der Verkäufer die Preise der Artikel ein, die gekauft werden.

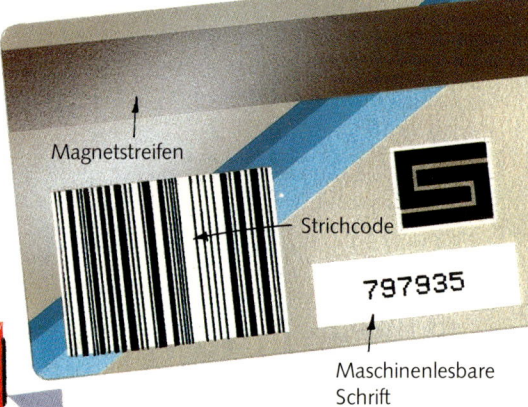

Magnetstreifen

Strichcode

Maschinenlesbare Schrift

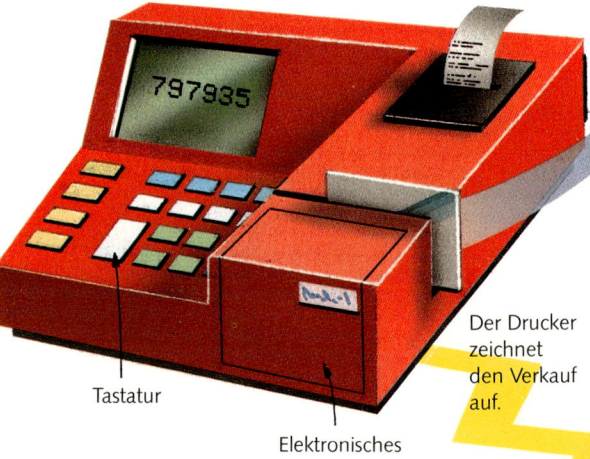

Tastatur

Elektronisches Lesegerät

Der Drucker zeichnet den Verkauf auf.

Die Scheckkarte trägt auf der Rückseite, digital verschlüsselt, eine persönliche Kontonummer, die direkt vom Terminal gelesen werden kann. Die Karte oben zeigt drei Darstellungsmöglichkeiten der Kontonummer: als Magnetstreifen, als Strichcode und als Zeichen in einer Spezialschrift, die der Computer entziffern kann. Das Terminal liest eine dieser Darstellungsformen oder alle, um die Kontonummer festzustellen. (Wie das geschieht, steht auf Seite 44/45.)

Tastatur und Bildschirmanzeige eines Bankautomaten

Einige Terminals können sogar Einzelheiten solcher Scheckkartengeschäfte auf Magnetband speichern. Diese werden später zur Hausbank der Firma gebracht und dort zur Verarbeitung in den Zentralcomputer geladen. Das oben abgebildete Terminal ist jedoch ein On-line-Gerät, das an die Telefonleitung angeschlossen ist. Das Terminal gibt also dem Computer in der Bank immer sofort Bescheid, wenn eine Scheckkarte eingeführt wird. Alle Einzelheiten des Verkaufs werden auf direktem Weg (on line) übermittelt.
Der Zentralcomputer in der Hausbank der Firma ruft dann den Computer in der Bank des Kunden an, teilt ihm die Kontonummer und die Kaufsumme mit und gibt ihm die Anweisung, das Geld auf das Konto der Firma zu überweisen.
Eine andere Art von Geschäftsterminal kann den Zentralcomputer in der Bank des Kunden anrufen, um die Bezahlung noch während des Geschäftsvorgangs anzufordern.

Wenn man eine solche Scheckkarte benutzt, muß man auf der Tastatur des Bankautomaten auch eine persönliche Geheimnummer eingeben. Diese wird dem Terminal übermittelt, das zur Sicherheit die Geheimnummer mit der Kontonummer auf der Scheckkarte vergleicht.

Geldautomaten

Tastatur
Drucker

Die erste Art elektronischer Bankterminals sind Geldautomaten, die mit dem Zentralcomputer der Bank verbunden sind. Mit Hilfe einer Kunststoff-Scheckkarte kann man dort Geld abheben, Schecks bestellen oder einen Kontoauszug anfordern. Der Zentralcomputer überprüft die Scheckkarte und die persönliche Geheimnummer. Wenn alles stimmt, weist er das Terminal an, die gewünschte Summe Geld auszuzahlen. Manche Terminals haben einen Drucker, der einen Beleg über den Vorgang ausgibt. Ähnliche Terminals benutzt auch das Personal in der Bank, um direkten Zugang zum Zentralcomputer zu erhalten.

Scheckkarten mit Speicher

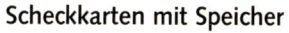

Mikrochip

In diese Scheckkarten ist ein winziger Chip eingelassen. Er speichert das Guthaben eines Bankkontos und bucht davon alle Beträge ab, die mit Hilfe der Scheckkarte ausgegeben werden. Wenn die Karte in ein Terminal eingeführt wird, gibt der Chip ihm Anweisung, das Guthaben anzuzeigen. Ist das Terminal mit dem Computer der Bank verbunden, so kann der Chip feststellen, ob Zahlungen auf das Konto eingegangen sind; diese addiert er zum Speicherinhalt. Der Chip ist außerdem so programmiert, daß er regelmäßige Zahlungen wie Gehalt und Miete automatisch addiert bzw. subtrahiert. Diese Scheckkarten werden manchmal als „intelligente" Scheckkarten bezeichnet.

Kontenführung zu Hause

Am einfachsten ist die elektronische Kontenführung von zu Hause mit Hilfe von Bildschirmtext*. Der eigene Computer wird dabei in ein Bankterminal umgewandelt, wenn er direkt über Telefonleitung oder Fernsehkabel mit dem Computer der Bank verbunden ist. Man kann die Bank auf elektronischem Weg anweisen, Geld vom eigenen Konto auf ein anderes zu überweisen, Rechnungen zu bezahlen usw.

Das „Überweisungstelefon"

Dieses Telefon erlaubt Gespräche in herkömmlicher Weise, aber es dient gleichzeitig als Bankterminal, da es die Kontonummer auf einer Kreditkarte prüfen und lesen kann. Der Verkäufer benutzt das Telefon, um den Computer bei der Kreditkartengesellschaft anzurufen und die Karte prüfen zu lassen. Das Telefon selbst leitet die Kartennummer an den Zentralcomputer weiter, der überprüft, ob das Konto gedeckt oder überzogen ist. Wenn es überzogen ist, alarmiert der Zentralcomputer automatisch das Geschäft und gibt den Anruf an die Kreditkartengesellschaft weiter. Im Augenblick ist dies nur eine Prüfmöglichkeit, aber in Zukunft wird der gesamte Überweisungsvorgang elektronisch ausgeführt werden.

Kreditkarte

* Mehr über Bildschirmtext auf den Seiten 18 bis 21.

Neue Wege in der Fernsehtechnik

Die Entwicklung der Mikroelektronik hat auch die Nutzungsmöglichkeiten des Fernsehgeräts erweitert: Es kann als Bildschirm für Computer dienen, kann für Spiele, zur Abwicklung von Einkäufen und Bankgeschäften benutzt werden, um Filme anzuschauen, um Verbindungen mit anderen Menschen zu schaffen und zum Abrufen von Informationen. Sogar gewöhnliche Fernsehprogramme erreichen den Fernsehzuschauer auf neuen Wegen. Hier werden einige dieser neuen Entwicklungen gezeigt.

Fernsehen in Zukunft

Dieses Bild zeigt ein Fernsehgerät mit einigen Sonderfunktionen, wie es vielleicht in Zukunft aussieht. Das Gerät hat einen flachen Bildschirm und ist für Stereowiedergabe mit Hi-Fi-Lautsprechern verbunden. Es zeigt gerade einen Kabelfernsehkanal, der auf dem mehrfach geteilten Bildschirm eine Übersicht über die anderen Programme gibt. Einige Kanäle sind für den Dialogverkehr zwischen Sender und Empfänger ausgestattet. Außerdem ist das Fernsehgerät zum Empfang von Bildschirmtext* an das Telefonnetz angeschlossen und für den Satellitenempfang mit einer Parabolantenne verbunden. Videorecorder, Bildplattenspieler und Heimcomputer lassen sich ebenfalls an den Bildschirm des Fernsehgeräts anschließen.

Fernsehgeräte im Taschenformat

Stereokopfhörer

Armbanduhr mit Bildschirm

Kleine Taschenfernseher wie die oben abgebildeten sind bereits auf den Markt gekommen. Bis jetzt haben nur diese Geräte einen flachen Bildschirm. Einige arbeiten mit Flüssigkristallanzeigen (LCD), wie sie bei Taschenrechnern und Digitaluhren üblich sind. Flüssigkristallanzeigen liefern aber kein ausreichend gutes Bild für einen großen Bildschirm und können nur Schwarzweißbilder wiedergeben.

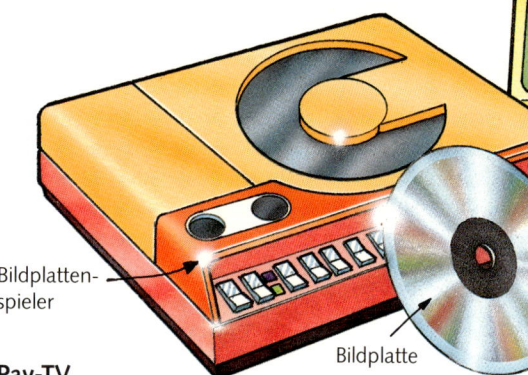

Bildplattenspieler

Bildplatte

Pay-TV

Satelliten- und Kabelfernsehprogramme können so verschlüsselt werden, daß man sie nur empfangen kann, wenn man dafür bezahlt hat. Zum Empfang von Satellitenfernsehen braucht man außerdem einen Decoder, der die Signale für das eigene Gerät entschlüsselt. Die Fernsehstation kann mit Hilfe von Rückkanälen kontrollieren, welches Programm man gerade sieht.

Satellitenfernsehen

Fernsehstationen benutzen schon seit vielen Jahren Satelliten, um wechselseitig Fernsehprogramme auszutauschen. Die Signale werden in den Weltraum ausgestrahlt und von einem Satelliten in einen anderen Teil der Erde weitergeleitet, wo sie von einer Parabolantenne empfangen werden. Die empfangende Fernsehstation sendet die Signale dann in gewohnter Weise weiter, so daß sie von den Hausantennen der Fernsehteilnehmer aufgenommen werden können.

Die neueste Entwicklung ist die Direktübertragung per Satellit; das bedeutet, daß die Signale vom Satelliten direkt zum Fernsehteilnehmer gelangen. Um solche Übertragungen zu empfangen, braucht man allerdings selbst eine Parabolantenne.

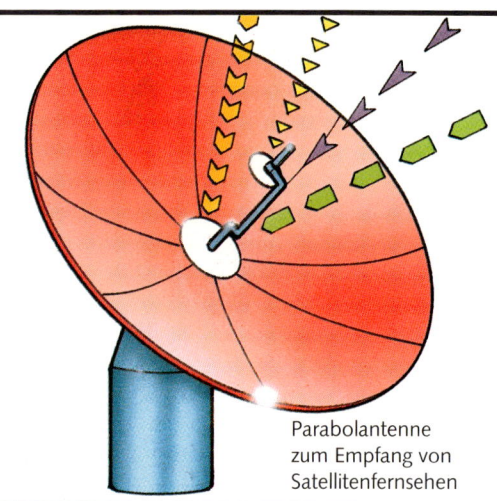

Parabolantenne zum Empfang von Satellitenfernsehen

* Auf den Seiten 18 bis 21 findest du mehr über Bildschirmtext.

Fernsehgerät mit Flachbildschirm
Stereolautsprecher
Heimcomputer
Tastenfeld zur Fernbedienung
Videorecorder

HDTV

Ein Fernsehbild ist aus Hunderten von Zeilen zusammengesetzt, die sich rasch verändern. Wenn man die Anzahl der Zeilen erhöht, kann man schärfere Bilder bekommen. Dieses Verfahren nennt man *Hochzeilenfernsehen* oder *HDTV* (von englisch **H**igh **D**efinition **T**ele**v**ision).

Digitales Fernsehen

Bisher wird Fernsehen noch nicht digital aufgezeichnet oder gesendet. Der Grund hierfür liegt darin, daß man eine ungeheuer große Anzahl von Bits benötigen würde, um die Informationen für solche detailreichen, bewegten Bilder übertragen zu können. Töne lassen sich dagegen leicht digitalisieren. Deshalb können Kabel- und Satellitenfernsehen sowie Bildplattenspieler digitale Techniken verwenden, um eine bessere Klangqualität und Stereowiedergabe zu erzielen.

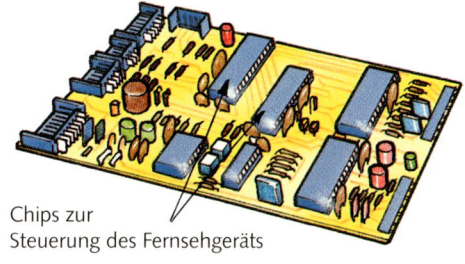

Chips zur Steuerung des Fernsehgeräts

Chips im Inneren des Fernsehgeräts entschlüsseln die digitalen Signale und geben sie als Töne wieder. Tatsächlich haben Chips bereits viele elektronische Bauteile in Fernsehgeräten ersetzt. Sie werden z. B. für die automatische Sendereinstellung und für die Fernbedienung benutzt. Chips können in der Fabrik so vorprogrammiert werden, daß sie das bestmögliche Bild speichern und dementsprechend das Bild verbessern, das sie aus den empfangenen Signalen zusammengesetzt haben. Das Bild wird Aufnahme für Aufnahme gespeichert, anschließend wird jede Störung, z. B. Schwankungen, Schatten, Fehlfarben oder falsche Helligkeit, korrigiert. Da das Bild elektronisch vom Fernsehgerät gespeichert wird, kann man es verschiedenartig beeinflussen: den Bildschirm aufteilen, um mehr als ein Programm zu empfangen, Teile eines Bildes vergrößern, einzelne Bilder stehen lassen oder die Bildfolge in Zeitlupe betrachten.

Kabelfernsehen

Schon seit längerer Zeit benutzt man Kabel, um gewöhnliche Fernsehsendungen dorthin zu übertragen, wo der Empfang bislang schlecht war, oder um die „Antennenwälder" auf großen Mietshäusern zu beseitigen. Jetzt werden zunehmend besondere Kabelfernsehprogramme eingerichtet, die nicht in gewohnter Weise gesendet werden. Durch Kabel können mehr Programme übertragen werden als über die üblichen Sendestationen und sogar noch mehr als über Satelliten. Dadurch kann man ganz spezielle Programme schaffen, z. B. nur für Sport, Filme, Nachrichten oder Musik. Man nennt das auch *Zielgruppenfernsehen*, weil diese Programme sich an ein kleineres Fernsehpublikum wenden.

Kabelfernsehen kann auch im Dialog vor sich gehen, wenn es eine direkte Kabelverbindung zwischen allen Zuschauern und der Fernsehstation gibt. Auf diese Weise können die Zuschauer in die Fernsehsendungen einbezogen werden – vielleicht bei Quizsendungen, Interviews, Abstimmungen oder Umfragen.

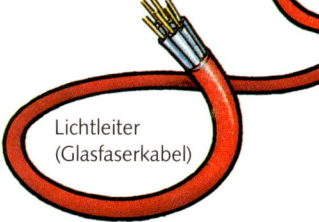

Lichtleiter (Glasfaserkabel)

Informationen vom Bildschirm

Teletext wandelt das Fernsehgerät in ein Bildschirmterminal für die verschiedensten Daten um, die irgendwo anders in einem Computer gespeichert sind. Man kann Teletext benutzen, um Auskünfte einzuholen, wie die Wettervorhersage, Sportergebnisse, Veranstaltungshinweise, Reisetips und Fahrpläne. Man kann auf diesem Weg auch Computerprogramme erhalten und sich über eine Fülle von Dingen informieren.
Es gibt zwei verschiedene Arten von Teletext: Bildschirmtext und Videotext. Beide liefern einen elektronischen Informationsdienst; Bildschirmtext ist jedoch ein Zweiweg-Kommunikationssystem. Mit Bildschirmtext kann man also einen Sitzplatz im Kino buchen oder Waren bestellen, indem man eine Nachricht an den Bildschirmtext-Computer schickt. Das geht bei Videotext nicht, da dieses System nur in einer Richtung funktioniert.

Herkömmliches Fernsehen: Alle Fernsehsignale, die durch die Luft gesendet werden, laufen nur in einer Richtung. Dieses Verfahren liefert Videotext.

Kabelfernsehen: Die meisten Kabelfernsehprogramme sind Einwegsysteme wie das gewöhnliche Fernsehen; sie liefern deshalb Videotext.

Telefon: Das Telefonnetz ist ein Zweiweg-Kommunikationssystem und liefert deshalb Bildschirmtext.

Interaktives Kabelfernsehen: Einige Kabelfernsehsysteme haben Rückkanäle, die es den Zuschauern ermöglichen, mit der Fernsehstation in Verbindung zu treten. Sie liefern Bildschirmtext.

So benutzt man Videotext

Videotext-Seiten ruft man auf einem besonderen Tastenfeld der Fernbedienung auf oder mit einer Tastatur, die von einer Videotext-Gesellschaft geliefert wird. In einigen Fällen kann man auch den eigenen Heimcomputer dazu benutzen. Ein Tastenfeld hat die Zahlen 0 bis 9, einige Symbole wie ★ und # und möglicherweise einige Befehle wie beispielsweise „Seite speichern". Eine Tastatur besitzt dazu noch die Buchstaben des Alphabets. Wenn man die Nummer der Seite schon kennt, die man sehen möchte, braucht man nur diese Nummer einzugeben. Gewöhnlich kennt man die Nummer aber nicht und geht deshalb durch eine Reihe von „Menüs", die Themen zur Auswahl anbieten. Die Menüs werden immer spezieller, bis man die Seiten mit der gewünschten Information erreicht. Bei Bildschirmtext benötigt man dafür ungefähr fünf oder sechs Schritte, bei Videotext weniger, da dies weniger Seiten hat.
Einige Bildschirmtext-Systeme benutzen ein Schlüsselwort als Suchbegriff. Dabei gibt man ein Wort oder einen Ausdruck ein, wie z. B. „Wettervorhersage". Der Computer findet dann rasch die gewünschten Seiten. Das geht schneller als die Wahl aus einem Menü: Man muß allerdings wissen, welches Wort oder welchen Ausdruck man benutzen kann.

Tastenfeld

Tastatur

Was auf dem Bildschirm erscheint

Sowohl Bildschirmtext als auch Videotext liefern Informationen als bildschirmfüllende Seiten. Das Bild rechts zeigt einen Teil einer solchen Seite. Die Seiten setzen sich aus Bildern (Grafiken) und Schrift (Text) in leuchtenden Farben zusammen. Eine Seite bleibt so lange auf dem Bildschirm, bis man eine andere aufruft oder das Gerät ausschaltet. Einige Decoder haben einen Mikrochip, der die Signale, die er für eine oder mehrere Seiten empfangen hat, speichern kann. Man kann sich dann eine oder mehrere dieser Seiten nochmals zeigen lassen.

Wie das Bild entsteht

Die Seite wird durch elektrische Signale erzeugt, die der Teletextcomputer aussendet. Man braucht einen speziellen Decoder, der diese Signale so entschlüsselt, daß sie auf Ihrem Fernsehschirm als Bilder erscheinen. Das Bild auf dem Bildschirm besteht aus winzigen Quadraten, den sogenannten Bildpunkten (engl. pixels, Abkürzung von **pic**ture **cel**ls). Die elektronischen Signale geben dem Chip im Decoder, der für die Erzeugung der Bilder zuständig ist, genaue Anweisungen, welche Bildpunkte in welcher Farbe erleuchtet werden sollen.

Grafik und Text

Grafiken und Texte haben bei Teletext quadratische Grundformen und sehen recht einfach aus. Es gibt keinen Ton, und die einzig mögliche Bewegung ist ein einfacher Austausch von zwei Bildern, so wie es hier oben gezeigt ist. Es sieht so aus, als ob der Fußballer den Ball schießt, weil zwei Gruppen von Bildpunkten abwechselnd aufleuchten und wieder verlöschen.

Die Leitangaben

Der Name des Teletextdienstes erscheint gewöhnlich am oberen Bildschirmrand der „Leitseite", zusammen mit der Seitennummer und einigen anderen Angaben. Darüber hinaus geben einige Dienste die Zeit und das Datum oder den Namen der Firma bzw. der Organisation an, die die Information auf dieser Seite zur Verfügung gestellt hat.

Bildschirmtext

Bildschirmtext ist die günstigere Art von Teletext, da er interaktiv ist; das bedeutet, daß man mit dem Bildschirmtext-Computer in Verbindung treten kann. Dieser Zentralcomputer funktioniert wie eine Art elektronisches Postamt: Er nimmt Mitteilungen an und gibt diese an die richtigen Empfänger weiter. Man kann auch Einkäufe, Buchungen, Bankgeschäfte oder „elektronische Post" per Bildschirmtext erledigen. Der Empfang erfolgt über Telefonleitung oder über Zweiweg-Kabelfernsehen.

Die Anmeldung

Zuerst muß man sich als Teilnehmer beim Bildschirmtext-Dienst anmelden. Gewöhnlich erhält man dann eine Benutzernummer, ähnlich einer Telefonnummer, und eine Kennzahl oder ein Kennwort. Diese ermöglichen den Zugang zu den Bildschirmtext-Datenbanken.

Bildschirmtext ist in der Regel nicht kostenlos. Man muß eine Anschlußgebühr bezahlen, dazu die laufenden Gebühren sowie die Computer- und Telefonkosten. Auch der Abruf mancher Informationsseiten kostet etwas; die meisten Seiten sind allerdings kostenlos. Außerdem benötigt man einige Zusatzgeräte, beispielsweise einen Decoder mit der zugehörigen Software und ein Modem.

Der Bildschirm

Als Bildschirm braucht man ein Fernsehgerät oder einen Monitor. Dieses Gerät muß möglicherweise mit einem Decoder ausgestattet werden, der die Signale vom Modem in Texte und Grafiken umsetzt und auf den Bildschirm bringt. Der Decoder enthält Chips, die darauf programmiert sind, die Bildschirmtext-Signale zu entschlüsseln und in Bilder umzuwandeln, indem die Chips die richtigen Bildpunkte auf dem Bildschirm aufleuchten lassen.

Tastenfeld

Kabelfernsehen mit Rückkanal

Da Kabelfernsehsysteme Kabel benutzen, mit denen das Fernsehgerät direkt an die Fernsehstation angeschlossen wird, können durch diese Kabel Signale in beide Richtungen geschickt werden. Man braucht einen Decoder für das Fernsehgerät, der die Bildschirmtext-Signale entschlüsselt und in Bilder umsetzt. Nicht alle Kabelfernsehprogramme haben Rückkanäle, die für Zweiweg-Kommunikation geeignet sind. Bildschirmtext über Kabelfernsehen ist noch ziemlich neu und nicht weit verbreitet.

Tastaturen

Der Bildschirmtext-Anbieter stellt häufig eine Tastatur oder ein Tastenfeld zur Verfügung. Tastaturen sind besser, da sie auch Buchstabentasten besitzen; damit kann man einige Mitteilungen eingeben. Mit einem Tastenfeld kann man nur aus einem Verzeichnis oder Menü auswählen, wie es hier unten gezeigt wird.

Glückwünsche
Wählen Sie aus:
1. Zum Geburtstag   3. Viel Glück
2. Zum Namenstag   4. Zum Führerschein

Bildschirmtext über Telefon

Üblicherweise wird Bildschirmtext über die Telefonleitung übertragen. Um das Telefon für jede Art von Computerkommunikation, also auch für Bildschirmtext, nutzbar zu machen, benötigt man ein *Modem* (siehe unten). Fernsehgerät und Telefon werden über das Modem miteinander verbunden, falls das Fernsehgerät nicht schon direkt an die Telefonleitung angeschlossen ist.

Wenn man Bildschirmtext, abgekürzt Btx, benutzen will, ruft man in gewohnter Weise die Btx-Zentrale an; sie antwortet automatisch auf den Anruf und fragt durch eine entsprechende Anzeige auf dem Bildschirm nach Benutzernummer und Kennwort. Nachdem die Zentrale den Teilnehmer erkannt hat, kann man Seiten aufrufen oder selbst Mitteilungen senden. Die Btx-Zentrale überwacht den Anruf, stellt die gewünschten Seiten aus der Datenbank bereit, schickt sie auf den Bildschirm und stellt die Verbindung zu allen anderen Teilnehmern her, die ebenfalls den Dienst in Anspruch nehmen.

Das Modem

Ein Modem ist ein Gerät, das Computerdaten in Signale übersetzt, die durch die Telefonleitung übertragen werden können. Es gibt mehrere Arten von Modems: Eine Art nennt sich *Akustikkoppler*, er ist auf dem Bild links dargestellt. Dieses Gerät funktioniert so, daß man die Hör- und Sprechmuschel des Telefonhörers in die zwei Vertiefungen des Geräts legt. Dadurch werden die Töne aus dem Hörer in elektrische Signale übersetzt, die entweder der Decoder im Fernsehgerät oder der Computer verarbeiten kann. Auf die gleiche Art verwandelt der Koppler die Eingabe in Töne und leitet diese in die Sprechmuschel weiter. Bei der Benutzung eines Akustikkopplers können Nebengeräusche den Empfang stören, und manchmal erscheinen auch unsinnige Buchstaben und Zeichen auf dem Bildschirm.

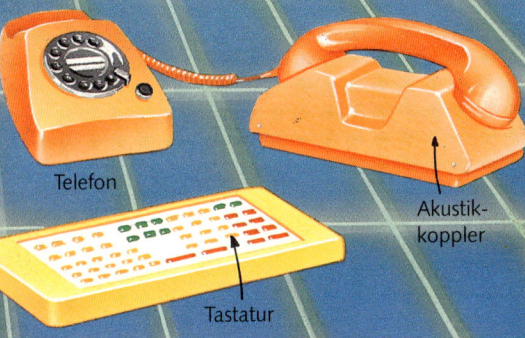

Dieses Bild zeigt die Verbindung von Fernsehgerät und Telefon über einen Akustikkoppler zum Empfang von Bildschirmtext. Weitere Zusatzgeräte sind ein Tastenfeld oder eine Tastatur und ein Heimcomputer.

Telefon

Akustikkoppler

Tastatur

Telefon

Direktkoppler

Bildschirmtext und Heimcomputer

Wenn man einen Heimcomputer hat, kann man auch diesen als Tastatur verwenden. Er läßt sich, entsprechend ausgerüstet, auch als Decoder und Bildgenerator einsetzen, so daß man keinen Decoder für das Fernsehgerät braucht. Allerdings benötigt man spezielle Programme, damit der Computer die Bildschirmtext-Signale verarbeiten kann.

Ein besserer Modemtyp, der sogenannte *Direktkoppler*, wird direkt mit der Telefonleitung verbunden. Das bedeutet, die Signale werden direkt übertragen; der Hörer wird dazu nicht gebraucht. Das Telefon auf der Abbildung oben steht auf so einem Direktkoppler. Zum Anschluß dieses Geräts an die Telefonleitung braucht man eine spezielle Steckdose. Manche Fernsehdecoder und Computer haben eingebaute Chips für ein Modem und können ebenfalls an diese Telefonsteckdose angeschlossen werden.

Heimcomputer

Die Bildschirmtext-Zentrale und ihre Datenspeicher

Datenspeicher

Computer

Fernsehgerät und Telefon stehen am Ende des Bildschirmtext-Systems. In seinem Mittelpunkt befinden sich die Zentralcomputer und Datenspeicher. Die Computer sind große, leistungsfähige Geräte, die den riesigen Informationsfluß von und zu den Datenspeichern steuern. Die Datenspeicher enthalten alle verfügbaren Informationsseiten; diese sind elektronisch auf Magnetdisketten gespeichert.

Informationsanbieter

Die Daten für die Informationsseiten vieler allgemeiner Bildschirmtext-Systeme werden nicht vom Bildschirmtext-Anbieter zusammengestellt. Der Anbieter stellt lediglich die Computer und die sonstige Geräteausstattung, also die Hardware, zur Verfügung und manchmal auch die erforderlichen Verbindungen. Der Platz in den Datenspeichern wird an Organisationen und Firmen verkauft, beispielsweise an die Regierung, an Geschäfte, Banken, Fluggesellschaften, Zeitungen oder andere Unternehmen – kurz an jeden, der diesen Platz nutzen möchte. Diese Informationsanbieter stellen ihre Seiten auf Bürocomputern zusammen (wie im Bild rechts) und schicken ihre Seiten über Telefon zur Btx-Zentrale. Elektronisch gespeicherte Informationen können rasch auf den neuesten Stand gebracht werden. Das ist besonders für solche Informationen sehr nützlich, die sich immer wieder ändern.

Bürocomputer

Informationen für geschlossene Nutzergruppen

Ein Informationsanbieter kann den Bildschirmtext-Computer in der Zentrale anweisen, nur bestimmten Personen den Zugang zu ihren Seiten zu erlauben. Diese Beschränkung nennt man *geschlossene Nutzergruppe*. Der Computer speichert die Teilnehmernummern aller Personen der geschlossenen Nutzergruppe und verweigert jeder anderen Person den Zugang. Dieses Angebot nutzen vor allem Firmen, die für ihre über das ganze Land verteilten Zweigstellen ein elektronisches Kommunikationsnetz brauchen. Zu einigen geschlossenen Nutzergruppen kann man gegen Zahlung einer Gebühr zugelassen werden.

Rechnerkopplung

Viele Informationsanbieter haben ihre eigenen Großcomputer und umfangreiche Datenspeicher. Diese lassen sich mit dem Bildschirmtext-Netz verbinden, so daß Btx-Teilnehmer direkten Zugang zu diesen Daten haben. Dieses System nennt man manchmal *Rechnerkopplung*. Da die meisten Banken mit Computern arbeiten, kann man über Bildschirmtext-Rechnerkopplung seinen Kontostand abrufen und den Computer Zahlungen anweisen lassen. Dieser Vorgang wird als *Telebanking* (Bankgeschäfte per Bildschirmtext) bezeichnet. Mit Bildschirmtext kann man sich sogar die Anzeigetafeln eines Flughafens auf den Bildschirm holen, wenn diese mit Hilfe eines Computers erstellt werden, der mit dem Btx-Netz verbunden ist.

Flug-Nr.	Ankunft aus	Flugsteig	Uhrzeit	
1	PARIS	14	10	15
2	LONDON	17	10	40
3	NEW YORK	6	VERSPAE	
4	FRANKFURT	9	11	15
5		12	11	35
			11	55
			12	10

Flughafenanzeige

Datenspeicher

Spezielle Angebote

Nicht alle Bildschirmtext-Dienste bieten allgemeine Informationen an. Einige Anbieter spezialisieren sich auf Themen, die nur eine bestimmte Gruppe von Menschen interessieren, beispielsweise auf medizinische Informationen für Ärzte, auf Gerichtsentscheidungen für Juristen oder auf touristische Informationen für Reisebüros.

Möglichkeiten der Zukunft

Die technischen Einrichtungen und die zugehörigen Leitungswege können nicht nur für gewöhnlichen Bildschirmtext genutzt werden, sondern sie könnten auch noch für andere Zwecke dienen, die mit dem Fortschreiten der elektronischen Entwicklung in Betracht kommen.
Wenn sich die Telefonleitung über einen speziellen Anschluß mit dem Stromnetz der Wohnung verbinden läßt, könnten z. B. Elektrogeräte über das Telefon gesteuert werden. Auch die Gas- und Elektrozähler könnten über Telefon vom Computer im Gas- oder Elektrizitätswerk abgelesen werden. Man könnte vielleicht auch eine zentrale computergesteuerte Bibliothek mit Bildplatten einrichten, aus der man über Kabelfernsehen etwas auswählen und auf den Bildschirm holen kann – ähnlich wie die Seiten von Videotext.
Eine weitere Nutzungsmöglichkeit wäre das Bildtelefon, bei dem man seinen Gesprächspartner auf dem Fernsehschirm sehen kann.

Videotext

Videotext ist eine andere Art von Teletext, bei der Informationen Seite für Seite von einem zentralen Computer zum Fernsehgerät übermittelt werden.
Videotext wird gleichzeitig mit den üblichen Fernsehsignalen gesendet und in gewohnter Weise mit dem Fernsehgerät empfangen. Zum Empfang von Videotext benötigt man einen speziellen Videotext-Decoder, der die digitalen Videotext-Signale entschlüsselt und in Bilder umsetzt. Darüber hinaus braucht man ein Videotext-Tastenfeld, mit dem man die gewünschten Seiten aufruft.

Da Videotext von einem Fernsehsender ausgestrahlt wird, ist er, im Gegensatz zu Bildschirmtext, ein Einwegsystem. In der Praxis unterscheidet sich Videotext von Bildschirmtext in mehreren Punkten, die auf diesen beiden Seiten erläutert werden.

So wird Videotext übertragen

Die Videotext-Seiten werden, ähnlich wie Bildschirmtext, mit Hilfe von Computern zusammengestellt und gespeichert. Videotext hat in der Regel weniger Seiten als Bildschirmtext – nur einige hundert im Gegensatz zu einigen tausend bei Bildschirmtext. Die Seiten werden nacheinander immer in der gleichen Reihenfolge gesendet, und es dauert eine gewisse Zeit, bis alle durchgelaufen sind. Danach beginnt die Ausstrahlung wieder von vorn. Das bedeutet, daß die Seiten nicht alle sofort verfügbar sind wie bei Bildschirmtext: Man muß unter Umständen einige Sekunden warten, bis die gewünschte Seite auf dem Bildschirm erscheint. Die Wartezeit hängt von der Gesamtzahl der Seiten ab und davon, ob man die gewünschte Seite gerade verpaßt hat. Besonders gefragte Seiten erscheinen oft mehrmals in einem Durchlauf. Die Videotext-Seiten sind numeriert; man wählt die gewünschte Seite aus verschiedenen Angeboten aus und ruft sie mit dem Tastenfeld auf.

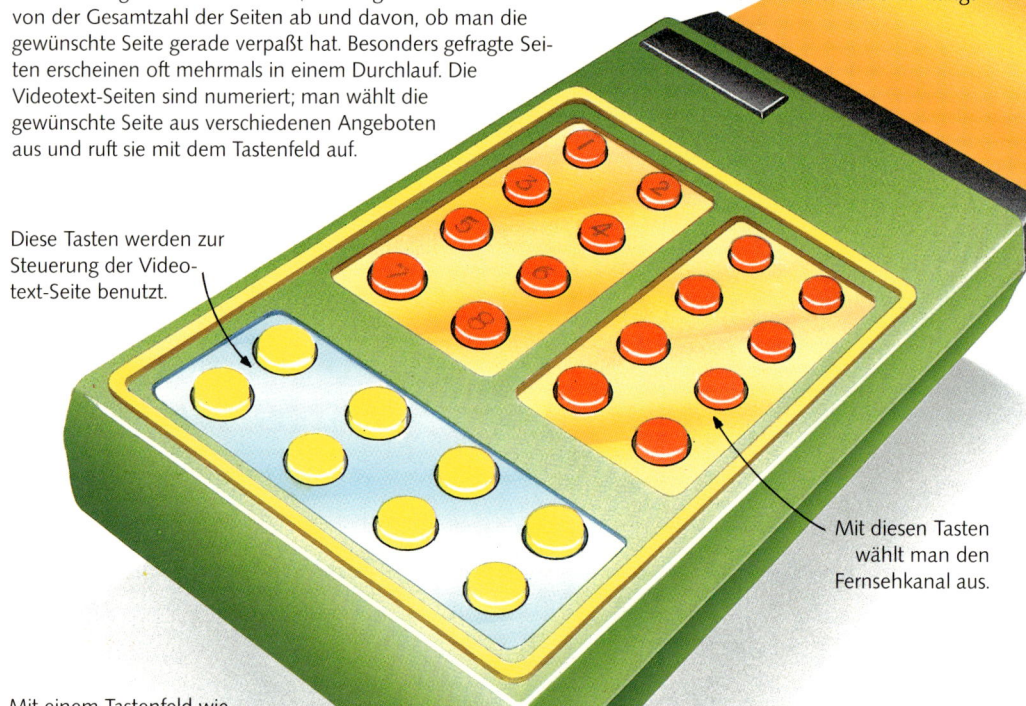

Diese Tasten werden zur Steuerung der Videotext-Seite benutzt.

Mit diesen Tasten wählt man den Fernsehkanal aus.

Mit einem Tastenfeld wie diesem gibt man dem Fernsehgerät die Anweisung, vom gewöhnlichen Programm auf Videotext umzuschalten. Die meisten Fernbedienungstastenfelder senden ihre Anweisungen in Form von Infrarotstrahlen. Ein Infrarotempfänger im Fernsehgerät nimmt diese Anweisungen auf, entschlüsselt sie und leitet sie zum Videotext-Decoder weiter.

Mit den Symboltasten werden spezielle Funktionen ausgewählt, die Videotext bietet. Eine Seite bleibt so lange unverändert auf dem Bildschirm, bis man eine neue Seite wählt oder das Gerät ausschaltet.

Die Videotext-Signale

Alle Fernsehbilder bestehen aus Hunderten von waagerechten Zeilen, die sich mehrmals in der Sekunde verändern. Dadurch entstehen die uns vertrauten, beweglichen Bilder auf dem Bildschirm. Am oberen und unteren Bildschirmrand gibt es einige Leerzeilen, die sogenannte Austastlücke, die für das normale Fernsehbild nicht gebraucht werden. Die oberen Zeilen werden nun für die Videotext-Signale benutzt, die unteren enthalten Informationen für die Fernsehingenieure der Sender. Ein schlecht eingestelltes Fernsehgerät, bei dem das Bild in der Senkrechten „wandert", zeigt die oberen Leerzeilen. Dort kann man die digitalen Videotext-Signale als Reihe leuchtender Punkte erkennen, die sich rasch verändern. Diese Signale teilen den Chips im Decoder mit, was dargestellt werden muß, damit eine Seite auf dem Bildschirm aufgebaut wird. Die Chips warten auf die vom Teilnehmer gewünschte Seite, speichern die entsprechenden Signale und lassen dann die Seite auf dem Bildschirm erscheinen.

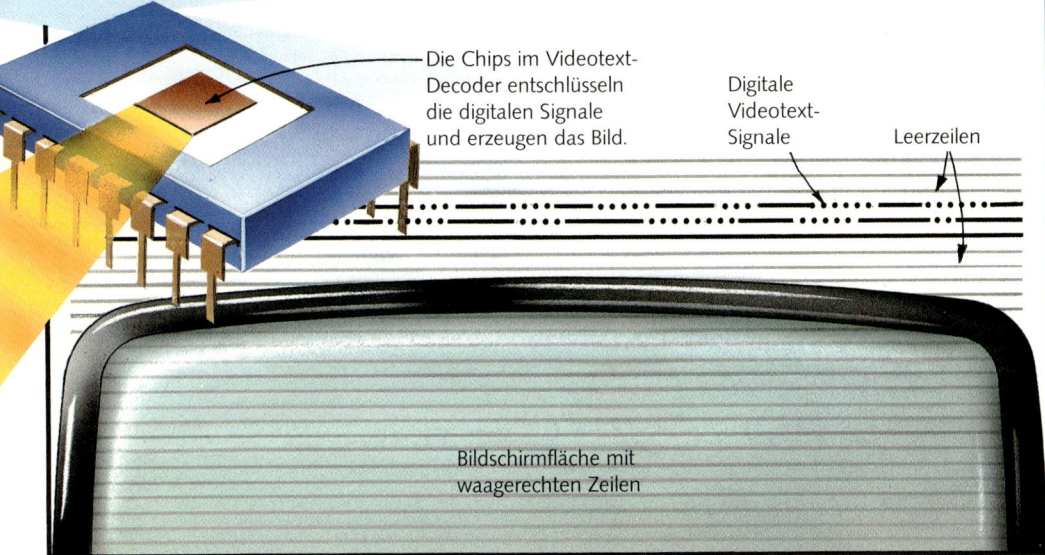

Die Chips im Videotext-Decoder entschlüsseln die digitalen Signale und erzeugen das Bild.

Digitale Videotext-Signale

Leerzeilen

Bildschirmfläche mit waagerechten Zeilen

Was bietet Videotext?

Wie Bildschirmtext liefert auch Videotext viele nützliche Informationen, beispielsweise Nachrichten, Sportergebnisse, Wetterberichte, Rezepte, Reisetips, Rätsel und so weiter. Obwohl die Informationen nicht so reichhaltig sind wie bei Bildschirmtext und Videotext nicht interaktiv ist, hat dieses System doch einige Vorteile: Es kostet den Empfänger nichts, abgesehen von den Kosten für den Decoder. Da Videotext ständig und gleichzeitig mit

den Fernsehprogrammen auf den gleichen Kanälen gesendet wird, bietet er einige Möglichkeiten, die Bildschirmtext nicht besitzt: Videotext läßt sich mit einem gewöhnlichen Fernsehprogramm so kombinieren, daß zusammen mit den Bildern Untertitel auf dem Bildschirm erscheinen. Der Decoder kann darauf programmiert werden, eine bestimmte Seite zu einer bestimmten Zeit zu zeigen, z. B. einen Flugplan, wenn man auf die Ankunft eines Flugzeugs wartet. Es ist auch möglich, eine Seite jedesmal dann erscheinen zu lassen, wenn sie aktualisiert worden ist, z. B. wenn ein wichtiger Hinweis gegeben wird wie im Bild oben rechts.

Telesoftware

Wenn man einen Heimcomputer hat, braucht man dafür Programme. Telesoftware ist eine neue, sehr bequeme Möglichkeit, Programme über Teletext zu erhalten. Die Software wird dabei direkt in den Computer geladen. Man kann sie als gesendete Videotext-Signale empfangen oder als Bildschirmtext, und zwar entweder über Kabelfernsehen mit Rückkanal oder über die Telefonleitung. Telesoftware zu benutzen, ist viel einfacher, als lange Programme aus Zeitschriften einzugeben. Es kann sogar billiger sein, als Kassetten zu kaufen.

Wie Telesoftware übertragen wird

Telesoftware-Programme werden als Textseiten geschrieben, in der Datenbank eines Videotext-Anbieters gespeichert und wie jede andere Art von Videotext übertragen. Videotext-Telesoftware wird gesendet; Bildschirmtext-Telesoftware kommt über die Telefonleitung oder über das Fernsehkabel.
In der Regel wird man Zusatzgeräte brauchen, beispielsweise einen Decoder und ein Modem, damit man Videotext empfangen kann. Möglicherweise benötigt man auch noch spezielle Software, damit der Computer Videotext „versteht".
Telesoftware-Dienste bieten oft mehr an als nur Programme: etwa Seiten mit Computer- und Softwareneuheiten, Tests und Besprechungen, Tips, Anzeigen und Rätsel. Für Bildschirmtext sowie für den Telesoftware-Dienst muß man im allgemeinen Benutzungsgebühren bezahlen. Videotext ist meist gebührenfrei.

Videotext-Telesoftware

Videotext-Telesoftware bietet in der Regel weniger und kürzere Programme als Bildschirmtext. Bei diesem System braucht man für den Heimcomputer einen Videotext-Adapter, mit dem er die Teletext-Signale empfangen kann. Der Adapter dient gleichzeitig als Videotext-Empfänger. Das ist wichtig, weil das Fernsehgerät auf den Kanal des Computers eingestellt ist, wenn man es als Bildschirmanzeige für den Computer benutzt. In diesem Fall kann das Fernsehgerät aber nicht gleichzeitig den Videotext-Kanal empfangen. Diese Aufgabe übernimmt dann der Videotext-Adapter. Er entschlüsselt auch die Videotext-Signale, so daß man weder einen eigenen Videotext-Empfänger noch zusätzliche Software noch einen Decoder für das Fernsehgerät benötigt. Den Videotext-Adapter braucht man auch deswegen, weil das Fernsehgerät die Teletext-Informationen nicht in den Computer eingeben kann.

Kabelsoftware

Falls die Telesoftware von einem Kabelfernsehdienst mit Rückkanal geliefert wird, so geschieht das wahrscheinlich auf einem gebührenpflichtigen Kanal für Bildschirmtext. Man muß dann sowohl für den Empfang des Programms bezahlen als auch für die gewünschte Software. Gegebenenfalls muß man zum Empfang von Kabelsoftware das Fernsehgerät mit einem besonderen Decoder ausrüsten, damit es die Signale empfangen und zum Computer weiterleiten kann. Für den Computer braucht man geeignete Software, mit deren Hilfe er diese Signale entschlüsseln kann.
Eines Tages wird es auch möglich sein, Telesoftware über Bildschirmtext zu empfangen, ohne daß man einen eigenen Computer besitzt. Der Computer in der Btx-Zentrale wird dann die Programme für den Teilnehmer abarbeiten und die Ergebnisse wie gewöhnliche Bildschirmtext-Seiten darstellen, die man mit dem Tastenfeld steuern kann.

Mit der entsprechenden Software wird der Computer darauf programmiert, die Videotext-Signale zu entschlüsseln.

Bänder und Kassette zum Speichern von Telesoftware

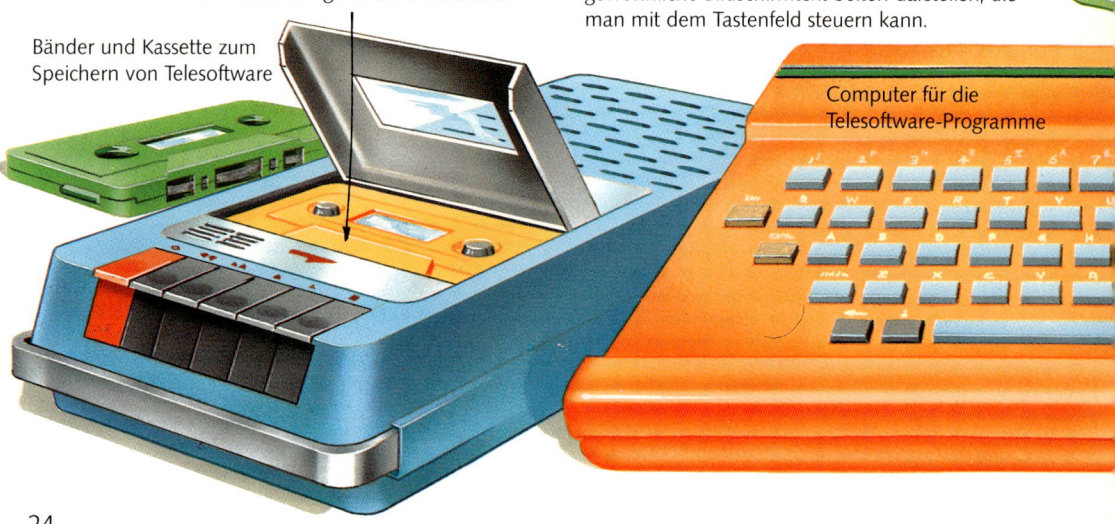

Computer für die Telesoftware-Programme

Software per Telefon

Um Telesoftware von einem Btx-Dienst per Telefon zu erhalten, muß man über die Geräte für den Empfang von Bildschirmtext verfügen, die auf den Seiten 18 und 19 beschrieben sind. Telesoftware per Telefon wird wahrscheinlich für eine geschlossene Nutzergruppe angeboten, die in der Btx-Zentrale Speicherplatz gemietet hat. Wenn man als Telesoftware-Teilnehmer registriert ist, kann man auch die anderen Bildschirmtext-Dienste empfangen. Das Bild unten zeigt einen Heimcomputer, der mit Hilfe eines Akustikkopplers ein Spielprogramm über Telefon empfängt.

Fernsehgerät als Bildschirmanzeige für Telesoftware

Wie man Telesoftware empfängt

Telesoftware-Programme von anderen Computern zu übernehmen und in den eigenen Computer zu laden, nennt man *Downloading*. Dabei wählt man aus verschiedenen Menüs die gewünschten Programme aus. Sie sind in der Regel thematisch geordnet: Spielprogramme, Wirtschaftsprogramme, Lernprogramme usw. Noch wichtiger ist allerdings die Einteilung nach Computersystemen. Denn Programme, die für ein bestimmtes System geschrieben sind, laufen meist nicht auf einem anderen. Computerprogramme sind in eigenen Computersprachen geschrieben, Programme für Heimcomputer meist in BASIC oder in Maschinencode. Leider benutzen verschiedene Computersysteme unterschiedliche BASIC- und Maschinencode-Dialekte. Deshalb kann man nur Programme übernehmen, die für den jeweiligen Computer geschrieben sind.
Während das Programm übernommen wird, erscheinen auf dem Bildschirm Zeilen mit Wörtern, Buchstaben, Zahlen und Zeichen, die oft recht merkwürdig aussehen. Das liegt daran, daß solche Programme oft in einem speziellen, verdichteten Code geschrieben sind. Sie sind kürzer und laufen deshalb schneller als Programme in ausführlicher Schreibweise. Wenn das Programm geladen ist, kann man es ablaufen lassen, für weiteren Gebrauch auf Band oder Diskette speichern, auf dem Bildschirm wiedergeben oder mit einem Drucker ausdrucken lassen, wenn man es schwarz auf weiß besitzen möchte.

Telefon mit Akustikkoppler

Das elektronische Büro

Büroarbeit bedeutet meistens den Umgang mit Informationen, die auf Papier geschrieben sind. Wenn diese Papierunterlagen bearbeitet worden sind, werden sie zum späteren Nachweis zu den Akten gelegt. Dies ist eigentlich eine umständliche und zeitaufwendige Art, mit Informationen umzugehen. Ein computergesteuertes System arbeitet in dieser Beziehung viel rationeller. Deshalb stellt man sich das Büro der Zukunft als „papierloses Büro" vor, in dem alle Informationen elektronisch gespeichert sind.

Elektronik am Arbeitsplatz

Im „elektronischen Büro" arbeitet man an Arbeitsplätzen mit Computerunterstützung, so wie es die schematisierte Abbildung hier zeigt. Dieser Arbeitsplatz besteht aus einer Mikrocomputertastatur, einem Datensichtgerät und einem Telefon. Mehrere Arbeitsplätze können sich weitere Geräte teilen, z. B. einen Drucker und einen „intelligenten" Fotokopierer. Alle Arbeitsplätze im Büro sind untereinander sowie mit einem zentralen Computer und einem Datenspeicher verbunden.

Bildschirm
Diskettenlaufwerke
Computertastatur
Telefon

Da die Arbeitsplätze leicht mit dem Telefon verbunden werden können, kann man sie natürlich auch zu Hause in der Wohnung einrichten. Die Verlagerung der Arbeitsplätze bringt aber – zumindest derzeit noch – erhebliche arbeitsrechtliche und soziale Probleme mit sich.

Informationsaustausch am Arbeitsplatz

★ Da alle Arbeitsplätze miteinander verbunden sind, ist Bürofernschreiben möglich. Man kann also jedem Teilnehmer an diesem Netz auf elektronischem Weg Mitteilungen zukommen lassen – auch mehreren Empfängern gleichzeitig.

★ Jeder Arbeitsplatz hat einen Terminkalender, in dem alle Verabredungen festgehalten werden. Man kann nun mit Hilfe eines Terminals Treffen mit anderen Personen vereinbaren, indem man die Terminkalender der Personen abfragt, die man treffen möchte.

Dieses Schaubild zeigt, wie mehrere Arbeitsplätze zu einem Netz miteinander verbunden sein können. Sie alle teilen sich einen Zentralcomputer und einen Datenspeicher.

Arbeitsplatz

Arbeit im Informationsverbund

Kommunikationseinrichtungen sind die Grundlage für das „elektronische Büro". Die Arbeitsplätze in einem Bürogebäude sind über Kabel zu einem Netz miteinander verbunden. Dadurch können Informationen zwischen den Mitarbeitern auf elektronischem Weg weitergeleitet werden, beispielsweise um eine Entscheidung herbeizuführen oder um einen Vorgang weiterzubearbeiten. Der Arbeitsplatz des Informationsempfängers kann die Daten speichern oder seinen Benutzer z. B. darauf hinweisen, daß die eingegangenen Informationen mit Vorrang zu behandeln sind. Das Telefon am Arbeitsplatz hat ein eingebautes Modem, so daß Computerdaten leicht außer Haus übertragen werden können. Über Satellitenverbindungen kann z. B. eine Firma in Europa Daten in Sekundenschnelle direkt zu ihrer Zweigstelle in den USA senden.

★ Man kann auch auf elektronischem Weg gesprochene Texte über Telefon schicken. Am Arbeitsplatz des Empfängers wird die Stimme digital aufgezeichnet und als gesprochener Kommentar abgespielt, wenn die Nachricht auf dem Bildschirm erscheint.

★ Jeder Arbeitsplatz hat Zugriff zum gleichen Datenspeicher, kann jedoch die Informationen nach eigenem Programm verarbeiten.

Der Computer als Bürogehilfe

Da die Arbeitsplätze mit Computern ausgestattet sind, kann man sich die Arbeit dadurch erleichtern, daß man für häufig wiederkehrende Arbeiten Programme verwendet. Computer können Informationen sehr schnell verarbeiten und erledigen manche Arbeiten in Sekundenschnelle, wozu man Stunden brauchen würde.

Textverarbeitungsprogramme erleichtern das Schreiben und Ändern von Schriftstücken (siehe die Seiten 28 und 29). Andere Programme führen beispielsweise Lohnabrechnungen durch, drucken für jeden Mitarbeiter einen Lohnbeleg aus und überweisen die fälligen Summen. Mit Kalkulationsprogrammen kann man den Preis oder die Rentabilität von Waren berechnen. Das Programm kann dabei auch berücksichtigen, was geschieht, wenn sich verschiedene Kosten in unterschiedlicher Höhe verändern.

Das „elektronische Büro" automatisiert auch viele Routinearbeiten wie das mehrmalige Schreiben von Standardbriefen und das Adressieren von Post. Das alles ist möglich, weil Computer zur Steuerung von Schreibmaschinen, Fotokopierern und Fernschreibern eingesetzt werden.

Dieser Fotokopierer liest Maschinenschrift und erledigt auch einfache Textverarbeitung.

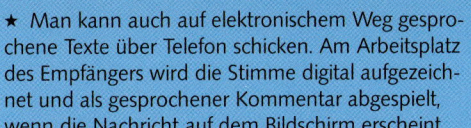

Telefonverbindung

Computergesteuerter Drucker

Maschinen, die „lesen" und „schreiben" können

Selbst im „elektronischen Büro" müssen Informationen manchmal noch auf Papier festgehalten werden. Deshalb sind Geräte, die maschinengeschriebenen Text lesen können, für Speicher- und Wiedergabezwecke sehr nützlich. Dadurch müssen solche Schriftstücke nicht mehr neu geschrieben werden, bei denen nur Kleinigkeiten geändert werden sollen. Das Bild oben zeigt ein Kopiergerät, das Maschinenschrift lesen kann und sich so programmieren läßt, daß es Teile eines Schriftstücks ändert, bevor es Kopien davon anfertigt. Das andere Gerät ist ein computergesteuerter Drucker, der in Sekunden eine ganze Textseite ausdrucken kann.

Textverarbeitung

Textautomaten verändern das Schreiben in der gleichen Weise, wie Taschenrechner bereits das Rechnen beeinflußt haben. Computer können den Umgang mit Texten beschleunigen und erleichtern. Mit einem Textautomaten kann man Geschriebenes elektronisch korrigieren und bearbeiten, die Anordnung und Reihenfolge der Wörter und Sätze vollständig ändern und bestimmte Wörter durch andere ersetzen, ohne daß man alles neu schreiben muß.
Dieses Bild zeigt einen speziellen Computer, der nur zur Textverarbeitung eingesetzt werden kann. Solche Textautomaten haben eine Tastatur, die neben den üblichen Tasten auch Tasten mit Sonderfunktionen zum Korrigieren und Bearbeiten von Texten haben. Man kann Textverarbeitungsprogramme auch auf Diskette, Band oder Chip kaufen und sie auf einem gewöhnlichen Computer ablaufen lassen.

So benutzt man ein Textverarbeitungssystem

Der Text erscheint auf dem Bildschirm, während man ihn auf der Tastatur eingibt. Man kann fortlaufend Änderungen und Korrekturen vornehmen. Dazu benutzt man einen beweglichen Zeiger, den sogenannten Cursor, und die Korrekturtasten, mit denen man dem Textsystem sagt, was geändert werden soll. Der Text wird im Textautomaten gespeichert und gleichzeitig auf dem Bildschirm angezeigt, so daß man ihn überprüfen kann, bevor man ihn ausdrucken läßt. Man kann den Text auch zur späteren Wiederverwendung dauerhaft auf Diskette oder Band speichern. Ein Textautomat muß an einen elektronischen Drucker angeschlossen sein, wenn eine maschinengeschriebene Kopie des gespeicherten Textes hergestellt werden soll. Da Textautomaten so vielfältig nutzbar sind, braucht man einige Zeit, um den Umgang mit ihnen zu erlernen. Im folgenden werden die wichtigsten Funktionen erläutert.

Wortsuche

Der Wortsuchbefehl ist eine sehr nützliche Funktion, wenn man ein bestimmtes Wort, das mehrmals im Text vorkommt, durch ein anderes ersetzen will. Wenn ein Schriftsteller seinen 80 000 Wörter umfassenden Roman „Das Leben des Roland N." gerade beendet hat, und sich dann entschließt, den Namen des Helden in „Georg N." zu ändern, überprüft der Textautomat alle 80 000 Wörter und ersetzt jedes „Roland" durch „Georg". Man kann das Wort auch suchen lassen und von Fall zu Fall ändern.

Bis vor kurzem waren die meisten Textautomaten sehr große Büromaschinen. Heute kann man Textverarbeitungsprogramme kaufen, die auf Chips gespeichert sind. Solche Chips kann man in den Heimcomputer einbauen. Sie sind zwar nicht so leistungsfähig wie ein Textautomat, können in der Regel aber die Arbeiten erledigen, die hier erwähnt sind.

Korrigieren

Wenn man den Text geschrieben hat, muß man ihn meistens noch korrigieren und bearbeiten. Wenn man eine gewöhnliche Schreibmaschine benutzt, bedeutet das, daß vieles neu geschrieben werden muß. Mit einem Textautomaten läßt sich das jedoch vor dem Drucken mit Hilfe des Programms erledigen. Man kann z. B. beliebig viele Wörter entfernen; die Lücke wird automatisch geschlossen, indem der Rest des Textes nachgerückt wird. Auch das Einfügen zusätzlicher Wörter ist einfach, denn der Textautomat ordnet den gesamten nachfolgenden Text so um, daß die Einfügung Platz hat. Mit einer weiteren Funktionstaste kann man unerwünschte oder falsche Wörter durch neue ersetzen. Der Textautomat stellt auch ganze Textteile um.

Seitengestaltung

Man muß dem Textautomaten durch eine entsprechende Eingabe sagen, wie der Text angeordnet werden soll. Wenn man Zeilenlänge und Zeilenabstand, Absätze, Einzüge, Überschriften, Seitenzahlen und so weiter genau angegeben hat, kann man mit dem Schreiben beginnen. Der Automat umbricht dann beim Drucken den Text entsprechend den Anweisungen. Wenn ein Wort zu lang ist und nicht mehr in die Zeile paßt, wird es in die nächste Zeile gesetzt.

Zusätzliche Programme

Zusätzliche Programme zur Verbesserung der Textqualität sind auf Diskette erhältlich. Ein Rechtschreibungsprogramm vergleicht z. B. jedes Wort im Text mit Tausenden von Wörtern, die als „Wörterbuch" auf einer Diskette gespeichert sind. Ist ein Wort nicht im Wörterbuch verzeichnet, so wird es auf dem Bildschirm hervorgehoben, damit man seine Schreibweise überprüfen und Fehler verbessern kann.

Wenn man ein passendes Wort sucht, kann man dazu ein Wortschatzprogramm mit Synonymen (Wörter gleicher oder ähnlicher Bedeutung) benutzen. Ein anderes Programm vergleicht sogar die im Text angewandte Grammatik mit den auf Diskette gespeicherten Regeln und schlägt gegebenenfalls Änderungen vor. Es gibt sogar Programme zur Verbesserung des Stils. Ein solches Programm bietet kürzere und klarere Formulierungen an, wie das Beispiel in der Abbildung oben (etwas übertrieben) zeigt.

Der Textautomat hält dann jedesmal an, wenn er auf das Wort stößt, und man kann entscheiden, ob und wie man das Wort ändern möchte.

Mikroschreiber

Ein Mikroschreiber ist ein kleiner elektronischer Textverarbeitungsautomat, der jedoch keine Standardtastatur hat. Statt dessen drückt man eine Kombination von sechs Tasten. Damit kann man alle Buchstaben des Alphabets, Zahlen, Symbole erzeugen und dem Mikroschreiber spezielle Befehle eingeben. Der Text bewegt sich über die einzeilige Anzeige und wird im Gerät gespeichert. Mit einem Mikroschreiber kann man ebenfalls Texte korrigieren und bearbeiten. Man kann ihn zur weiteren Textbearbeitung und -speicherung an andere elektronische Geräte anschließen, beispielsweise an Fernsehapparate, Textautomaten, Computer, Drucker, Kassetten und Modems. Der Mikroschreiber ist eine Art Gegenstück zum Taschenrechner.

Das Telefon von morgen

Die Mikroelektronik macht aus dem herkömmlichen Telefon ein Gerät, mit dem man mehr als nur Gespräche führen und empfangen kann. Viele dieser zusätzlichen Möglichkeiten sind zwar schon jetzt technisch ausgereift, aber noch nicht sehr verbreitet, weil die entsprechenden Einrichtungen (und das dafür notwendige Geld) bei den Teilnehmern fehlen. Einige dieser Erweiterungsmöglichkeiten werden hier gezeigt.

Elektronische Telefonauskunft

Mit dem elektronischen Telefon der Zukunft braucht man keine dicken Telefonbücher voller Nummern mehr. Statt dessen werden alle Telefonnummern in einer Datenbank gespeichert. Nummern kann man über Telefon erfragen, indem man eine Art Bildschirmtext benutzt. Ein computergesteuertes System arbeitet viel schneller als eine Auskunftskraft bei der Post und es findet sogar die Nummer, wenn man nicht genau weiß, wie der Name des Teilnehmers geschrieben wird, oder wenn man nur die Adresse kennt.

Vielseitige Verbindungen

Die Telefonapparate werden mit speziellen Steckkontakten ausgestattet, so daß sie mit elektronischen Geräten verbunden werden können, die das Telefonnetz als Fernverbindung benutzen, beispielsweise Drucker, Computer und Fernsehgeräte. Außerdem werden die Telefone mit eingebauten Modems zur Datenübertragung ausgerüstet sein.

Programmierbare Telefone

Schon heute gibt es Telefonapparate mit eingebauten Chips, die so programmiert sind, daß sie auf entsprechende Anweisung bestimmte Funktionen ausführen. Die Tastatur hat neben den gewohnten Zifferntasten auch einige programmierbare Sondertasten und möglicherweise sogar eine Buchstabentastatur.

Kurzwahl: Für häufig benutzte Telefonnummern braucht man nur eine Codezahl einzugeben; der Apparat wählt dann automatisch die gewünschte Nummer.

Anrufsperre: Man kann das Telefon sperren, so daß keine Gespräche angenommen und auch keine geführt werden können, z. B. wenn man verreist ist.

Anrufweiterschaltung: Wenn man unter einer anderen Nummer zu erreichen ist, kann man die Anrufe dorthin umleiten lassen.

Wahlwiederholung: Wenn eine Telefonnummer belegt ist, wählt der Telefonapparat den gewünschten Teilnehmer so lange, bis die Verbindung zustande kommt.

Elektronischer Anrufbeantworter: Mit Hilfe von Chips werden digital aufgezeichnete Nachrichten an andere Fernsprechteilnehmer weitergeleitet oder Mitteilungen von anderen gespeichert, während man nicht zu Hause ist.

Die Anzeige

Die Nummer, die man gerade wählt, erscheint auf einem Anzeigefeld. Dadurch kann man kontrollieren, ob man richtig gewählt hat. Darüber hinaus kann man die Gebühren ablesen – entweder schon während des Gesprächs oder nach dessen Beendigung. Auch die Nummer eines anrufenden Teilnehmers kann angezeigt werden, so daß man unter Umständen schon weiß, wer anruft, bevor man den Hörer abnimmt – oder nicht. Der Anzeige läßt sich auch entnehmen, ob jemand anzurufen versucht, während man selbst gerade telefoniert oder das Telefon gesperrt ist.

Drahtloses Telefon

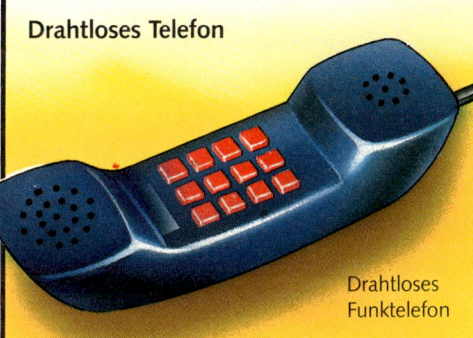

Drahtloses Funktelefon

Ein Telefon muß nicht unbedingt an ein Kabel angeschlossen sein, es kann auch über Funk arbeiten. Tatsächlich wird ein großer Teil des Telefonverkehrs über Richtfunk abgewickelt. Telefongespräche über große Entfernungen und alle Satellitenverbindungen werden mit Hilfe von Mikrowellen übertragen.

Zur Benutzung eines Funktelefons für kurze Reichweiten braucht man einen Adapter, der mit dem normalen Telefon verbunden ist. Er wandelt die elektrischen Wellen der eingehenden Anrufe in Radiowellen um und sendet sie zu dem drahtlosen Funktelefon. Wenn man in das Funktelefon hineinspricht, erfolgt die Umwandlung der Signale genau in umgekehrter Richtung.

Funktelefonnetze

Funktelefone lassen sich nur über einen Adapter mit einem normalen Telefon verbinden und haben dann eine begrenzte Reichweite. Funktelefonnetze können dagegen große Entfernungen überbrücken und brauchen dazu keine Verbindung mit dem üblichen Telefonleitungsnetz. Sie arbeiten mit einem Netz von computergesteuerten Funkumsetzern, deren Reichweiten sich überlappen. Jeder Umsetzer deckt eine kleine Zone ab, eine sogenannte Zelle. Die Anrufe werden durch Zellen geleitet, bis sie diejenige erreichen, in der sich das Telefon des Empfängers befindet. Dieses System ermöglicht es, das Telefon mitzunehmen: Der Computer leitet einen Anruf von dem Ort aus weiter, an dem man sich gerade befindet.

Zifferntasten

Sprachsynthesizer

In ein Telefon lassen sich auch Chips einbauen, die anderen Teilnehmern etwas mitteilen, wenn man das gerade nicht selbst tun kann. Sie sind so programmiert, daß sie einem Anrufer sagen, ob sein Anruf zu einem anderen Apparat weitergeschaltet wird oder ob die Leitung belegt ist.

Computergesteuerte Vermittlungszentralen können Sprachsynthesizer benutzen, um Anrufern Informationen zu liefern, z. B. über die Gebühren: Der Computer stoppt die Gesprächsdauer, berechnet die Gebührenkosten und übermittelt diese Daten den Sprachchips, damit diese dem Anrufer Auskunft geben können.

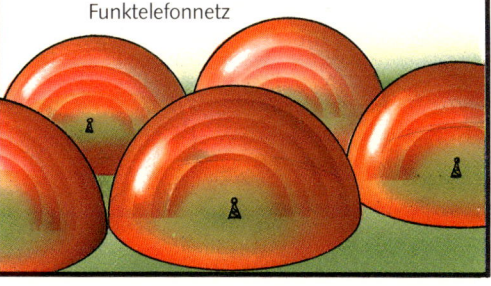

Funktelefonnetz

Telekommunikation – was ist das?

Das Wort „Telekommunikation" bedeutet Nachrichtenübermittlung über größere Entfernungen. Die Übertragung von Fernseh- und Radiosignalen ist eine Form der Telekommunikation. Das wichtigste Zweiweg-Telekommunikationssystem der Gegenwart ist allerdings das Telefonnetz. Es wurde entwickelt und eingerichtet, um Stimmen zu übertragen, damit Menschen von verschiedenen Orten aus miteinander sprechen können. Ohne leistungsfähige Fernverbindungen und Fernübertragungsmöglichkeiten können z. B. Bildschirmtext, Einkauf per Computer, elektronisch gesteuerte Bankgeschäfte und Büroarbeiten nicht funktionieren. Das Telefonnetz wird immer weiter ausgebaut, um die Datenübertragung zu erleichtern.

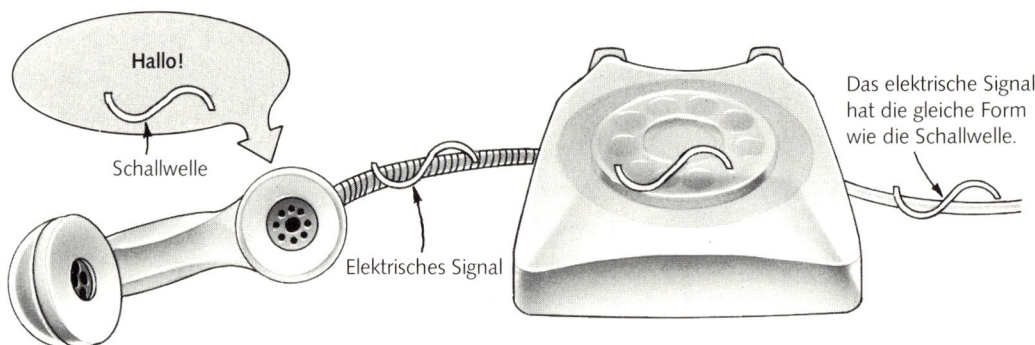

So funktioniert ein Telefon heute

Wenn man spricht, erzeugt die Stimme Schwingungen in der Luft, die Schallwellen. Diese werden vom Mikrofon in der Sprechmuschel des Telefons in elektrische Signale umgewandelt. Die elektrischen Signale wandern durch die Kabel des Telefonnetzes und werden von Vermittlungsstellen in die richtige Richtung, das heißt zum Telefon des Empfängers, weitergeleitet. In der Hörmuschel dieses Telefons werden die elektrischen Signale wieder in Schallwellen umgewandelt, so daß die Stimme für den anderen Teilnehmer hörbar wird. Dieses System nennt man *analoge Übermittlung*, da die elektrischen Signale sich analog (ähnlich) zu den Schallwellen verhalten.

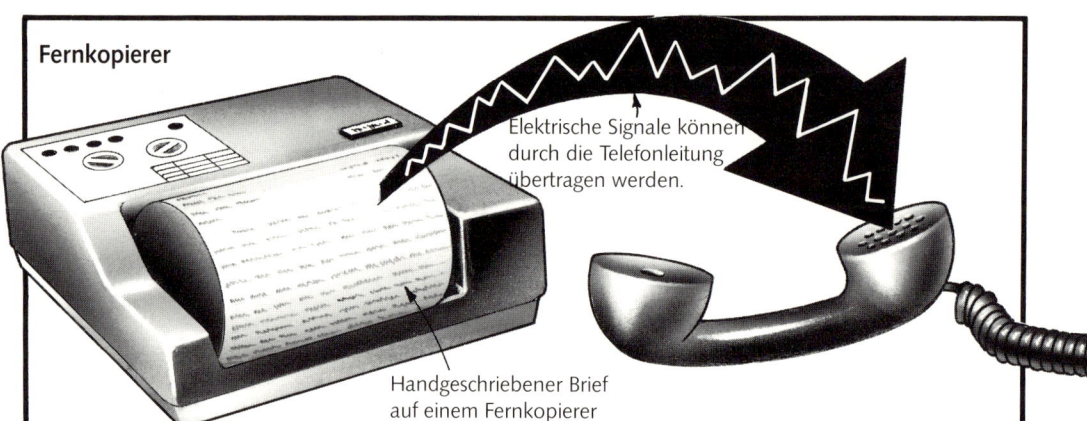

Fernkopierer

Telefone und Computer sind nicht die einzigen Maschinen, die über Telefonleitungen miteinander verbunden werden können: Die Abbildung oben zeigt einen Fernkopierer, der die verschiedensten Arten von Schriftstücken senden und empfangen kann, also gedruckte oder handgeschriebene Texte ebenso wie Zeichnungen und Fotos. Der Fernkopierer tastet die Vorlage ab und stellt dabei die unterschiedlichen Hell- und Dunkelwerte fest. Diese Werte werden in elektrische Signale umgewandelt und über das Telefonnetz übertragen. Das Empfängergerät entschlüsselt die elektrischen Signale und druckt sie als Kopie des Originals aus.
Die Deutsche Bundespost hat 1979 einen Fernkopierdienst („Telefax") für Firmen und Privatleute eingerichtet. Wer nicht am Telefax-Dienst teilnimmt, kann von vielen Postämtern aus Fernkopien als sogenannte Telebriefe abschicken.

Digitale Telefonverbindungen

Computer arbeiten mit digitalen, nicht mit analogen Signalen. Deshalb müssen die Daten an beiden Enden von einem Modem „übersetzt" werden. Der Anschluß von Computern wäre viel einfacher, wenn das Telefonsystem digital arbeiten würde und Computerdaten ohne Umwandlung übertragen werden könnten. Viele Telefonnetze werden für die Übermittlung von digitalen Signalen umgerüstet, einige sind bereits teilweise digitalisiert. In diesen Netzen muß die Stimme für die Übertragung digitalisiert werden. Die Abbildung zeigt, wie das geschieht.

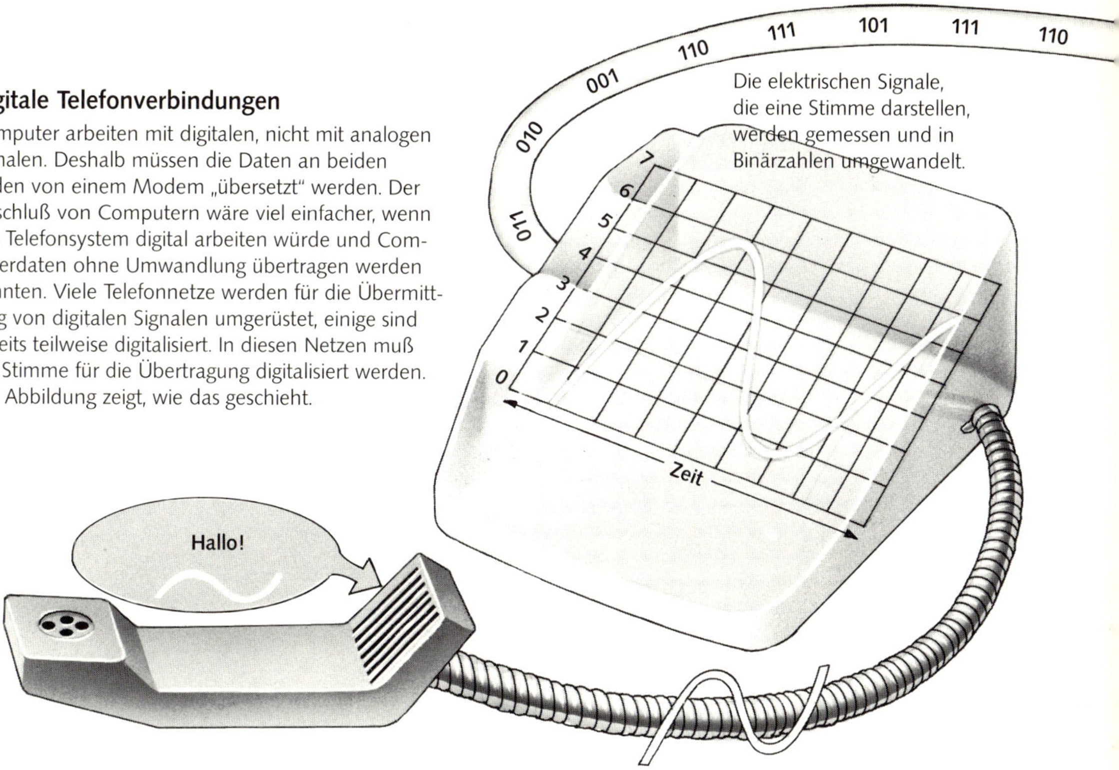

Die elektrischen Signale, die eine Stimme darstellen, werden gemessen und in Binärzahlen umgewandelt.

Die Schallwellen der Stimme werden wie beim üblichen analogen Telefon in elektrische Signale umgewandelt. Diese Signale werden mehrere tausendmal pro Sekunde gemessen. Die Messungen ergeben eine Folge von Zahlen, die die einzelnen Tonhöhen zu jeweils verschiedenen Zeiten darstellen. Diese Zahlenfolge wird in binäre, digitale Daten – Ein/Aus-Bits – umgewandelt, die als Impulse durch die Telefonleitung laufen können. Am anderen Ende der Leitung werden die Bits wieder in Töne umgewandelt.

Digitale Vermittlungsstellen

Obwohl das Telefonsystem noch längst nicht vollständig digitalisiert ist, werden die Vermittlungsstellen, die die Anrufe durch das Netz leiten, von Computern gesteuert. Diese elektronischen Vermittlungen können mehr Informationen in kürzerer Zeit verarbeiten als die alten, mechanischen Vermittlungsstellen. Dadurch entstehen weniger Fehlverbindungen, weniger gestörte oder „tote" Leitungen. Computergesteuerte Vermittlungsstellen können auch zusätzliche Dienste anbieten: z. B. Anrufweiterschaltung zu einem anderen Anschluß, Telefonauskunft über Bildschirmtext, elektronische Anrufbeantwortung, Gebührenansage oder Hinweise auf besetzte Leitungen durch Sprachsynthesizer.

Lichtleiter

Zur Zeit werden die meisten Telefongespräche noch als elektrische Signale durch Kupferkabel übertragen. Sie können jedoch auch als Lichtblitze durch dünne Lichtleitfasern, sogenannte Glasfaserkabel, geschickt werden. Der Vorteil von Lichtleitern besteht darin, daß sie weitaus mehr Informationen übermitteln können als Kupferkabel. Dieses Bild zeigt ein Bündel von Lichtleitfasern, das 10 000 Telefonanrufe übertragen kann, und zum Vergleich ein Kupferkabel mit der gleichen Leistungsfähigkeit. Ein anderer Vorteil des Lichtleiters ist, daß eine solche Telefonleitung nicht angezapft werden kann.

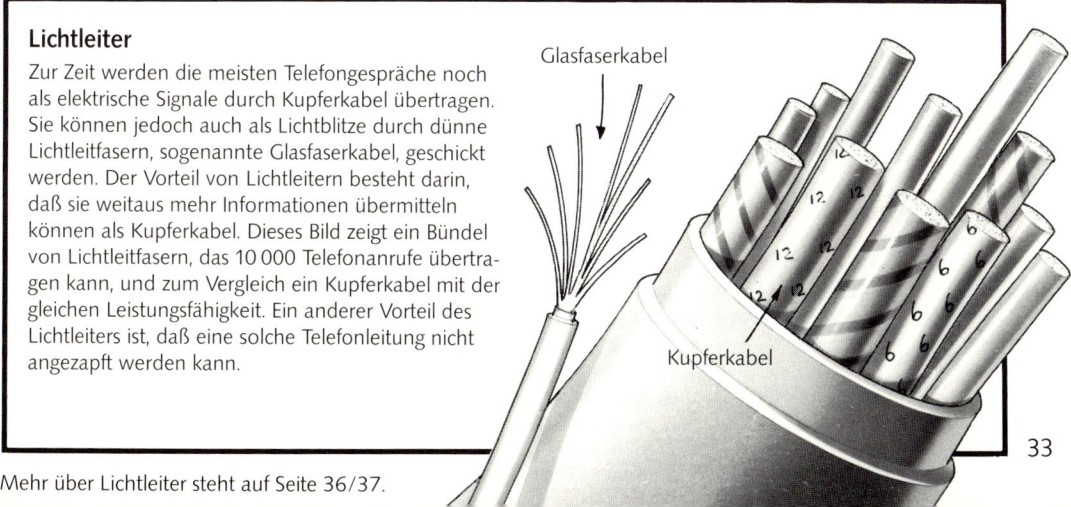

Mehr über Lichtleiter steht auf Seite 36/37.

Nachrichten aus dem All

Nachrichtenverbindungen können auch mit Hilfe von Satelliten hergestellt werden. Täglich werden Tausende von Telefongesprächen, Fernsehsignalen und Ströme von Computerdaten über Satellit von einem Teil der Welt zum anderen übertragen. Nachrichtensatelliten können mehr Informationen verarbeiten als Kabel und sie auch viel schneller übertragen. Computerdaten, für deren Übermittlung man über Telefonleitung einen Tag bräuchte, können über Satellit in einer Viertelstunde ihren Bestimmungsort erreichen.

Von der Erde ins All und zurück

Informationen zu und von einem Satelliten werden in Form von Mikrowellen ausgestrahlt; das ist eine Art kurzer Radiowellen, die durch das Weltall übertragen werden können. Die Signale werden von den Erdfunkstellen über große Richtfunkantennen gesendet und empfangen. Zu Beginn der Entwicklung von Nachrichtenverbindungen über Satelliten mußten die Antennen riesige Ausmaße haben. Heute können sie

Diese Richtfunkantenne auf dem Dach eines Londoner Hochhauses wurde versuchsweise eingesetzt, um den Zeitungstext zu einem Druckort in Deutschland zu senden.

Der „Standort" des Satelliten

Ein Nachrichtensatellit muß sich ständig an der gleichen Stelle am Himmel befinden, damit man die Erdstationen darauf ausrichten kann. Dies ist nur dann möglich, wenn sich der Satellit 35 800 km über dem Äquator befindet. In dieser Umlaufbahn benötigt der Satellit die gleiche Zeit, um die Erde zu umkreisen, wie die Erde braucht, um sich einmal um ihre eigene Achse zu drehen (23 Stunden 56 Minuten). Der Satellit scheint

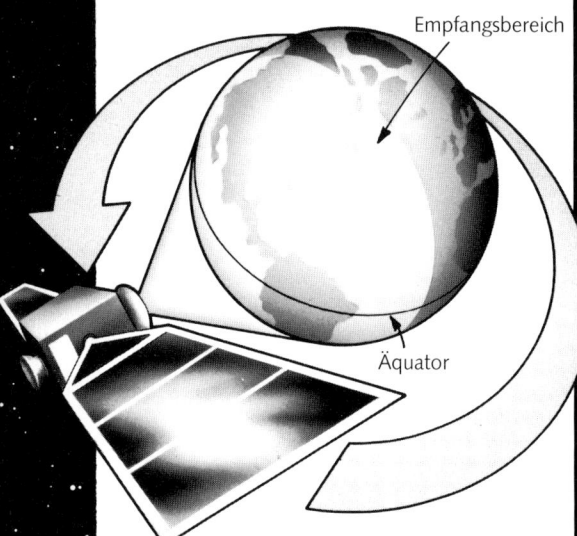

dann, von der Erde aus gesehen, immer an derselben Stelle am Himmel zu stehen. Er kann mit seiner Ausstrahlung ungefähr 40 Prozent der Erdoberfläche erreichen.

so klein sein, daß man sie auf einem Parkplatz oder auf einem Dach aufstellen kann. Die überregionale Zeitung „USA Today" in den Vereinigten Staaten ist nur mit Hilfe eines Satelliten möglich: Mit seiner Hilfe werden die Nachrichten und Artikel zu den Zeitungsbüros im ganzen Land übertragen. Die Zeitung wird dann an verschiedenen Orten gedruckt und von dort aus verteilt.

Wozu Satelliten benutzt werden

Wenn man Fernsehsendungen über Satellit empfangen möchte, braucht man normalerweise eine eigene kleine Richtfunkantenne. Man kann die Signale von Nachrichtensatelliten aber auch ohne eine solche Antenne empfangen, und zwar über das Telefonnetz. Telefongespräche über sehr große Entfernungen werden häufig schon über Satellit gesendet. Satellitenverbindungen könnten für internationale Organisationen sehr nützlich sein: Auf diesem Weg ließen sich alle Büros in der ganzen Welt miteinander verbinden. Die Terminals an den Arbeitsplätzen hätten Zugriff auf zentrale Datenbanken, ganz gleich, in welchem Erdteil diese stehen; oder ein zentraler Computer könnte einem Roboter über Tausende von Kilometern hinweg Arbeitsanweisungen geben.

Was Satelliten leisten

Der Satellit empfängt die Signale mit Hilfe von kleinen Richtfunkantennen und sendet sie dann zurück zu einem anderen Teil der Erde. Er verstärkt die Signale dabei, was den Empfang mit kleineren Antennen erleichtert. Signale von einem Satelliten können von jeder geeigneten Antenne in seinem Empfangsbereich aufgenommen werden. Eine Antenne kann Signale von allen Satelliten empfangen, in deren Empfangsbereich sie liegt.

Nur die allerneuesten Satelliten können digitale Daten verarbeiten. Die älteren Satelliten benutzen analoge Techniken, sind somit langsamer und übertragen weniger Informationen. Neuere Satelliten sind auch größer und können die Signale so verstärken, daß diese sogar von den kleinen Antennen empfangen werden können, die für den Empfang von Satellitenfernsehen verwendet werden.

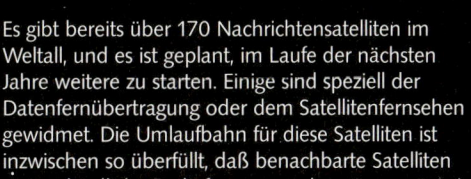

Richtfunkantennen

Es gibt bereits über 170 Nachrichtensatelliten im Weltall, und es ist geplant, im Laufe der nächsten Jahre weitere zu starten. Einige sind speziell der Datenfernübertragung oder dem Satellitenfernsehen gewidmet. Die Umlaufbahn für diese Satelliten ist inzwischen so überfüllt, daß benachbarte Satelliten unterschiedliche Radiofrequenzen benutzen müssen, damit Störungen zwischen ihren Ausstrahlungen verhindert werden.

Wie Satellitensignale empfangen werden

Die meisten Satellitensignale können nur von speziellen Richtfunkantennen, nicht jedoch von gewöhnlichen Radioantennen empfangen werden. Die Signale sind so schwach, daß sie von der Richtfunkantenne zuerst einmal gebündelt werden müssen: Die Mikrowellen treffen auf die gekrümmte Innenfläche des Spiegels und werden so zurückgeworfen, daß sie alle über die Mitte des Spiegels im Brennpunkt zusammentreffen. Die Antenne muß genau eingestellt werden, damit verschiedene Sendungen, z. B. Rundfunkprogramme, auf verschiedenen Frequenzen übertragen werden können. Auch die Spiegel müssen sorgfältig ausgerichtet werden, damit sie Signale von bestimmten Satelliten empfangen können.
Die Antenne wandelt die Radiowellen, die sie aufnimmt, in elektrische Signale um. Diese werden über eine Leitung zum Empfänger geschickt; der Empfänger kann z. B. ein Fernsehgerät, eine Telefonvermittlung oder ein Computer sein. Dort werden sie dann wieder in ihre ursprüngliche Form umgewandelt.

Die Signale werden reflektiert und in der Mitte des Spiegels gebündelt.

Die Antenne steht im Brennpunkt des Spiegels.

Die Radiowellen werden in elektrische Signale umgewandelt und zum Empfänger weitergeleitet.

Informationen mit Lichtgeschwindigkeit

Zur Zeit bestehen die meisten Nachrichtenverbindungen für Telefon, Kabelfernsehen, Computer und ähnliches aus Kupferkabeln. Darin werden Mitteilungen in Form von elektrischen Signalen transportiert. Lichtleiter oder Glasfaserkabel sind eine neue Art von Transportweg; sie benutzen Licht anstelle von Elektrizität. Da sie viel mehr Fernsehprogramme oder Telefongespräche in einem einzigen Kabel übertragen können als die herkömmlichen Kupferkabel, werden sie in Zukunft immer mehr Verbreitung finden. Lichtleiter eignen sich auch besser für interaktive Zweiwegverbindungen, die man für Bildschirmtext und andere Datenübertragungen benötigt.

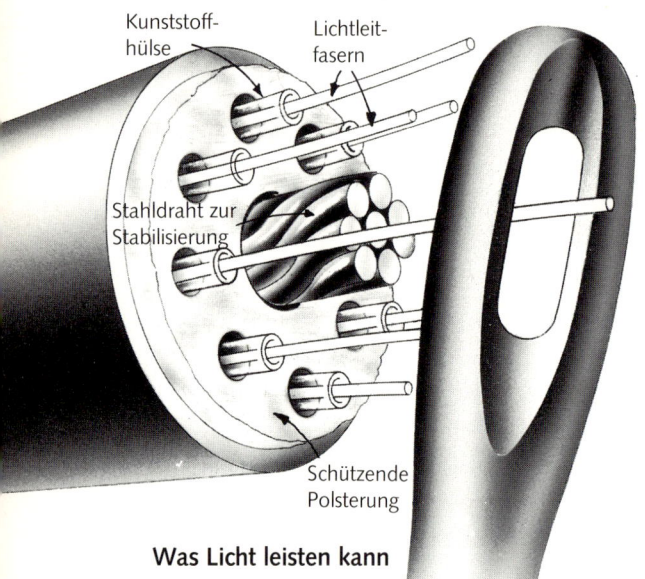

Kunststoffhülse
Lichtleitfasern
Stahldraht zur Stabilisierung
Schützende Polsterung

Wie man Licht leitet

Licht wurde in der Vergangenheit nicht zur Übertragung von Informationen benutzt, da man keinen Weg kannte, es gezielt von einem Ort zu einem anderen zu transportieren. Licht kann man nicht wie Radiowellen senden oder wie elektrischen Strom durch Metalldrähte schicken. Durch die Erfindung des Lichtleiters im Jahre 1960 wurde eine solche Übertragungsmöglichkeit gefunden. Lichtleiter sind ganz feine Glas- oder Kunststoffröhrchen – so dünn wie ein Haar –, in denen sich die eigentliche Lichtleitfaser aus Glas befindet. Die Leiter sind völlig elastisch und können wie Drähte gebogen und verdrillt werden. Die einzelnen Leiter werden zu Kabeln gebündelt. Das einfallende Laserlicht kann in einem fortlaufenden Strahl durch den Leiter laufen oder als digitale Ein-/Aus-Impulse.

Was Licht leisten kann

Licht ist nur ein Teil des sogenannten elektromagnetischen Spektrums, das unten in Symbolen dargestellt ist. Bei der Übertragung von Radio- und Fernsehsendungen denken wir normalerweise an Radiowellen; mit Licht geht das auch. Es kann sogar mehr Informationen übermitteln als Radiowellen.

| Radiowellen | Mikrowellen | Infrarotstrahlen | Wahrnehmbares Licht | Ultraviolette Strahlen | Röntgenstrahlen | Gammastrahle |

Jede Art von elektromagnetischen Strahlen hat die Form von Wellen. Die Wellen werden nach ihrer Länge gemessen – jeweils von einem Wellengipfel zum nächsten – und nach der Frequenz – das ist die Anzahl der Wellen in einer Sekunde. Verschiedene Arten von Wellen haben verschiedene Längen und Frequenzen. Je kürzer die Wellenlänge, desto höher ist ihre Frequenz. Es ist etwa so wie beim Vergleich der Fußstapfen eines Riesen mit denen eines Zwergs: In einer Sekunde kann der Riese einen langen Schritt machen, der Zwerg macht dagegen viele kleine Schritte. Licht hat eine sehr viel kürzere Wellenlänge als Radiowellen: Millionen von Lichtwellen passen in einen einzigen Millimeter, aber eine einzige Radiowelle kann Tausende von Metern lang sein. Das bedeutet, daß Licht mehr Wellen pro Sekunde hat, die zum Transport von Informationen benutzt werden können. Licht erbringt also in der gleichen Zeit eine größere Übertragungsleistung als Radiowellen.

(Diese Abbildung ist nicht maßstabsgerecht.)

Lichtwellen
Radiowellen
Zeit

So funktionieren Lichtleiter

Lichtleiter bestehen aus so klarem und reinem Glas, daß eine 35 km dicke Scheibe davon genauso durchsichtig wäre wie eine gewöhnliche Fensterscheibe. Das Licht gelangt nicht aus dem Leiter heraus, da dieser eine Ummantelung aus anderem Glas hat. Von diesem Glasmantel wird das Licht in den Leiter zurückgeworfen, wie es in der oberen Zeichnung zu sehen ist. Das Licht bewegt sich durch den Leiter, indem es immer wieder von einer Seite zur anderen reflektiert wird.

Die modernsten und teuersten Lichtleiter haben eine sorgfältig abgestufte Ummantelung und einen besonders dünnen Kern, der das Licht zu einer geraden Linie bündelt. Diese Leiter werden für Laserstrahlen benutzt; sie sind das einzige Licht, mit dem man einen parallelen Strahl erzeugen kann.

Lichtquellen für Lichtleiter

Da Lichtleiter so dünn sind, muß auch die Lichtquelle dafür sehr klein sein. Man benutzt kleine Leuchtdioden (LED) oder Laser-„Chips". Leuchtdioden sind elektronische Bauteile, die Licht aussenden, wenn sie unter elektrischer Spannung stehen. Laserchips werden aus winzigen Kristallen hergestellt, die Laserlicht aussenden, wenn sie von Elektronen angeregt werden. Laserlicht besitzt, anders als gewöhnliches Licht, nur *eine* Wellenlänge, die in einem geraden Strahl gebündelt ist.

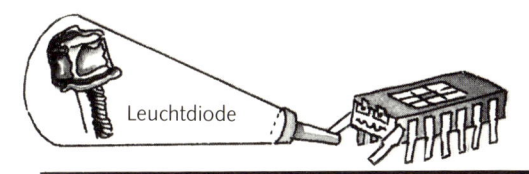

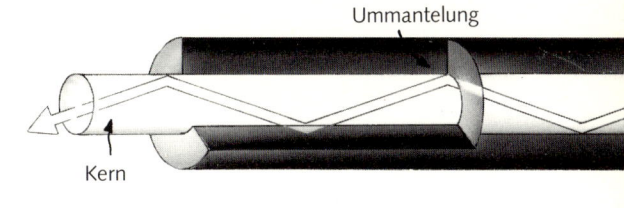

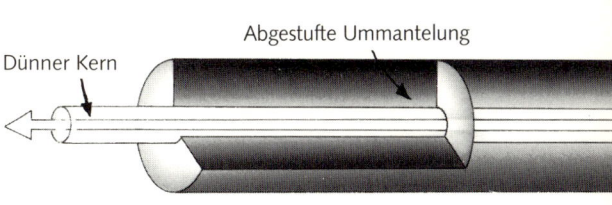

Wie Signale übertragen werden

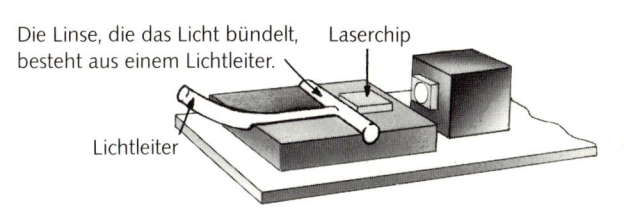

Die Linse, die das Licht bündelt, besteht aus einem Lichtleiter.

Signale, die mit Lichtleitern übertragen werden, können analog oder digital sein. Die Information wird in elektrische Impulse umgewandelt, mit denen der Laserchip oder die Leuchtdiode angeregt wird, Lichtblitze zu erzeugen. Diese Lichtblitze müssen von einer Linse, die ebenfalls aus einer Lichtleitfaser besteht, gebündelt und in den Lichtleiter gebracht werden. Das Licht bewegt sich durch den Leiter bis an dessen Ende. Dort befindet sich ein Fotodetektor, der das Licht wieder in elektrische Impulse umwandelt. Diese Impulse werden schließlich in den Ausgangszustand zurückversetzt.

Informationen päckchenweise

Mit einem digitalen Übertragungssystem kann man über Kabel einzelne Informationen befördern, indem man sie in viele kleine digitale „Päckchen" von ungefähr 10 Bits zerlegt und mit Päckchen von anderen Informationen stapelt. Informationspäckchen aus Telefongesprächen, Kabelsendungen, Computerdaten, Bildschirmtext usw. können alle zusammen im gleichen Kabel befördert werden. Beim Empfänger werden die Päckchen sortiert und alle wieder zu den ursprünglichen Informationen zusammengesetzt. Päckchen, die zusammen eine Information ergeben, bewegen sich manchmal sogar durch verschiedene Kabel, damit sie zur gleichen Zeit denselben Bestimmungsort erreichen. Das gewährleistet die wirksamste Ausnutzung der verfügbaren Kabel. Diese Technik kann man sowohl bei gewöhnlichen Kabeln als auch bei Lichtleitern anwenden.

Computer in der Fabrik

Die Büroarbeit wird erst seit kurzem von der Mikroelektronik und von Computern beeinflußt. In anderen Industriezweigen kennt man die neue Technik und ihre Auswirkungen schon länger. Dort werden Computer eingesetzt, die Maschinen bedienen oder Fertigungsverfahren überwachen, z. B. bei der Herstellung von chemischen Produkten. Computer werden häufig auch beim Entwerfen von Maschinen oder anderen Erzeugnissen eingesetzt. Hier werden einige Einsatzmöglichkeiten beschrieben, die in der Industrie bereits verwirklicht worden sind.

Computerunterstütztes Konstruieren (CAD)*

Entwurfs- und Konstruktionsarbeiten sind ein stark anwachsender Bereich für den Einsatz von Computern in der Industrie. Dabei ist es ziemlich gleich, ob dabei Autos oder Schuhe entworfen und hergestellt werden sollen. Mit dem richtigen Programm kann ein Konstrukteur den Computer simulieren lassen, wie ein bestimmtes Modell aussähe, falls es gebaut würde. Wenn er Teile des Entwurfs ändert, kann ihm der Computer zeigen, wie sich diese Änderung auswirken würde. Der Computer bewahrt den Konstrukteur davor, ungeeignete Entwürfe zu verwirklichen, bei denen sich nur herausstellen würde, daß sie nicht funktionieren. Der Computer kann auch zeigen, was unter verschiedenen Bedingungen geschehen wird, beispielsweise wie eine Brücke auf verschiedene Windstärken reagiert. Computer können schließlich auch den wirtschaftlichsten Weg berechnen, um etwas aus vorhandenen Materialien herzustellen.

In einem automatisierten Stahlwerk überwacht ein Computer die Temperatur und steuert die Ausflußmenge des geschmolzenen Metalls.

Computerunterstützte Produktion (CAM)**

Computer können Maschinen steuern, die immer wieder den gleichen Handlungsablauf vollziehen. Das Programm gibt an, wie der Computer die Maschine steuern soll. Da das Programm geändert werden kann, ist diese Art der Steuerung vielseitig anwendbar. Eine Drehbank, die zum Formen von Werkstücken benutzt wird, kann z. B. so programmiert werden, daß sie verschiedene Bewegungen ausführt und dadurch unterschiedliche Stücke bearbeiten kann.
Computerunterstützte Produktionsverfahren werden aber noch in vielen anderen Bereichen angewendet, beispielsweise beim Bierbrauen, bei der Herstellung von Chemikalien, bei der Keramikbearbeitung, bei der Ölraffinierung usw.
Computer eignen sich für die Überwachung von Vorgängen und für die Verarbeitung von Meßergebnissen. Auch in der Schwerindustrie, z. B. im Bergbau und bei der Stahlerzeugung, sind Computer im Einsatz.

* Von englisch **C**omputer **A**ided **D**esign
** Von englisch **C**omputer **A**ided **M**anufacture

Die elektronische Fabrik

Roboter sind automatisierte Maschinen, die darauf programmiert werden können, eine Reihe von verschiedenen Aufgaben auszuführen. Die meisten Fabrikroboter bestehen aus einfachen mechanischen

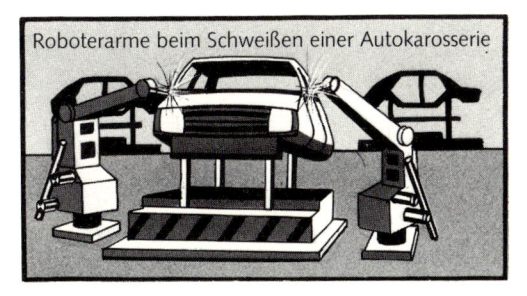

Roboterarme beim Schweißen einer Autokarosserie

Greifarmen mit einem Werkzeug am Ende und arbeiten an Fließbändern. Sie schneiden, schweißen, nieten, lackieren, zeichnen, heben, füllen und führen viele Aufgaben aus, die bei der Herstellung von Autos, Waschmaschinen, Fernsehgeräten und anderen Dingen vorkommen. Roboter sind keine „intelligenten" Maschinen, sie bewegen sich einfach entsprechend den Anweisungen, die im Computerprogramm niedergelegt sind. Der Computer läßt das Programm ablaufen, schickt Signale zum Roboter und veranlaßt ihn dadurch, bestimmte Tätigkeiten auszuführen. Roboter sind vielseitig einsetzbar und können immer wieder neue Aufgaben erfüllen, wenn man die entsprechende Software und geeignete Werkzeuge dafür hat. So kann z. B. ein Lackierroboter zum Schweißer „umgeschult" werden.

Die neuesten Roboter sind mit elektronischen Sensoren ausgestattet, beispielsweise mit Videokameras als „Augen", Mikrofonen als „Ohren", mit Sonar oder Radar als Meß- und Orientierungsgeräten und mit Berührungssensoren. Der Roboter benutzt diese Geräte, um dem steuernden Computer Rückmeldungen zu geben. Der Computer benutzt diese Rückmeldungen, um seine Anweisungen für den Roboter entsprechend den Vorgängen zu ändern, die gerade ablaufen. Ein Roboter kann z. B. zerbrochene Kekse von

Roboterarme beim Füllen von Schachteln

einem Förderband nehmen, wenn er sie mit seinem Kamera-Auge sieht und sein Computer so programmiert ist, daß er dem Roboter genau sagen kann, wie einwandfreie Kekse aussehen.

Der Computer entwirft Schnitt und Schneideprogramm.

Roher Entwurf
Computergesteuerter Schneideroboter
Automatische Nähmaschine

Fabrik ohne Menschen?

Im Laufe der weiteren Entwicklung werden vielleicht Systeme geschaffen, die computerunterstütztes Konstruieren und Produzieren mit Robotern und anderen automatisierten Maschinen kombinieren. Ein Computer müßte dazu immer den bestmöglichen Entwurf für ein Produkt erhalten und dann die Informationen darüber in das Programm eingeben. Mit diesem Programm erhalten die computergesteuerten Maschinen und Roboter Anweisungen, wie sie das Endprodukt herstellen sollen. Das Beispiel oben zeigt, wie ein Konstrukteur ein Paar Schuhe entwirft und den Computer benutzt, um das beste Schnittmuster für verschiedene Größen zu berechnen und anschließend die Computer der Schneide- und Nähroboter mit diesen Informationen zu füttern.

Menschen müßten sich in einer solchen Fabrik kaum noch aufhalten, wenn Computer entsprechend programmiert und die erforderlichen Informationsübertragungssysteme eingerichtet wären sowie die Maschinen von zu Hause oder von einem Büro aus gesteuert und überwacht würden. Es darf allerdings nicht übersehen werden, daß diese Entwicklung noch erhebliche soziale und beschäftigungspolitische Probleme aufwirft. Sie führen zu der Frage, ob es sinnvoll ist, alles zu tun, was technisch durchführbar ist.

Videotechnik

Videogeräte bieten die Möglichkeit, Bilder und Klänge elektronisch auf Band oder Platte aufzunehmen. Fernsehstudios benutzen Videoanlagen, um Programme aufzuzeichnen, und eine steigende Anzahl von Spielfilmen wird auf Videobänder überspielt, die man kaufen oder leihen kann, um sie zu Hause auf dem eigenen Fernsehschirm anzuschauen. Videoband eignet sich auch für Heimkino, da es billiger und einfacher zu handhaben ist als gewöhnlicher Film. Bildplatten stellen die neueste Entwicklung auf diesem Gebiet dar. Hier folgt eine Übersicht über den Bereich der Videotechnik.

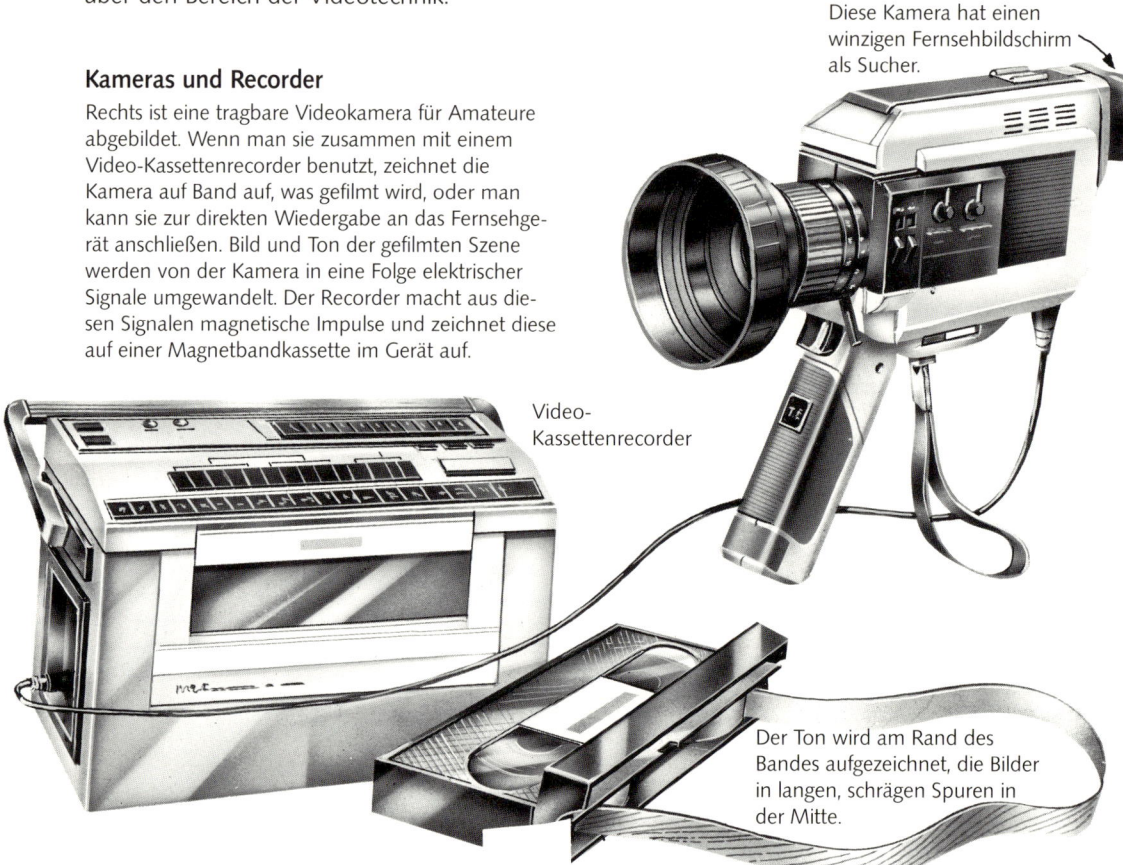

Diese Kamera hat einen winzigen Fernsehbildschirm als Sucher.

Kameras und Recorder

Rechts ist eine tragbare Videokamera für Amateure abgebildet. Wenn man sie zusammen mit einem Video-Kassettenrecorder benutzt, zeichnet die Kamera auf Band auf, was gefilmt wird, oder man kann sie zur direkten Wiedergabe an das Fernsehgerät anschließen. Bild und Ton der gefilmten Szene werden von der Kamera in eine Folge elektrischer Signale umgewandelt. Der Recorder macht aus diesen Signalen magnetische Impulse und zeichnet diese auf einer Magnetbandkassette im Gerät auf.

Video-Kassettenrecorder

Der Ton wird am Rand des Bandes aufgezeichnet, die Bilder in langen, schrägen Spuren in der Mitte.

Video-Kassettenrecorder

Ein Video-Kassettenrecorder wandelt die magnetischen Impulse auf dem Band in elektrische Signale um. Diese werden im Fernsehgerät wieder in Bilder und Klänge umgesetzt, genauso wie das mit den Fernsehsignalen geschieht. Mit den meisten Amateur-Kassettengeräten kann man Bänder bespielen und abspielen. Man kann sie auch benutzen, um Fernsehsendungen aufzunehmen, die man später anschauen möchte. Das Gerät erhält dabei die gesendeten Signale nicht vom Fernsehgerät, sondern hat einen eigenen eingebauten Fernsehempfänger. Deshalb kann man sich mit dem Fernsehgerät ein bestimmtes Programm anschauen, während der Recorder zur gleichen Zeit ein anderes aufnimmt.

Bewegte Bilder

Bewegte Bilder werden als Standbilder oder Einzelbilder auf Videoband aufgenommen, eins nach dem anderen. Sie werden sehr schnell zurückgespielt (25 Einzelbilder pro Sekunde in Europa, 30 Einzelbilder pro Sekunde in den USA und in Japan), damit sie den Eindruck von bewegten Bildern vermitteln. Mit dem Abspielgerät kann man ein einzelnes Bild als Standbild zeigen. Man kann das Band auch mit verschiedenen Geschwindigkeiten abspielen und sogar rückwärts ablaufen lassen.

Bildplatten

Bildplatten ähneln Langspielplatten in Form und Größe. Zur Zeit kann man nur bespielte Bildplatten abspielen; man kann sie nicht selbst bespielen. Zum Abspielen braucht man einen speziellen Bildplattenspieler.

Es gibt zwei verschiedene Typen von Bildplatten: Bei dem einen Typ werden die Bildinformationen auf der Platte mit einer Nadel abgetastet, ähnlich wie bei Schallplatten. Bei dem anderen Typ wird dazu ein dünner Laserstrahl benutzt. Laserplatten sehen wie glänzende Spiegel aus und reflektieren das Licht in allen Regenbogenfarben. Da der Laserstrahl die Platten beim Abtasten nicht berührt, nutzen sie sich nicht ab. Die reflektierende Schicht, in der die Aufnahme gespeichert ist, wird von einer dünnen Kunststoffhaut geschützt, die den Laserstrahl durchläßt. Die Platte ist jedoch so widerstandsfähig, daß sie sich selbst dann ohne Störungen abspielen läßt, wenn sie mit Kratzern und Fingerabdrücken bedeckt ist. Der andere Plattentyp ist schwarz und glänzt ebenfalls in Regenbogenfarben. Diese Platte darf man nicht berühren, sie steckt deswegen in einer schützenden Hülle.

Interaktive Bildplatten

Wenn man auf einem Videoband eine bestimmte Stelle sucht, muß man das Band von vorn abspielen und so lange warten, bis das gewünschte Bild auftaucht. Mit einer Bildplatte hat man zu jedem Teil „direkten Zugriff". Das bedeutet, daß man dem Abspielgerät sagen kann, welches Einzelbild man wünscht; dieses Bild wird dann sofort gezeigt. Man kann die Reihenfolge der Einzelbilder steuern und die Art und Weise, in der sie gezeigt werden. Das nennt man „interaktives" oder „aktives" Video.
Alle Einzelbilder sind numeriert wie die Seiten eines Buches und können in Abschnitte eingeteilt werden. Man kann sowohl einzelne Bilder als auch ganze Abschnitte aufrufen oder dem Bildplattenspieler die Reihenfolge der Bilder vorschreiben. Auf der Platte können Standbilder, die aus Text und Illustrationen bestehen, mit den üblichen Bildabständen aufgenommen sein. Die Standbilder können z. B. Fragen zum vorangegangenen Kapitel enthalten. Wenn man eine falsche Antwort gibt, kann das Abspielgerät automatisch vorschlagen, noch einmal die entsprechende Bildfolge zu zeigen. Einige Bildplattenspieler enthalten Chips zur Kontrolle der Antworten. Interaktive Bildplatten eignen sich für Lern- und Ausbildungsprogramme und werden sogar in Geschäften als „lebender" Warenkatalog benutzt.

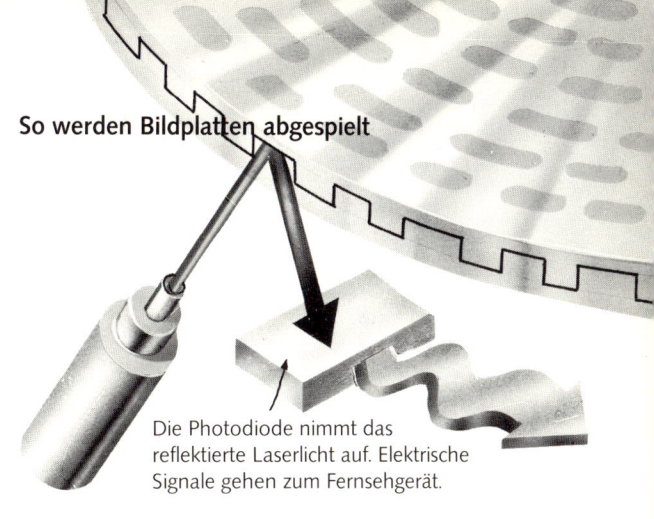

So werden Bildplatten abgespielt

Die Photodiode nimmt das reflektierte Laserlicht auf. Elektrische Signale gehen zum Fernsehgerät.

Die Bild- und Toninformationen werden auf der Platte als Spirale aus mikroskopisch kleinen Löchern (Pits) in der reflektierenden Schicht unter der Kunststoffhaut gespeichert. Der Laserstrahl im Abspielgerät richtet sich auf die reflektierende Schicht und wird zu einer Photodiode zurückgeworfen. Die winzigen Löcher ändern die Reflexion, die zur Photodiode zurückgeschickt wird. Dadurch erzeugt die Diode eine unregelmäßige Folge elektrischer Signale. Diese werden im Fernsehgerät in die Bilder und Töne umgewandelt, die ursprünglich aufgenommen worden waren. Die Informationen auf Laserbildplatten sind übrigens analog und nicht digital, wie man es vielleicht erwartet hätte.

Computersteuerung für Bildplattenspieler

Die Bildplatte wird nach den Anweisungen des Computers abgespielt.

Auf dem Diskettenlaufwerk läuft das Computerprogramm ab.

Einige Bildplattenspieler lassen sich von einem Heimcomputer steuern. Ein Programm sagt ihm, welche Einzelbilder gezeigt und wann und wie sie abgespielt werden sollen, ob die Geschwindigkeit geändert oder ob ein Einzelbild angehalten oder wiederholt werden soll, um das ursprüngliche Bild zu verändern. Mit dieser Art der Steuerung können die Informationen auf einer einzigen Bildplatte auf unterschiedliche Weise genutzt werden, indem man immer wieder neue Programme dafür schreibt.

Der Chip – Herzstück der Mikroelektronik

Ohne den Siliziumchip gäbe es keine moderne Elektronik. Fast alle Geräte, die in diesem Buch beschrieben sind, arbeiten mit solchen Computern in Miniaturgröße. Chips sind so klein und inzwischen auch so billig in der Herstellung, daß sie vielseitige Maschinen beinahe für jedermann zugänglich machen.

Elektronische Bauteile

Alle elektronischen Geräte – Computer, Fernsehgeräte, Radioapparate, Telefone usw. – arbeiten mit Hilfe elektrischer Impulse, die durch spezielle Schaltkreise fließen. Diese Schaltkreise sind aus verschiedenen Bauteilen zusammengesetzt, beispielsweise aus Transistoren, Dioden, Kondensatoren und Relais, die den Elektrizitätsfluß durch den Schaltkreis steuern. Auf dem Bild unten siehst du die Teile, die du für den Bau einer einfachen Radioschaltung bräuchtest, im Vergleich mit einem Chip, der die gleiche Arbeit leistet.

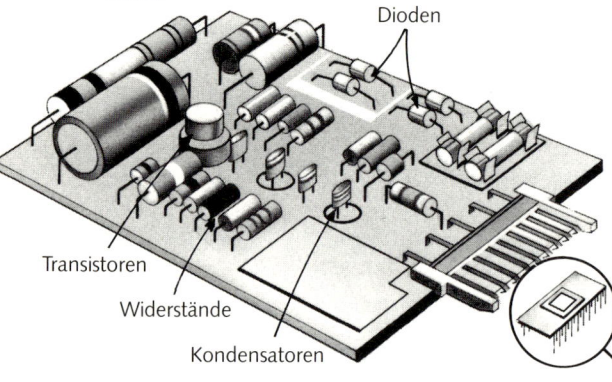

Dioden
Transistoren
Widerstände
Kondensatoren

Die integrierte Schaltung

Mikroelektronik ist Elektronik in mikroskopischem Maßstab. Tausende von winzigen Bauteilen und Schaltkreisen können auf einem kleinen Chip – auch als *Integrierte Schaltung* oder *IC* (von englisch **I**ntegrated **C**ircuit) bekannt – untergebracht werden, der nur einige Millimeter groß ist. Aus der geringen Größe der Chips ergeben sich mehrere Vorteile: Sie beanspruchen weniger Platz, so daß viele in einem Gerät untergebracht werden können und dessen Leistungsfähigkeit steigern. Sie arbeiten auch schneller, weil die elektrischen Impulse nur ganz kurze Wege zurücklegen müssen. Da Chips billig herzustellen sind, können sie in großen Mengen produziert werden.

Was sind Chips?

Dieses Bild zeigt die Vergrößerung eines Mikroprozessors, sozusagen eines „Computers auf einem Chip". Der Mikroprozessor besitzt sämtliche Grundbestandteile eines Computers. Alle Chips bestehen aus sogenannten Wafers, das heißt aus etwa 0,5 Millimeter dünnen Siliziumscheiben. Silizium ist ein sehr gebräuchlicher Halbleiter. Halbleiter sind Stoffe, die elektrischen Strom unter bestimmten Bedingungen leiten; sie leiten ihn nicht so gut wie richtige Leiter, z. B. Metalle, jedoch viel besser als Nichtleiter (Isolatoren) wie Holz.

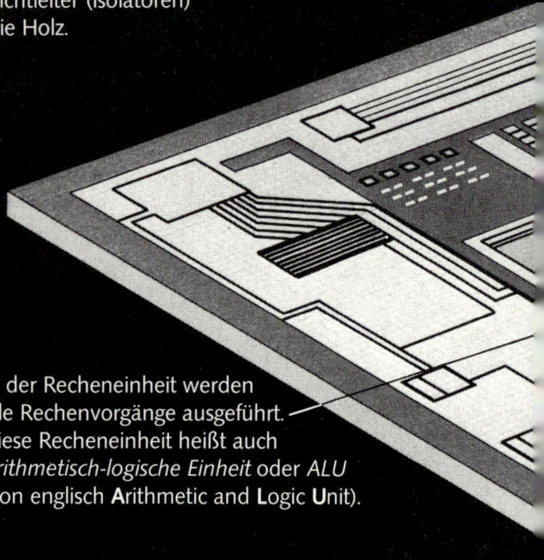

In der Recheneinheit werden alle Rechenvorgänge ausgeführt. Diese Recheneinheit heißt auch *Arithmetisch-logische Einheit* oder *ALU* (von englisch **A**rithmetic and **L**ogic **U**nit).

Die Schaltkreise eines Chips werden in die Oberfläche eingeätzt. Die Bauteile und Leiterbahnen werden in Form von kleinen Flächen aus Leitern und Nichtleitern aufgebracht, die die Leitfähigkeit der Halbleiteroberfläche verändern.

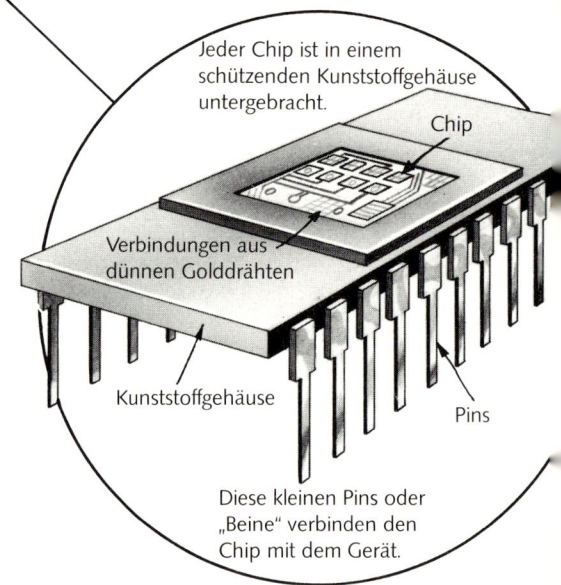

Jeder Chip ist in einem schützenden Kunststoffgehäuse untergebracht.
Chip
Verbindungen aus dünnen Golddrähten
Kunststoffgehäuse
Pins

Diese kleinen Pins oder „Beine" verbinden den Chip mit dem Gerät.

Der Taktgeber steuert den Stromfluß in den Schaltkreisen.

Die verschiedenen Schaltkreise auf dem Chip dienen unterschiedlichen Zwecken: Einige sind unveränderliche Speicher, in denen die Programme und andere Daten niedergelegt sind, die dem Chip sagen, was er zu tun hat. Einen solchen Speicher nennt man *ROM* oder *Festwertspeicher*. Andere Schaltkreise haben Steuerfunktionen oder enthalten einen zeitweiligen Speicher, in dem man etwas ablegen kann, wenn man den Chip benutzt. Den zeitweiligen Speicher nennt man *RAM* oder *Schreib-/Lesespeicher*.

Diese Schaltkreise am Rand verbinden den Chip über dünne Golddrähte mit seinem Gehäuse.

Chips werden aus runden Siliziumscheiben (oder anderen Halbleitern) gemacht. Aus einer solchen Scheibe lassen sich Hunderte von Chips herausschneiden. Mit Hilfe eines Computers werden die Schaltkreismuster entworfen – einige tausendmal größer, als sie letztendlich sein werden. Die Entwürfe werden fotografisch verkleinert und auf die Siliziumscheibe „gedruckt". (Daher bezeichnet man Chips auch als *gedruckte Schaltungen*.) Bei der anschließenden Funktionsprüfung müssen viele Chips ausgesondert werden.

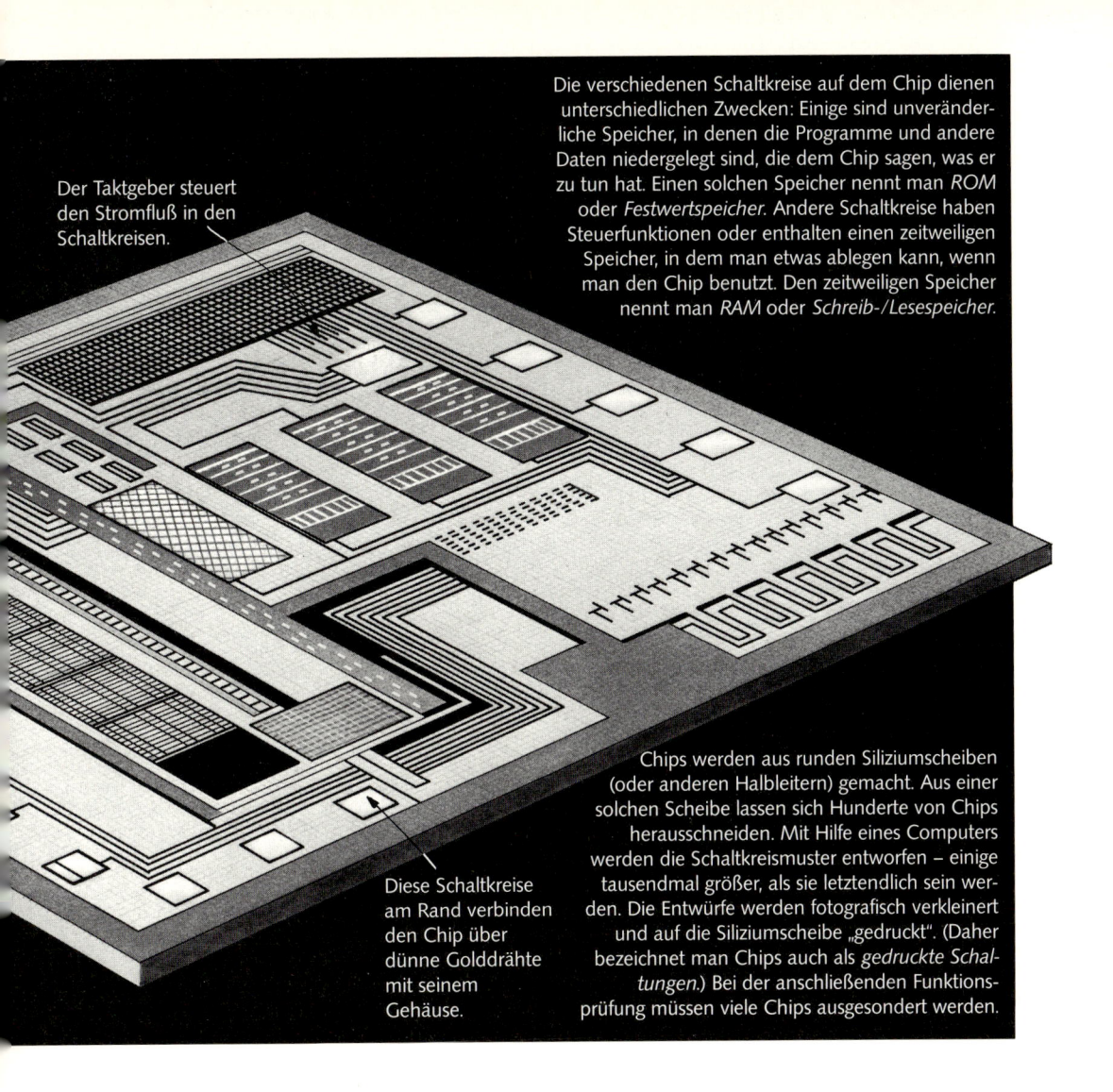

Chips für verschiedene Aufgaben

Es gibt viele verschiedene Arten von Chips, die für verschiedene Aufgaben bestimmt sind. In einem Telefon können z. B. folgende Chips eingebaut sein: ein Modemchip, der die eingehenden analogen Signale in digitale Signale umwandelt; ein Speicherchip, der die Telefonnummern speichert; Steuerchips, die Funktionen wie Kurzwahl und Anrufweiterschaltung ausführen; ein Zeichengenerator, der den Bildschirm ansteuert; ein Sprachsynthesizer und Speicherchips für die Nachrichtenübermittlung; ein Laserchip in einem Lichtleitersystem und ein Mikroprozessor, der alle anderen Bauteile koordiniert und steuert.
Chips sind programmiert und haben bei der Herstellung genau die Informationen erhalten, die sie brauchen, um ihre Aufgaben ausführen zu können. Da sie spezialisiert sind, kann man die Chips einer Waschmaschine nicht herausnehmen und sie im Heimcomputer benutzen. Das gleiche Chipmuster kann jedoch auf die unterschiedlichste Weise für verschiedene, aber zumindest ähnliche Aufgaben programmiert werden.

Kommunikation mit Computern

Um die computergesteuerte neue Technik nutzen zu können, muß man Befehle und Informationen eingeben (Input), eine Antwort erhalten (Output) und möglicherweise Daten für späteren Gebrauch speichern können. Es gibt viele Möglichkeiten, mit Computern zu kommunizieren: Bei einer Computertastatur z. B. ist diese Möglichkeit wesentlich klarer erkennbar als bei einem Drucksensor, der einen Mikroprozessor alarmiert, wenn man seinen Sicherheitsgurt im Auto nicht anlegt. Auf diesen Seiten sind einige Input-, Output- und Speichergeräte behandelt, die in oder zusammen mit Computern benutzt werden.

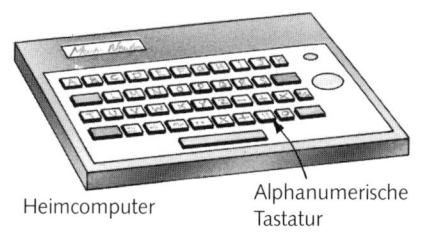

Heimcomputer — Alphanumerische Tastatur

Tastaturen

Die bekannteste Möglichkeit zur Eingabe von Informationen ist das Tippen auf einer Tastatur. Heimcomputer, Terminals in Banken und Firmen, Bildschirm- und Videotextgeräte, Telefone und sogar Digitaluhren haben alle irgendeine Art von Tastatur. Wenn man eine Taste drückt, erzeugt dies einen verschlüsselten elektrischen Impuls, den der Computer als „b" oder „B", „2" oder z. B. als Befehl „Wecker stellen" erkennt. Die Art der Tastatur hängt von der Funktion des Geräts ab. Viele Tastaturen sind alphanumerisch, das heißt, sie haben Tasten für Buchstaben und Zahlen und manchmal noch einige Sonderfunktionstasten.

Magnetspeicher

Auf Bändern, Disketten und Magnetstreifen (z. B. auf Scheckkarten) können Informationen magnetisch gespeichert werden. Digitale Daten werden als elektrische Impulse zu einem Recorder geschickt. Diese Impulse magnetisieren winzige Eisenoxidteilchen auf der Oberfläche des Bandes, der Diskette oder des Magnetstreifens. Ein-Impulse richten die Teilchen in die eine Richtung aus, Aus-Impulse in die andere. Die Daten werden von einem magnetischen Sensor gelesen, der die zwei magnetischen Felder wieder in elektrische Impulse umwandelt. Das ist die verbreitetste Möglichkeit, Computerdaten zu speichern – und sie auch wieder zu löschen.

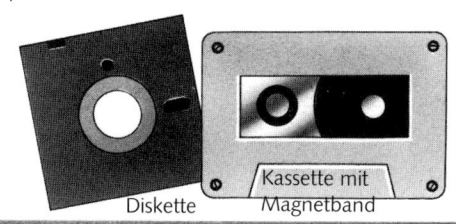

Diskette — Kassette mit Magnetband

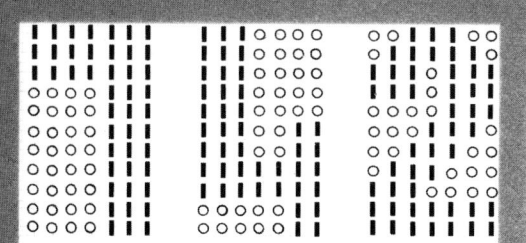

Zeichenerkennung

Man kann Computern das „Lesen" beibringen, sie müssen sich jedoch die Formen aller Zeichen (Buchstaben, Zahlen, Symbole) für alle verschiedenen Schriftbilder merken, auf die sie stoßen. Computer lesen Druckschrift, indem sie die Seite mit einem Sensor erfassen. Dies erzeugt Ein-Signale, wo Druck oder Schrift vorhanden ist, und Aus-Signale, wo die Seite unbeschrieben ist. Auf diese Weise „sieht" der Computer die Zeichen als Einsen in einem Netz von Nullen (siehe das Bild in diesem Kasten). Optische Sensoren reagieren auf das Licht, das vom Blatt reflektiert wird, magnetische Sensoren „lesen" magnetische Tinte.

Drucksensoren

Drucksensoren kann man benutzen, um Handschriften zu „lesen". Der Computer „merkt" sich Ihre Unterschrift, wenn Sie mehrmals auf einem druckempfindlichen Tablett unterschreiben. Er wandelt den Druck und die Position der Schreibfeder in digitale Zahlen um und kann diese dann später mit Ihrer Unterschrift vergleichen, beispielsweise auf einem Scheck, der auf einem anderen Drucksensor unterschrieben wurde. Mit Hilfe von Drucksensoren läßt sich auch feststellen, ob jemand auf einem Stuhl sitzt; der Sensor kann auch den Sprachsynthesechip veranlassen, dieser Person etwas zu sagen.

Ein druckempfindliches Tablett sagt dem Computer, wo sich die Schrift befindet.

FEUER!!

Sprachsynthesizer

Sprachsynthesizer-Chips können alle Töne darstellen, mit denen man Wörter bilden kann, die in ihrem Speicher abgelegt sind. Diese Töne nennt man *Phoneme*. Der Chip erzeugt sie, wenn man die entsprechenden Buchstaben auf einer Tastatur eingibt. Andere Chips haben in ihrem Speicher ganze Sätze und sprechen diese als Antwort auf eine bestimmte Eingabe: Der Chip oben ist z. B. mit einem Rauchdetektor verbunden. Computergesteuerte Telefone und Vermittlungen benutzen die Sprachsynthesizer, um Informationen an Anrufer zu übermitteln.

Spracherkennung

Einem Computer beizubringen, Sprache zu verstehen, ist schwieriger, als ihn Sprache erzeugen zu lassen. Zwar kann man einem Computer mit Mikrofonen zu elektronischen „Ohren" verhelfen, aber ihn so zu programmieren, daß er so vielschichtige Töne versteht, wie sie die menschliche Sprache hat, ist ziemlich schwierig. Zu alledem klingen menschliche Stimmen sehr unterschiedlich. Ein Computer kann zwar einige Wörter verstehen lernen, aber er muß dazu die Stimme verschiedener Sprecher gesondert speichern. Bei einem Versuch brauchte ein elektronischer „Stenotypist" 100 Minuten, um einen Satz zu verarbeiten und niederzuschreiben, der in 30 Sekunden gesprochen wurde.

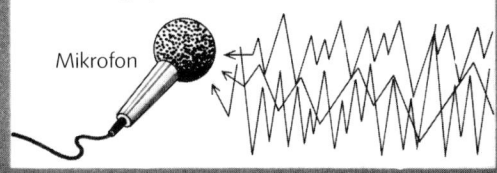

Mikrofon

Optische Speicher

Laserplatte

Diese Geräte benutzen das gleiche reflektierende Material wie Compact Discs und Bildplatten. Digitale Daten sind als Löcher und erhabene Flächen („Nichtlöcher") in der reflektierenden Schicht gespeichert. Wenn sie mit einem Laserstrahl abgetastet werden, reflektieren Löcher und Flächen das Licht unterschiedlich und erzeugen dadurch elektrische Ein-/Aus-Signale in der Photodiode. Eine einzige Laserplatte kann mehr als eine halbe Million Textseiten speichern. Strichcodes sind eine andere Form eines optischen Speichersystems. Dort werden die Ein-/Aus-Signale vom Licht erzeugt, das von weißen und schwarzen Streifen unterschiedlich reflektiert wird.

Computersteuerung

Computersteuerung kann für die unterschiedlichsten Maschinen und Verfahren angewandt werden: Roboter, Modelleisenbahnen, Stahlverarbeitung, Waschmaschinen, Digitaluhren, Taschenrechner und Telefonvermittlungen sind nur einige Beispiele dafür. Der Steuercomputer kann ein eigenes Gerät sein, das sich für die unterschiedlichsten Aufgaben programmieren läßt, er kann auch aus einigen vorprogrammierten Mikroprozessoren oder Chips bestehen, die nur eine Aufgabe erfüllen können.

Automatisierte und von Computern gesteuerte Fabrik

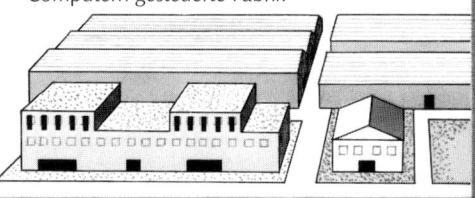

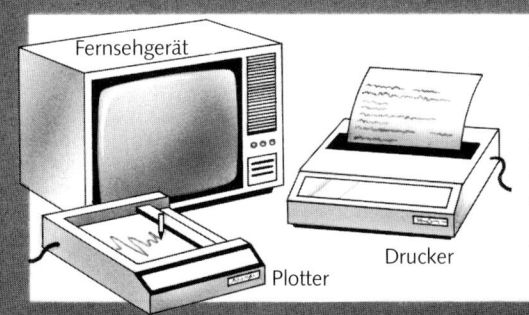

Zeichenausgabe und Bildanzeige

Fernsehgerät
Plotter
Drucker

Die häufigsten Computerausgaben sind Zeichen (Text) und Bilder (Grafik). Diese können auf dem Bildschirm angezeigt oder von computergesteuerten Maschinen wie Druckern und Plottern auf Papier ausgedruckt werden. Bildschirme und Drucker können zusammen mit den unterschiedlichsten Computern benutzt werden.

Neue Medien auf einen Blick

Die Entwicklung der Neuen Medien ist so rasch vor sich gegangen, daß oft unterschiedliche Bezeichnungen für dieselbe Einrichtung gebraucht werden. Die folgende Übersicht soll zeigen, welche Einrichtungen derzeit gebräuchlich sind oder erprobt werden und welche Bezeichnungen dafür benutzt werden.

Einrichtung	Bezeichnung(en)	Teilnahmegeräte
Bildfernsprechen	Bildtelefon	Tischgerät mit Kamera, Mikrofon und Lautsprecher, Telefon mit Tastatur
Bildschirmtext	Leitungstext (nach DIN) Bildschirmtext, Btx (Bundesrepublik, Österreich) Videotex (Schweiz) Titan/Antiope (Frankreich) Interactive Videotex, Viewdata, Prestel (Großbritannien)	Fernsehgerät mit Decoder, Modem und Fernbedienung, Telefon
Bildschirmzeitung: Zeitungsangebote über → Videotext		
Bürofernschreiben	Teletex (Bundesrepublik, Frankreich) Electronic Mail (Großbritannien)	Elektronische Speicherschreibmaschine mit Bildschirmgerät
Elektronischer Briefkasten	Telebox (Bundesrepublik)	Wie für Bildschirmtext
Fernkopieren	Telefax, Telebrief (Bundesrepublik) Teleletter (Schweiz) Telecopy (Frankreich) Postfax (Großbritannien)	Fernkopierer mit Telefon
Kabelfernsehen (Kabelrundfunk)		Fernsehgerät mit Kabelanschluß, evtl. mit Rückkanal
Kabeltext		Wie für Kabelfernsehen
Satellitenfernsehen (Satellitenrundfunk)		Fernsehgerät mit Parabolantenne (oder Übertragung über entsprechende Relaisstation)
Teletext: Sammelbezeichnung für Nachrichtenübertragungssysteme wie Bildschirmtext, Bürofernschreiben, Kabeltext und Videotext		
Videotext	Teletext (nach DIN) Bildschirmtext (Bundesrepublik) Teletext (Österreich, Schweiz) Didon/Antiope (Frankreich) Broadcast Teletext, Ceefax, Oracle (Großbritannien)	Fernsehgerät mit Decoder und Fernbedienung

Zweiter Teil

ROBOTER

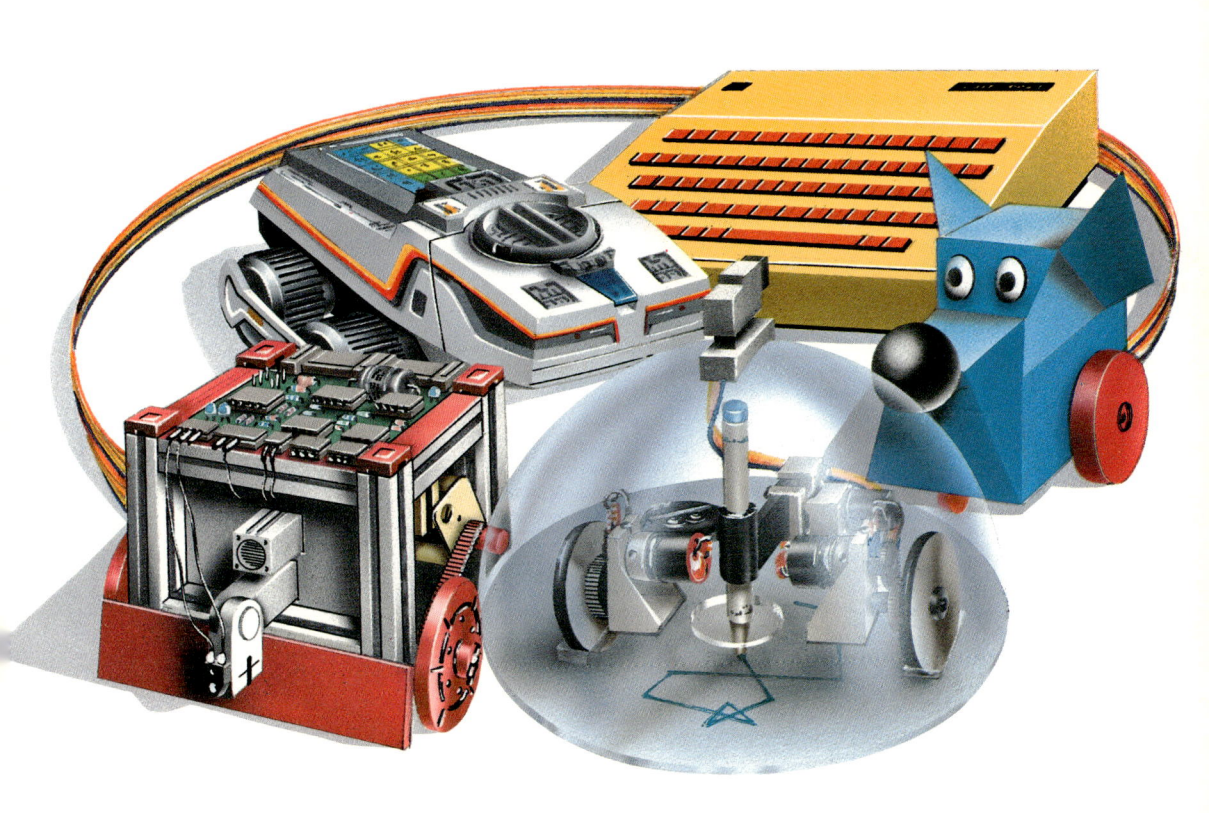

Inhalt

49 Was sind Roboter?
50 Was Roboter können – und nicht können
52 Roboter auf Rädern
54 Roboterarme in Bewegung
56 Wie Roboter konstruiert werden
58 Roboter für Spezialaufgaben
60 Roboter im Weltraum
62 Roboter für den Hausgebrauch
64 Roboter in der Fabrik
66 „Ausbildung" für Roboter
68 Der Arbeitsbereich
70 Antriebssysteme
72 Greifwerkzeuge
74 Steuerung durch Computer
76 Sensoren
78 Orientierung im Raum
80 Kybernetik und Computersteuerung
82 Die neuesten Entwicklungen
84 Ein Mikroroboter zum Selberbauen

Was sind Roboter?

Vor siebzig Jahren kannte man das Wort „Roboter" noch nicht. Es wurde zum erstenmal von dem tschechischen Schriftsteller Čapek in den zwanziger Jahren benutzt: Er schrieb ein Schauspiel über einen Wissenschaftler, der Maschinen erfand. Diese Maschinen nannte er „Roboter", abgeleitet vom tschechischen Wort „robota", das soviel bedeutet wie „Sklavenarbeit". Er gab den Maschinen diesen Namen, da sie für sehr schwere Arbeiten eingesetzt wurden. Am Ende des Schauspiels töteten die Roboter ihre menschlichen Besitzer und übernahmen die Herrschaft über die Erde. Heute gibt es tatsächlich solche Roboter, aber sie unterscheiden sich wesentlich von den Robotern in Science-fiction-Filmen und -Büchern. Sie sind keineswegs furchterregende, superintelligente Menschen aus Blech, sondern lediglich Maschinen, die von Computern gesteuert werden

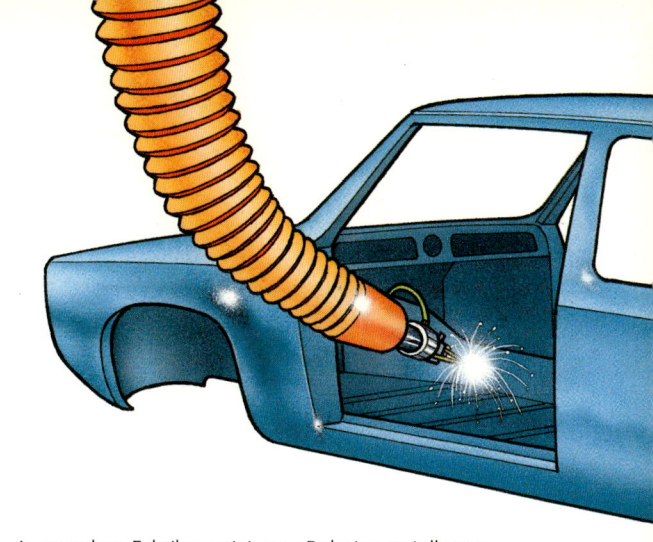

In manchen Fabriken setzt man Roboter anstelle von anderen automatischen Maschinen ein, da sie für die unterschiedlichsten Aufgaben programmiert werden können.

und ganz bestimmte Arbeiten ausführen. Sie sind im allgemeinen taub, stumm und blind, haben keinen Geschmacks-, Geruchs- oder Tastsinn, haben Schwierigkeiten zu gehen und besitzen keine eigene Intelligenz. Die Fortschritte in der Mikroelektronik machen es jedoch möglich, daß Roboter nach und nach mit einem „Tastsinn" aus Sensoren ausgestattet werden, einer Fernsehkamera als „Auge" und einem Mikrofon als „Ohr". Das ermöglicht ihnen in einem sehr eingeschränkten Sinn Sehen und Hören.
Roboter werden für die unterschiedlichsten Aufgaben eingesetzt, meist für Aufgaben, die für Menschen gefährlich oder ermüdend sind, wie zum Zusammenschweißen von Autokarosserien. In Fabriken werden Roboter vor allem deswegen eingesetzt, weil sie rationeller arbeiten können als Menschen. Obwohl natürlich auch Roboter kaputtgehen können, brauchen sie keine Ferien, keinen Schlaf und keine Essenspausen.

Manche Roboter werden für Arbeiten eingesetzt, die Menschen nicht ausführen können, zum Beispiel für Arbeiten im radioaktiven Teil eines Kernkraftwerks oder für Untersuchungen auf weit entfernten Planeten. Andere, z. B. die Mikroroboter, die zusammen mit Heimcomputern eingesetzt werden, dienen zur Unterhaltung oder um die Arbeitweise von Robotern zu veranschaulichen. Auf den Seiten 84 bis 92 findest du eine Anleitung, nach der du einen Mikroroboter selbst bauen und programmieren kannst.

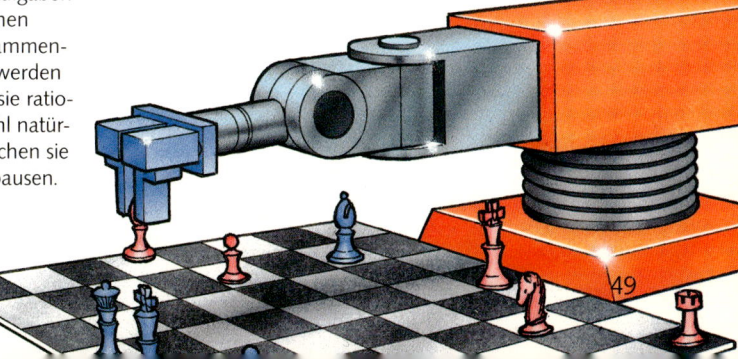

Was Roboter können – und nicht können

Vor allem in Fabriken haben Roboter die unterschiedlichsten Aufgaben. Ihr Einsatz wird dort sorgfältig geplant, damit sie mit anderen automatischen Maschinen zusammenarbeiten können. Selten werden Roboter im Freien eingesetzt, weil es in der Regel schwierig ist, sie außerhalb der geordneten Umgebung einer Fabrikhalle arbeiten zu lassen.

Die meisten Roboter sind auf dem Boden festgeschraubt, da sie ihre Arbeit von einem festen Standort aus verrichten können. Diese Armroboter werden oft auch *Manipulatoren* genannt, da sie die unterschiedlichsten Dinge mit ihrer „Hand" (lateinisch manus) festhalten können, z. B. einen Schweißbrenner wie auf dem Bild unten.

Meistens werden Armroboter in Autofabriken eingesetzt; man findet sie jedoch auch in anderen Industriezweigen – beispielsweise in der Elektronikindustrie, beim Maschinenbau, in der Bekleidungs- und Süßwarenindustrie.

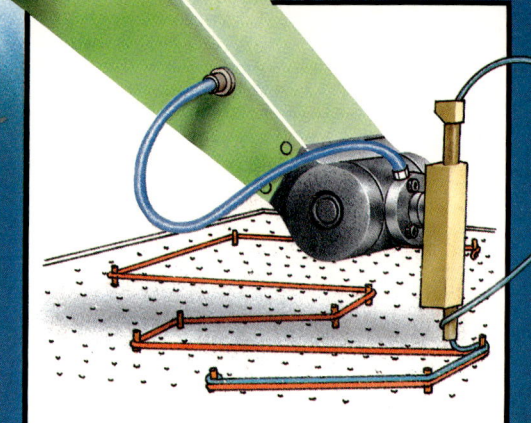

Ihre starke Seite: Genauigkeit

Manche Roboter sind in der Lage, komplizierte Aufgaben sehr genau auszuführen. Dies hängt von der Konstruktion des Roboters und vom Programm ab, mit dem der Roboter gesteuert wird. Das Bild oben zeigt einen Roboter, der Leitungen nach einem schwierigen Plan verlegt; sie bilden die Verkabelung für ein elektrisches Fahrzeug, beispielsweise für einen Gabelstapler. Um diese Aufgabe ausführen zu können, muß der Roboter zuerst Stifte in die Löcher einer Lochplatte stecken, und zwar genau nach dem Plan, der im Computerspeicher abgelegt ist. Der Roboter muß die Stifte sehr genau führen, damit sie in die Löcher passen.

Arbeiten ohne Augen und Ohren

Die meisten Roboter, die heute eingesetzt werden, können nur in Fabrikhallen arbeiten, in denen die gesamte Umgebung gut organisiert ist. Roboter stehen gewöhnlich neben einem Fließband, das sie mit Arbeit versorgt. Darüber hinaus sind sie meist von einem „Drahtkäfig" umgeben, damit vorbeigehende Menschen nicht verletzt werden. Einige Wissenschaftler gehen davon aus, daß man in ungefähr fünfzig Jahren Roboter bauen kann, die in der Lage sind, überall zu arbeiten. Dieser Robotertyp muß allerdings wesentlich „intelligenter" sein als die Roboter, die heute eingesetzt werden. Er muß z. B. mit vielen Sensoren ausgestattet sein, damit er vielfältige Informationen verarbeiten und auf seine Umwelt reagieren kann. Sogar die besten Roboter, die es heute gibt, sind nicht in der Lage, schnell genug zu reagieren, um beispielsweise einen Ball zu fangen. Stell dir vor, du müßtest dies mit einem dicken Fausthandschuh tun, eine Hand auf den Rücken gebunden, die Augen verbunden, die Füße am Boden festzementiert und dabei taub und ohne Geruchssinn. Die meisten Roboter müssen sogar mit noch weniger Umweltinformationen auskommen.

Was Roboter aushalten

Viele Roboter können Arbeiten verrichten, die für Menschen gefährlich oder unangenehm sind. Roboter sind sehr widerstandsfähig, da sie aus Metall sind, und sie werden auch mit extremen Umweltbedingungen fertig, wie beispielsweise mit einer heißen, giftigen Atmosphäre. Dieser Roboter steckt zum Beispiel seine „Hand" direkt in einen rotglühenden Ofen, um ein Metallstück herauszunehmen. Die Hitze beeinflußt seine Funktionsfähigkeit nicht, so daß er Gußeisenteile von hoher Qualität herstellen kann, da er sie immer bei der richtigen Temperatur herausnimmt.

Wenn etwas schiefgeht

Die meisten Roboter können nicht auf unerwartete Geschehnisse um sie herum reagieren, weil sie keine Sensoren haben. Der Roboter, der unten abgebildet ist, wird von einem Computer gesteuert und spritzt Fahrradrahmen, die auf einem Fließband vorbeilaufen. Auch wenn ein Fahrradrahmen ausfällt, spritzt der Roboter trotzdem. Eine Möglichkeit, dies zu verhindern, besteht darin, am Fließband einen Schalter anzubringen, mit dem man den Roboter abschalten kann. Eine andere Möglichkeit, den Roboter anzuhalten, besteht darin, ihn mit einem elektronischen Sensor auszurüsten, damit er feststellen kann, was um ihn herum geschieht.

Wie stark sind Roboter?

Die Stärke eines Roboters hängt von der Leistungskraft seiner Motoren und von den Materialien ab, aus denen er gebaut ist. Ein Mikroroboter, der aus dünnem Metallblech besteht, kann z. B. nur das Gewicht eines Apfels heben. Ein großer Industrieroboter, wie der oben abgebildete, kann jedoch Gegenstände aufheben, die so schwer sein können wie ein Elefant. Ein solcher Roboter kann ohne Schwierigkeiten den ganzen Tag Säcke stapeln, wobei selbst ein äußerst kräftiger Arbeiter bald müde würde.

Dieser Roboter hat eine Plastikschutzhülle als „Arbeitsanzug", die ihn vor Farbspritzern bewahrt. Auch andere Roboter brauchen manchmal solche Schutzverkleidungen.

Roboter auf Rädern

Ein fahrbarer Roboter ist ein computergesteuertes Fahrzeug, das sich auf Rädern, Ketten oder Raupen bewegt. Manche Modelle haben einen eingebauten Computer, andere sind mit dem Computer über ein langes Kabel oder über Funk verbunden. Roboterfahrzeuge werden vor allem in Fabriken eingesetzt, wo sie Waren und Materialien transportieren – in manchen Fällen von einem Roboterarm zum anderen. Roboterfahrzeuge, wie das unten abgebildete, können in der ganzen Fabrik herumfahren. Sie folgen dabei weißen Linien oder Magnetsignalen, die von Leitungen im Boden ausgehen.

Wie man ein Roboterfahrzeug steuert

Dies ist ein Mikroroboter namens „Bigtrak". Er wird von zwei Motoren angetrieben, die auf die Räder in der Mitte wirken. Der eingebaute Computer steuert, indem er die Geschwindigkeit und die Laufrichtung der einzelnen Motoren ändert. Die übrigen Räder sollen nur ein Umkippen des Fahrzeugs verhindern.

Wie ein Roboterfahrzeug seinen Weg findet

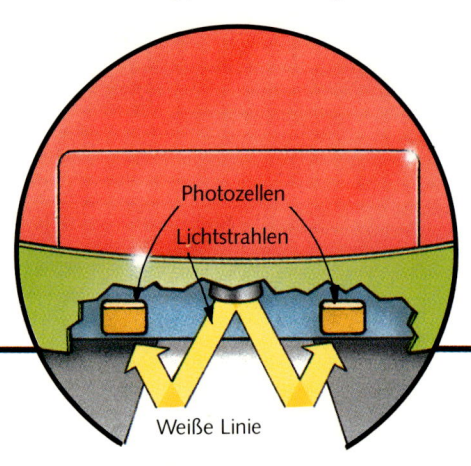

Photozellen
Lichtstrahlen
Weiße Linie

Wie ein Roboterfahrzeug seinen Weg einhält

Das Bild im Kreis zeigt, wie ein Roboterfahrzeug mit Hilfe eines Sensors auf seinem Weg gehalten wird. Der Sensor besteht meistens aus einer Lichtquelle, die auf den Boden strahlt, sowie aus zwei Photozellen zu beiden Seiten der Lichtquelle. Diese Photozellen nehmen das Licht auf, das von der Linie reflektiert wird. Wenn das Fahrzeug von der Linie abzukommen droht, senden sie entsprechende Nachrichten an den Computer, der dann die Fahrtrichtung korrigiert.

Sensoren
Stoßdämpfer
Kabel
Magnetfeld

Dieses Roboterfahrzeug hat zwei Spulen an der Stirnseite. Damit folgt es dem Magnetfeld, das von einem im Boden eingelassenen Kabel ausgeht. Das Magnetfeld kommt dadurch zustande, daß durch das Kabel Strom geschickt wird. Das Magnetfeld wiederum erzeugt elektrische Impulse in den Spulen des Roboterfahrzeugs. Die Stromstärke in den Spulen ändert sich, je nachdem wie weit sich das Fahrzeug vom Kabel entfernt. Der Computer steuert das Fahrzeug genau über dem Kabel entlang, indem er die Stromstärken der beiden Spulen miteinander vergleicht.

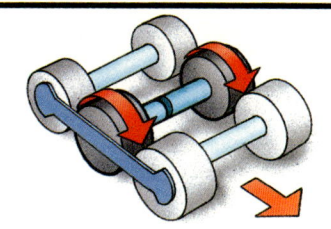

Vorwärts oder rückwärts: Beide Räder werden mit gleicher Geschwindigkeit und in der gleichen Richtung angetrieben.

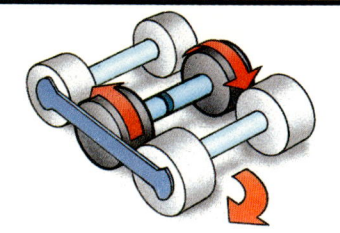

Rechtsdrehung: Das linke Rad wird vorwärts gedreht und das rechte Rad rückwärts.

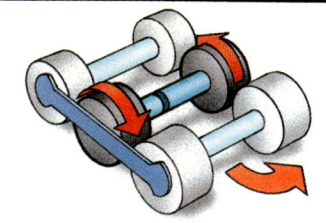

Linksdrehung: Das rechte Rad wird vorwärts, das linke rückwärts gedreht.

Kettenfahrzeuge können genauso gelenkt werden, da jede Kette wie ein Antriebsrad funktioniert.

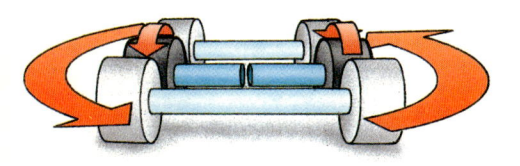

Dieses Fahrzeug wird gelenkt, indem es auf der Stelle wendet. Roboterfahrzeuge können auch im Fahren gelenkt werden, indem ein Motor schneller läuft.

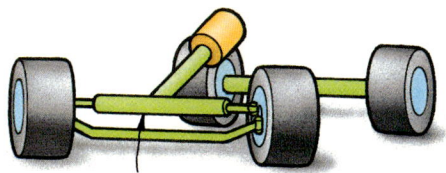

Lenkmechanismus

Einige Roboterfahrzeuge haben Lenkeinrichtungen, wie sie auch in Autos eingesetzt werden. Statt einem Lenkrad verfügen sie über einen Motor, der mit einem Computer verbunden ist. Diese Fahrzeuge sind weniger manövrierfähig als der Bigtrak-Typ, da sie nicht auf der Stelle drehen können.

„Pfadfinder" auf Ketten

Inzwischen sind sogar Roboterfahrzeuge entwickelt worden, die mit Hilfe von Navigationseinrichtungen ihren Weg selbst finden können. Das bedeutet, daß der Computer im Roboter entscheiden muß, wie der Roboter von seinem augenblicklichen Standort zu seinem Ziel kommt, ohne anzustoßen und ohne Lenkhilfen zu benutzen, wie z. B. Magnetlinien.

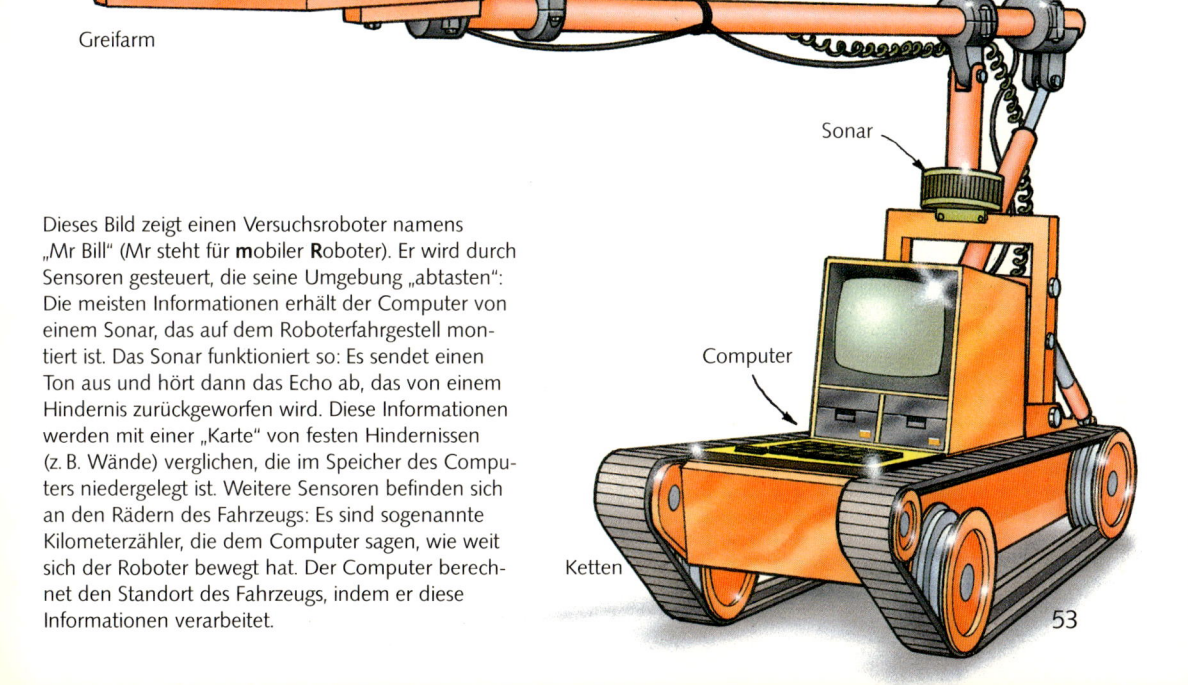

Greifarm

Sonar

Computer

Ketten

Dieses Bild zeigt einen Versuchsroboter namens „Mr Bill" (Mr steht für **m**obiler **R**oboter). Er wird durch Sensoren gesteuert, die seine Umgebung „abtasten": Die meisten Informationen erhält der Computer von einem Sonar, das auf dem Roboterfahrgestell montiert ist. Das Sonar funktioniert so: Es sendet einen Ton aus und hört dann das Echo ab, das von einem Hindernis zurückgeworfen wird. Diese Informationen werden mit einer „Karte" von festen Hindernissen (z. B. Wände) verglichen, die im Speicher des Computers niedergelegt ist. Weitere Sensoren befinden sich an den Rädern des Fahrzeugs: Es sind sogenannte Kilometerzähler, die dem Computer sagen, wie weit sich der Roboter bewegt hat. Der Computer berechnet den Standort des Fahrzeugs, indem er diese Informationen verarbeitet.

Roboterarme in Bewegung

Auf diesen beiden Seiten wird gezeigt, was alles notwendig ist, um einen Roboterarm in Gang zu bringen, und welche Bewegungen er ausführt. Es gibt die unterschiedlichsten Möglichkeiten, um einen Roboter zu konstruieren und ihn anzutreiben. Der Roboter hier ist ähnlich wie ein menschlicher Arm konstruiert und wird von Elektromotoren angetrieben. Einige Industrieroboter arbeiten grundsätzlich auf die gleiche Weise, sind jedoch wesentlich komplizierter gebaut.

Jeder bewegliche Teil des Roboters hat in der Regel seinen eigenen Antrieb. Auf Seite 70 sind noch andere Antriebsmöglichkeiten für Roboter dargestellt.

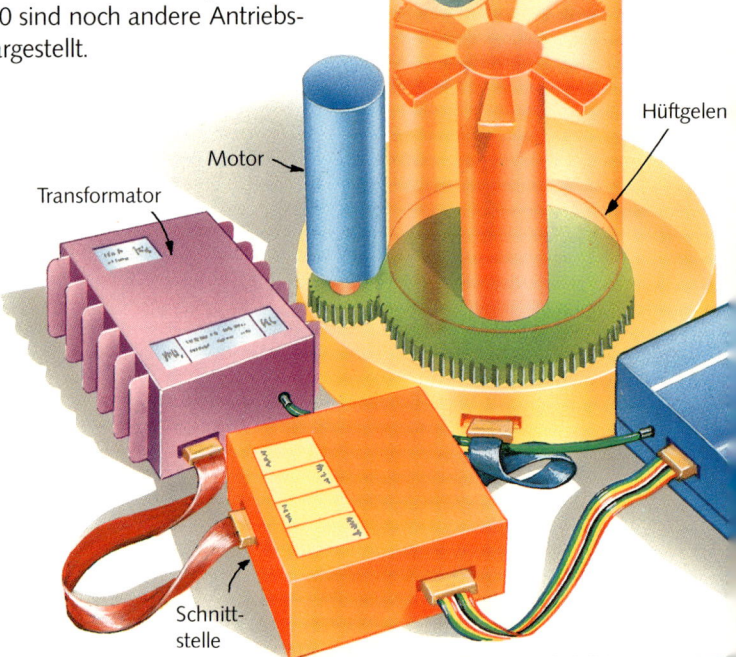

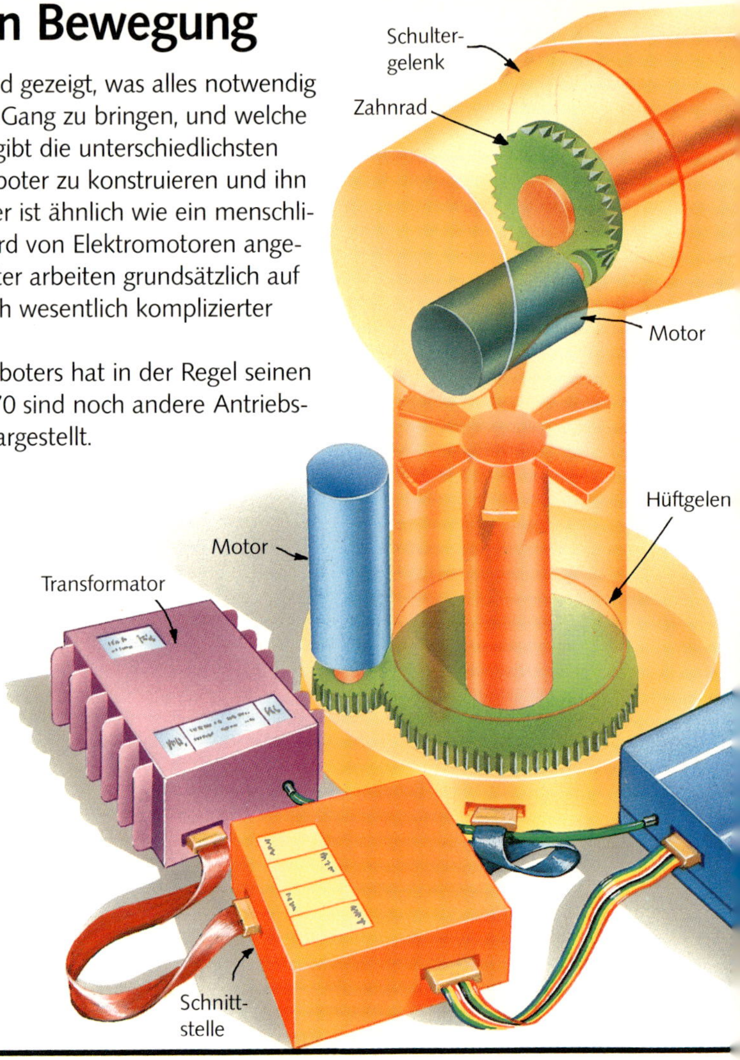

Der Transformator
Der Strom für die Robotermotoren und den Computer kommt von einem Transformator. Er übersetzt die Netzspannung in eine Niederspannung.

Die Schnittstelle
Eine sogenannte Schnittstelle verbindet Transformator, Motoren und Computer. Sie enthält elektronische Schaltkreise, die die Stromversorgung der Motoren entsprechend den Befehlen des Computers ein- und ausschalten.

Armbewegungen

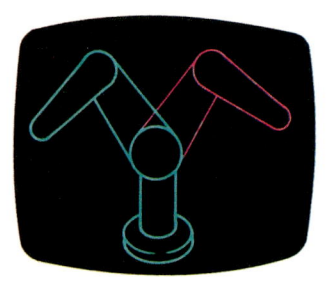

„Hüfte" 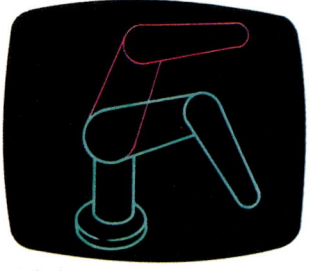   „Schulter" 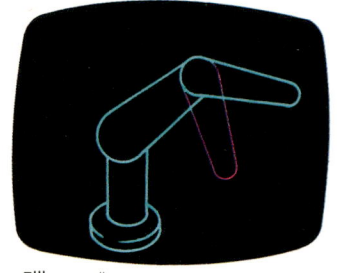   „Ellbogen"

Die meisten Roboter bestehen aus drei Hauptteilen, die durch Gelenkachsen miteinander verbunden sind. Die Gelenke eines Roboters, wie des oben abgebildeten, kann man mit Namen wie „Ellbogen", „Schulter" und „Hüfte" bezeichnen. Jede Achse gibt dem Roboter eine gewisse Bewegungsfreiheit, weil sie es den am Gelenk befestigten Teilen ermöglicht, sich auf eine bestimmte Art zu bewegen. Auf diesen Abbildungen sind die Richtungen dargestellt, in die jedes Gelenk des Roboters bewegt werden kann.

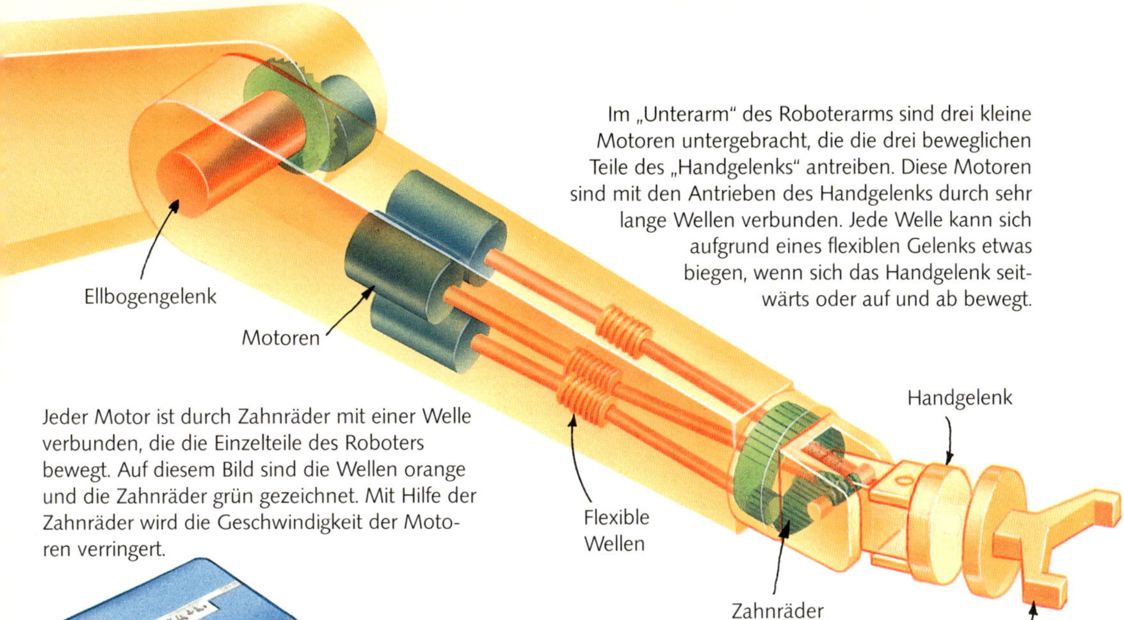

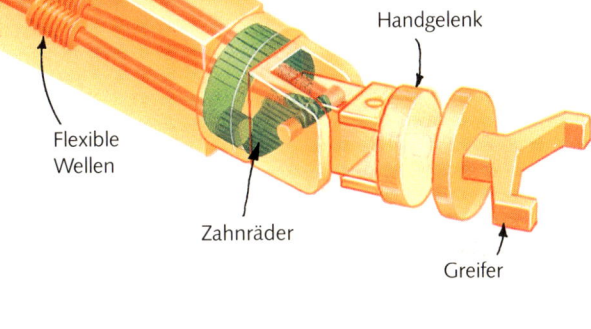

Im „Unterarm" des Roboterarms sind drei kleine Motoren untergebracht, die die drei beweglichen Teile des „Handgelenks" antreiben. Diese Motoren sind mit den Antrieben des Handgelenks durch sehr lange Wellen verbunden. Jede Welle kann sich aufgrund eines flexiblen Gelenks etwas biegen, wenn sich das Handgelenk seitwärts oder auf und ab bewegt.

Ellbogengelenk

Motoren

Jeder Motor ist durch Zahnräder mit einer Welle verbunden, die die Einzelteile des Roboters bewegt. Auf diesem Bild sind die Wellen orange und die Zahnräder grün gezeichnet. Mit Hilfe der Zahnräder wird die Geschwindigkeit der Motoren verringert.

Handgelenk

Flexible Wellen

Zahnräder

Greifer

Der Computer wird über die Tastatur programmiert. Er steuert alle Bewegungen des Roboters, indem er eine Folge von Befehlen an die Schnittstelle schickt.

Die „Hand" des Roboters, der Greifer, ist auf diesem Bild getrennt vom Handgelenk dargestellt. Wie dies alles zusammenwirkt, steht auf Seite 72. Das Handgelenk ist ein aufwendiger Mechanismus, der sich in drei Ebenen bewegen kann, wie auf den Zeichnungen unten zu sehen ist. Einige Roboter haben Handgelenke, die sich nur in zwei Ebenen bewegen können; das hängt in erster Linie von der Art der Arbeit ab, die diese Roboter auszuführen haben. Je mehr Gelenke das Handgelenk enthält, desto eher ist der Roboter in der Lage, seine Arbeit mit genauesten Bewegungen zu verrichten.

Bewegungen des Handgelenks

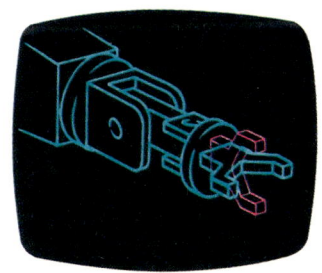

Drehen　　　　　　　　　Senkrecht schwenken　　　　　　　　　Waagerecht schwenken

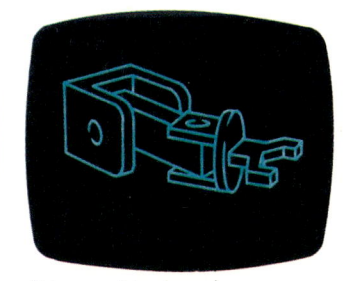

Zwischen dem Greifer und dem Ende des „Unterarms" ist eine Art Handgelenk eingebaut. Wie der Greifarm selbst hat auch das Handgelenk in der Regel drei Gelenkachsen zur Drehung. Damit kann sich der Greifarm auf drei Arten bewegen, wie es auf den Abbildungen oben dargestellt ist: Er kann sich drehen sowie senkrechte und waagerechte Schwenkbewegungen ausführen. Der Roboter, der hier beschrieben ist, kann also insgesamt sechs verschiedene Bewegungen ausüben. Es gibt Roboter, die mehr, und solche, die weniger Bewegungsmöglichkeiten haben – je nach der Art der Arbeit, die sie ausführen sollen.

Wie Roboter konstruiert werden

Auch wenn ein Roboter nur einfache Arbeiten ausführen soll, ist es keineswegs einfach, ihn zu konstruieren und zu bauen. Der Konstrukteur muß die Aufgaben, die erledigt werden sollen, in möglichst viele Einzelschritte zerlegen, damit er feststellen kann, was der Roboter im einzelnen können muß. Der unten abgebildete Roboterarm muß z. B. in der Lage sein, nicht nur sein Armgelenk, sondern auch sein Handgelenk zu beugen, um ein Glas Wasser hochzuheben. Auf diesen beiden Seiten wird das erfundene Modell eines „Roboterdieners" vorgestellt, der in einem zweistöckigen Haus abstauben soll.

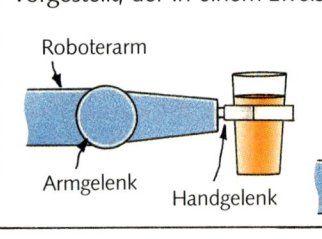

Roboterarm
Flüssigkeit
Armgelenk
Handgelenk

Motoren und Zahnräder

Die Computersteuerung

Der Computer muß so programmiert werden, daß er alles steuern kann, was der Roboter tut; den Antrieb von Armen und Beinen durch die Motoren, die Orientierung und Fortbewegung im Haus, ohne anzustoßen und Schaden anzurichten, die Art und Weise, wie der Roboter abstaubt usw. Der Computer muß den Roboter auch so steuern, daß dieser alles in der richtigen Reihenfolge tut: Der Roboter muß z. B. erst die Tür öffnen, bevor er hindurchmarschiert. Außerdem muß er die Aufgaben ohne Verzögerung so erledigen, daß er sofort auf unerwartete Dinge reagieren kann, beispielsweise auf ein Baby, das unter seinen Füßen hindurchkrabbelt.

Fernsehkamera

Durch eingebauten Akku und Computer werden Kabel überflüssig.

Das Programm

Für den Computer wäre ein umfangreiches Programm notwendig, da die Aufgaben des Roboters mehrere hundert Entscheidungsmöglichkeiten umfassen. Sie beruhen auf Informationen oder Daten, die er aus der Umwelt bekommt. Dieser Teil der Planung, die Software, gibt dem Computer „Intelligenz", so daß er „entscheiden" kann, was er tun soll.

Die Sprachausgabe

Ein Roboterdiener braucht wahrscheinlich eine künstliche oder synthetische Stimme, um mit seinem Besitzer zu „sprechen" – um beispielsweise eine neue Dose mit Putzmittel zu verlangen. Sprachsynthesizer-Chips lassen sich dafür programmieren. Wesentlich schwieriger ist es, den Roboter in die Lage zu versetzen, die Antwort eines Menschen zu verstehen, da die menschliche Sprache ungeheuer vielfältig ist.

Die Arme
Der Roboter hat zwei Arme, damit er Dinge festhalten kann, während er darunter abstaubt. Er braucht eventuell auch eine Sprühdose mit Putzmittel und einen computergesteuerten Hebel, der den Sprühknopf drückt. Beides könnte an einem der beiden Arme befestigt sein, so daß ein dritter Arm zum Halten der Dose überflüssig würde.

Entwirf deinen eigenen Roboter
Versuche einmal einen Roboter zu zeichnen, der eine der folgenden Aufgaben erledigen kann:
1. Einen Hund ausführen
2. Geschirr abwaschen
3. Einen Fahrradreifen flicken

Sensoren
Der Roboter braucht Sensoren, damit er seine Aufgaben erledigen kann: Navigationssensoren, um den Weg zu finden, ein Fernsehkamera-„Auge", um zu „sehen", was er tut, und zur Sicherheit Berührungssensoren, die ihn bremsen, wenn er irgendwo anstößt. Alle Informationen von den Sensoren werden über eine Schnittstelle zum Computer geleitet, damit dieser die Bewegungen des Roboters steuern kann.

Sprühflasche mit Putzmittel

Ein laufender Roboter...
Hier werden einige Möglichkeiten gezeigt, wie unterschiedlich ein Roboter mit Beinen ausgestattet sein könnte.

... mit einem Bein
Ein einbeiniger Roboter wird kaum das Gleichgewicht halten können, so daß er nicht zum Abstauben geeignet ist.

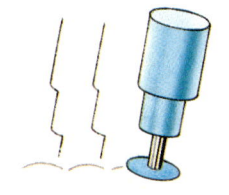

... mit zwei Beinen
Wenn ein zweibeiniger Roboter einen Fuß anhebt, um zu gehen, muß er auf dem anderen Fuß balancieren. Dies ist für eine Computersteuerung sehr schwierig.

... mit drei Beinen
Ein dreibeiniger Roboter steht zwar sehr fest, kann aber leicht umfallen, sobald er einen Fuß hebt, um zu gehen.

... mit vier Beinen
Ein vierbeiniger Roboter bewegt sich fort, indem er abwechselnd immer nur ein Bein hebt. Das heißt, er hat zum Gewichtsausgleich immer drei Beine auf dem Boden.

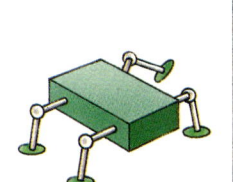

Die Beine
Dieser Roboter braucht mindestens vier Beine, damit er auch Treppen steigen kann. Mit Rädern oder Ketten könnte er das nicht. Ein japanischer Konstrukteur hat bereits einen vierbeinigen Roboter gebaut, der Treppen steigen kann.

Roboter für Spezialaufgaben

Auf diesen Seiten zeigen wir einige Roboter, die für Spezialaufgaben konstruiert wurden. Dazu wurden zuvor die Aufgaben, die der Roboter erledigen sollte, in allen Einzelheiten untersucht und festgelegt. Manchmal können Industrieroboter auch an neue Aufgaben angepaßt werden, aber für bestimmte Arbeiten braucht man eine völlig neue Konstruktion.

Schafschur-Roboter

Dies ist ein Versuchsroboter, der zum Scheren von Schafen gebaut wurde. Das Schaf wird mit Gurten in einem Gestell festgehalten und mit einer elektrischen Schere geschoren. Der Computer des Roboters erhält Informationen von Sensoren auf der Schere, so daß man diese auf eine Position genau über der Haut des Schafes einstellen kann. Wenn sich das Schaf bewegt, kann der Roboter die Schere innerhalb einer Zehntausendstelsekunde zurückziehen. Im Computer ist eine elektronische „Karte" der Schafhaut gespeichert, so daß der Roboter beim Scheren entsprechend gesteuert werden kann.

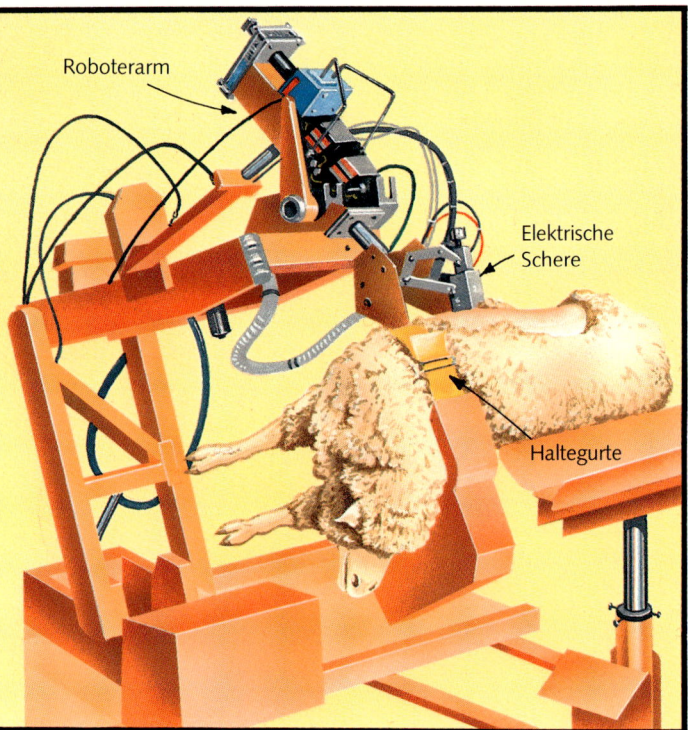

Roboterarm

Elektrische Schere

Haltegurte

Künstlicher Patient

Dieser „Patient" wurde für Medizinstudenten konstruiert. Er reagiert auf verschiedene Behandlungen und „stirbt" sogar, wenn jemand einen entscheidenden Fehler bei der Behandlung begeht. Computergesteuerte elektronische Bauteile im Roboter können so programmiert werden, daß sie die Atmung, den Herzschlag und den Blutdruck simulieren. Sensoren im Körper des Roboters messen den Erfolg der Behandlung.

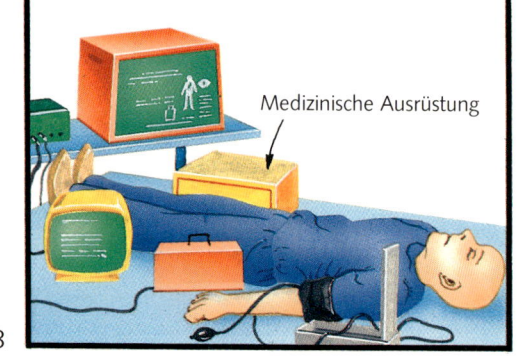

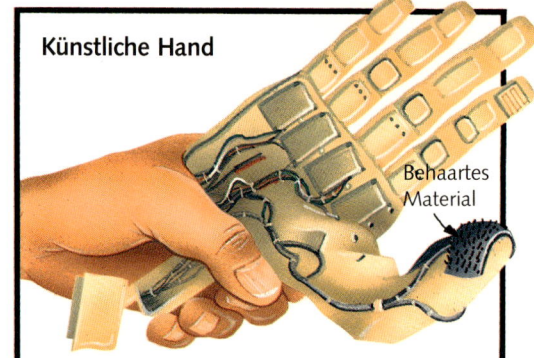

Medizinische Ausrüstung

Künstliche Hand

Behaartes Material

Das Bild oben zeigt das Modell einer elektronisch gesteuerten, künstlichen Hand, die von den Muskeln im Arm des Trägers in Bewegung gesetzt wird. Ein Mikrofon im Daumen ist mit einem Streifen aus behaartem Material überzogen. Das Mikrofon „hört" am Rascheln der Haare, wenn ein Gegenstand in die Hand genommen wird. Werden die Haare zusammengedrückt, dann hören die Geräusche auf; das ist für den Computer das Zeichen, daß der Greifer den Gegenstand fest genug erfaßt hat.

Tauchroboter

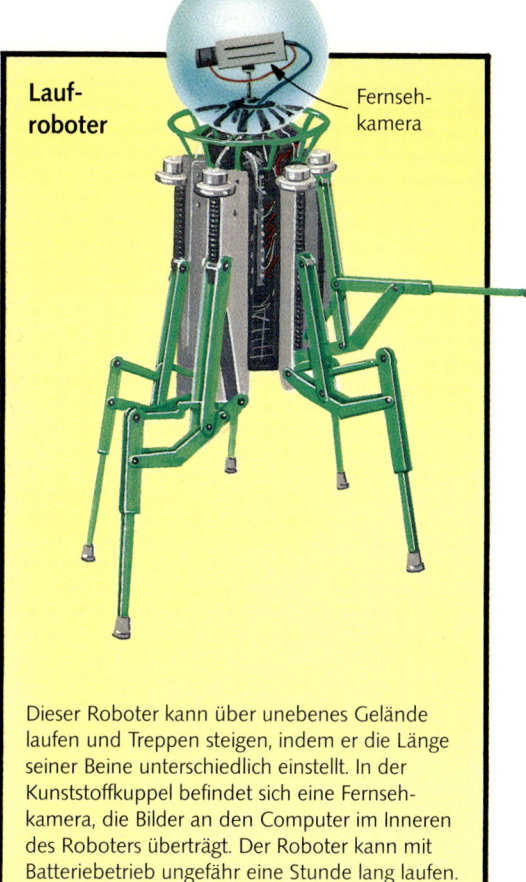

Es ist sehr schwierig, Unterwasserroboter zu konstruieren. Ein Grund dafür ist, daß sich Signale zur Steuerung des Roboters nur sehr schwer über weite Entfernungen unter Wasser übertragen lassen. Der Tauchroboter wird durch ein unbemanntes Tauchfahrzeug in die Nähe seines Arbeitsplatzes an unterseeische Pipelines oder Ölbohrinseln geschleppt. Das Tauchfahrzeug ist über ein Kabel mit dem Schiff verbunden. Über dieses Fahrzeug werden Steuersignale und Fernsehbilder zwischen dem Schiff und dem Tauchroboter übertragen.

Laufroboter

Fernsehkamera

Dieser Roboter kann über unebenes Gelände laufen und Treppen steigen, indem er die Länge seiner Beine unterschiedlich einstellt. In der Kunststoffkuppel befindet sich eine Fernsehkamera, die Bilder an den Computer im Inneren des Roboters überträgt. Der Roboter kann mit Batteriebetrieb ungefähr eine Stunde lang laufen.

Lernroboter

„Hero 1" ist ein Roboter, der in Schulen und in der Industrie zu Demonstrationszwecken eingesetzt wird. Er ist eine Kombination aus Roboterfahrzeug und Roboterarm und besitzt viele verschiedene Sensoren. Daran läßt sich zeigen, wozu man Sensoren einsetzen kann und wie sie funktionieren. Der Roboter verfügt auch über einen Sprachsynthesizer, der mit Hilfe des eingebauten Computers programmiert werden kann.

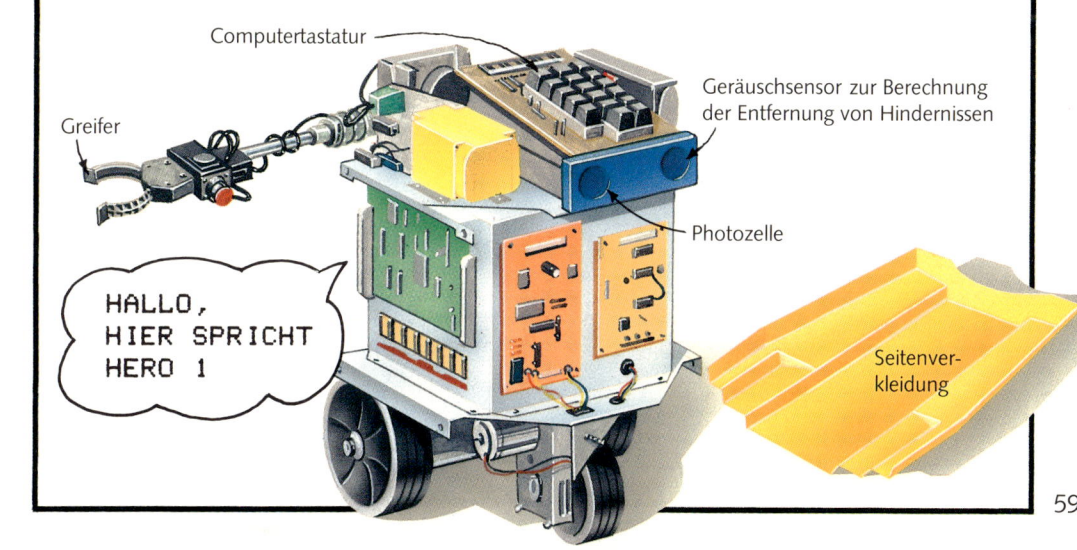

Computertastatur

Geräuschsensor zur Berechnung der Entfernung von Hindernissen

Greifer

Photozelle

HALLO, HIER SPRICHT HERO 1

Seitenverkleidung

Roboter im Weltraum

Roboter sind recht nützlich, um Arbeiten im Weltraum zu erledigen, da der Weltraum für Menschen eine ziemlich lebensfeindliche Arbeitsumgebung ist. In Zukunft könnten Roboter und andere automatische Maschinen einen großen Teil der „Arbeitskräfte" im All stellen.

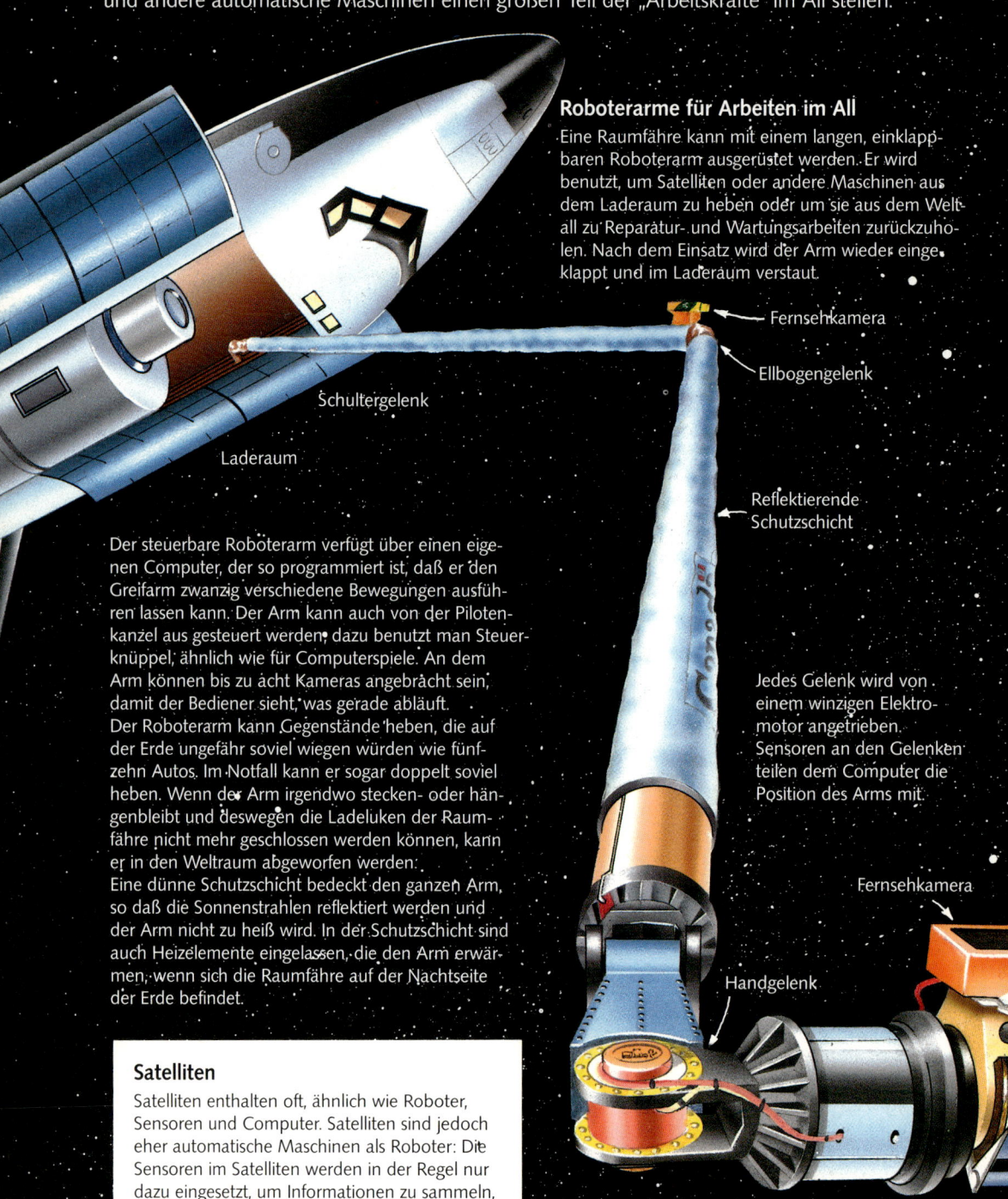

Roboterarme für Arbeiten im All

Eine Raumfähre kann mit einem langen, einklappbaren Roboterarm ausgerüstet werden. Er wird benutzt, um Satelliten oder andere Maschinen aus dem Laderaum zu heben oder um sie aus dem Weltall zu Reparatur- und Wartungsarbeiten zurückzuholen. Nach dem Einsatz wird der Arm wieder eingeklappt und im Laderaum verstaut.

Fernsehkamera

Ellbogengelenk

Schultergelenk

Laderaum

Reflektierende Schutzschicht

Der steuerbare Roboterarm verfügt über einen eigenen Computer, der so programmiert ist, daß er den Greifarm zwanzig verschiedene Bewegungen ausführen lassen kann. Der Arm kann auch von der Pilotenkanzel aus gesteuert werden, dazu benutzt man Steuerknüppel, ähnlich wie für Computerspiele. An dem Arm können bis zu acht Kameras angebracht sein, damit der Bediener sieht, was gerade abläuft.
Der Roboterarm kann Gegenstände heben, die auf der Erde ungefähr soviel wiegen würden wie fünfzehn Autos. Im Notfall kann er sogar doppelt soviel heben. Wenn der Arm irgendwo stecken- oder hängenbleibt und deswegen die Ladeluken der Raumfähre nicht mehr geschlossen werden können, kann er in den Weltraum abgeworfen werden.
Eine dünne Schutzschicht bedeckt den ganzen Arm, so daß die Sonnenstrahlen reflektiert werden und der Arm nicht zu heiß wird. In der Schutzschicht sind auch Heizelemente eingelassen, die den Arm erwärmen, wenn sich die Raumfähre auf der Nachtseite der Erde befindet.

Jedes Gelenk wird von einem winzigen Elektromotor angetrieben. Sensoren an den Gelenken teilen dem Computer die Position des Arms mit.

Fernsehkamera

Handgelenk

Satelliten

Satelliten enthalten oft, ähnlich wie Roboter, Sensoren und Computer. Satelliten sind jedoch eher automatische Maschinen als Roboter: Die Sensoren im Satelliten werden in der Regel nur dazu eingesetzt, um Informationen zu sammeln, nicht um sie als Rückmeldung an einen Computer weiterzugeben.

Ausgestreckt erreicht der Arm fast die Länge von zwei Omnibussen.

Roboterraketen

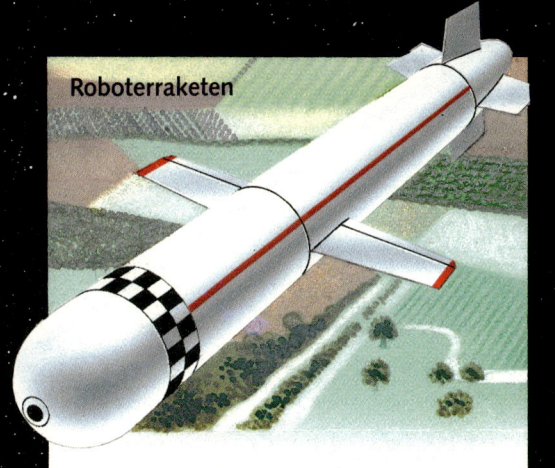

Auch manche Raketen werden von Fachleuten als Roboter betrachtet. Sie sind so programmiert, daß sie ein Ziel mit Hilfe von Sensoren und eines Bordcomputers automatisch erreichen können. Die Cruise Missiles-Raketen können zum Beispiel mit Sensoren die Erde unter sich „sehen". Sie vergleichen dann ihre Informationen mit einer Karte, die im Computer gespeichert ist. Das versetzt sie in die Lage, sehr niedrig zu fliegen und so der Radarüberwachung zu entgehen.

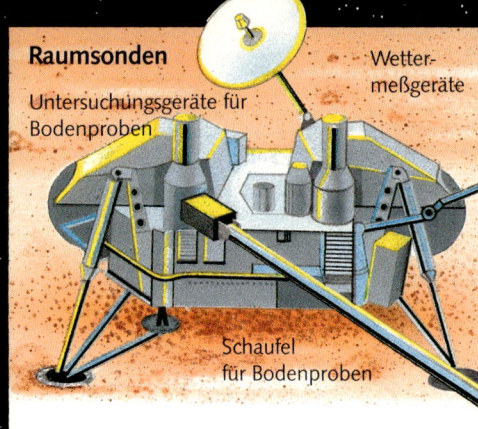

Raumsonden

Untersuchungsgeräte für Bodenproben

Wettermeßgeräte

Schaufel für Bodenproben

Menschen sind bisher nur auf dem Mond gelandet. Andere Planeten unseres Sonnensystems sind nur von Robotersonden erforscht worden. Das liegt vor allem daran, daß es sehr lange dauert, um diese Planeten zu erreichen: „Voyager 1" brauchte beispielsweise 18 Monate, um zum Jupiter zu gelangen. Das Bild oben zeigt eine computergesteuerte Landesonde, die mit „Viking 1" auf den Mars geflogen ist.

Wie der Roboterarm Dinge festhält

Am Ende des Roboterarms befindet sich ein Greifmechanismus aus diagonal aufgespannten Drähten. Damit hält der Arm Satelliten und andere Lasten. Jede Last ist an einem Ende mit einer Welle versehen. Das Ende des Greiferarms wird über diese Welle gezogen und dann gedreht. Dadurch werden die Zugdrähte um die Welle gewickelt, und die Last wird eng an das Ende des Arms herangezogen. Wenn die Last gelöst werden soll, wird das Ende des Greifarms einfach in die entgegengesetzte Richtung gedreht, so daß die Welle wieder von der Last freikommt.
Das Bild unten zeigt den Roboterarm, wie er einen Nachrichtensatelliten in die Umlaufbahn um die Erde entläßt.

Sonnensegel

Welle

Ende des Greifarms

Roboter für den Hausgebrauch

Mikroroboter nennt man kleine Roboter, die von einem Heimcomputer gesteuert werden können. Auf den Seiten 84 bis 92 steht, wie man einen solchen Mikroroboter selbst baut.

Zeichenroboter

Die „Schildkröte" ist ein fahrbarer Roboter, den man so programmieren kann, daß er mit einem Stift zeichnet, während er herumfährt. Mit der Programmiersprache Logo kann der Roboter in Schrittweiten von 1,5 Millimeter bewegt werden. Logo benutzt Befehle, wie „F 10", um den Roboter zehn Einheiten vorwärts gehen zu lassen, oder „R 90", damit er eine Drehung um 90 Grad nach rechts macht. Auch einfache Formen wie Rechtecke oder Dreiecke lassen sich damit zeichnen. Die Befehle werden eingesetzt, um aus einer Serie von einfachen Symbolen Bilder zu machen.

Jede Strecke, die die Schildkröte zurücklegt, wird von einem Sensor gemessen, der über einem Zahnrad an jedem Rad montiert ist. Eine kleine Lampe auf der einen Seite strahlt zwischen den Zähnen des Zahnrads hindurch eine Photozelle auf der anderen Seite an. Die Zähne des Zahnrads unterbrechen den Lichtstrahl, wenn sich das Rad dreht. Jede Unterbrechung des Lichtstrahls wird von der Photozelle festgestellt: Sie gibt daraufhin eine Nachricht an den Computer, damit dieser eine Schritteinheit zählt.

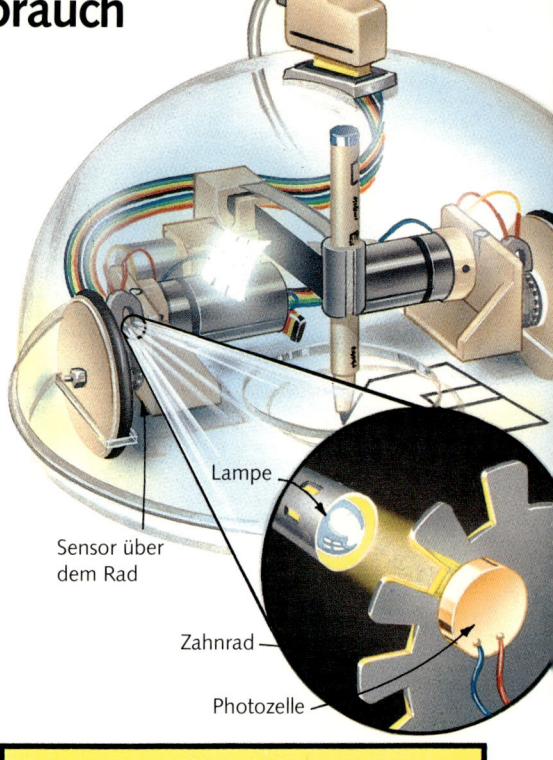

Sensor über dem Rad
Lampe
Zahnrad
Photozelle

Wie man einen Mikroroboter anschließt

Diese Bilder zeigen, wie ein Mikroroboterarm an einen Heimcomputer und an die Stromversorgung angeschlossen wird.

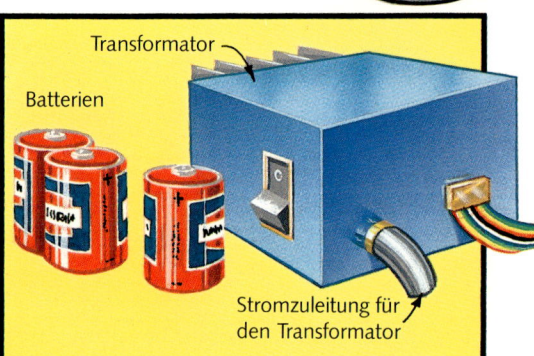

Transformator
Batterien
Stromzuleitung für den Transformator

Die meisten Mikroroboter werden mit Niederspannungsmotoren angetrieben, so daß zur Stromversorgung ein Transformator oder Batterien notwendig sind. Die Stromversorgung wird in der Regel mit einer elektronischen Schnittstelle verbunden.

User Port

Es ist sehr gefährlich, einen Mikroroboter an das normale Stromnetz anzuschließen!

Die sogenannten Steuerleitungen, über die die Motoren des Roboters gesteuert werden, werden mit einer Steckverbindung am User Port des Computers angeschlossen. (Nicht alle Heimcomputer haben einen User Port, der für diesen Zweck geeignet ist!) Normalerweise wird für jeden Motor ein Kabel verwendet.

Strichcode in Form eines langen Streifens

Zeichnen nach „Schildkröten"-Art

Versuche einmal, die Figur zu zeichnen, die von den folgenden Logo-Befehlen beschrieben wird, und benutze dabei Schritte von 1 Millimeter für die Vorwärtsbewegungen: F 100, R 90, F 100, R 90, F 100, R 90, F 100.

Die Schnittstelle wird mit den Robotermotoren verbunden. Sie besteht aus elektronischen Bauteilen, die die Stromversorgung für die Motoren entsprechend den Computersignalen an- und ausschalten. Manchmal sind diese Schaltkreise in einem eigenen Gehäuse untergebracht, sie können aber auch im Roboter oder im Computer eingebaut sein.

Zahnräder für das Armgelenk

Motoren

Dieser Roboterarm wird von sechs Elektromotoren angetrieben. Er wird zu Demonstrationszwecken oder für leichte Tätigkeiten benutzt.

Platine

Stoßstangen

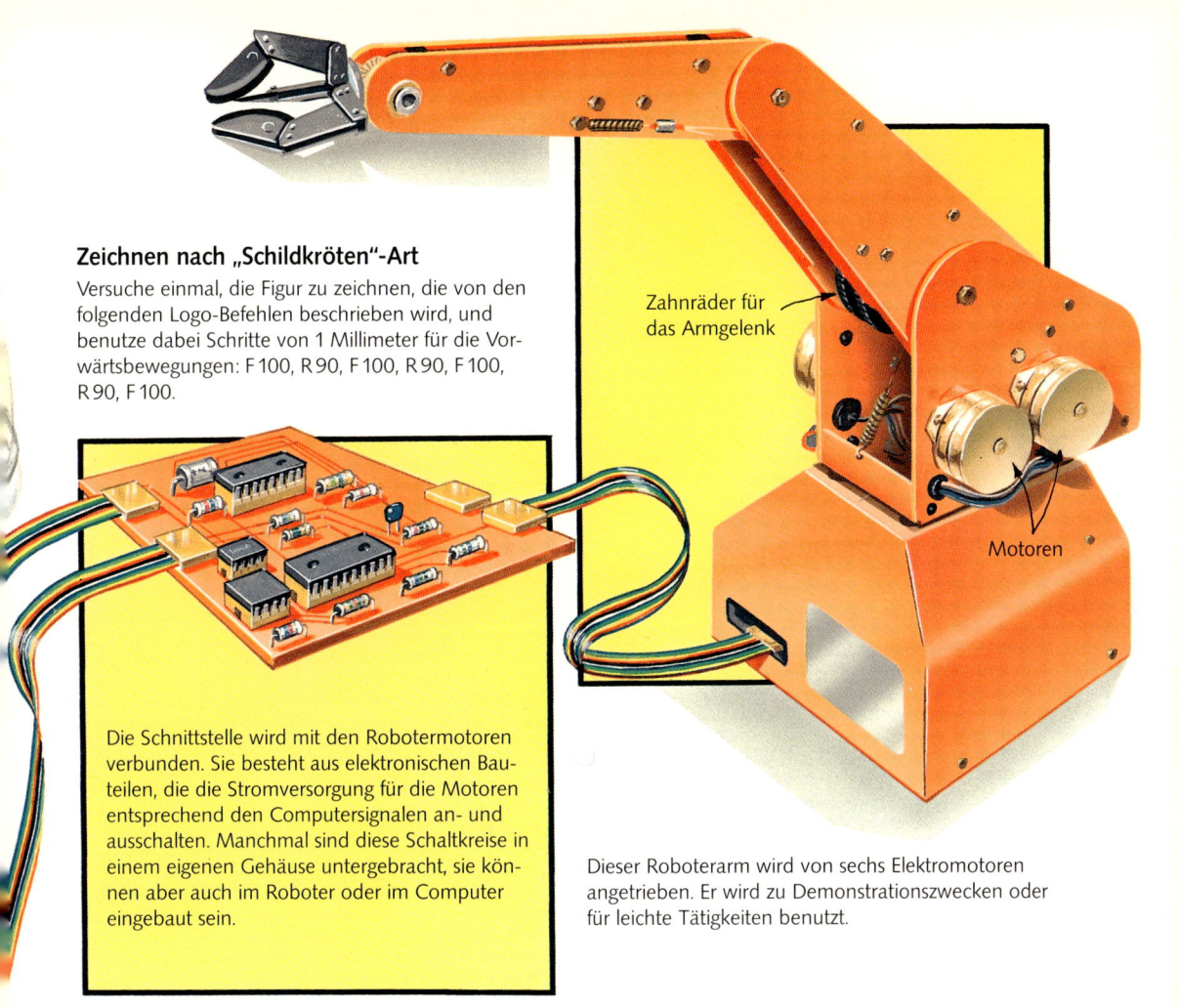

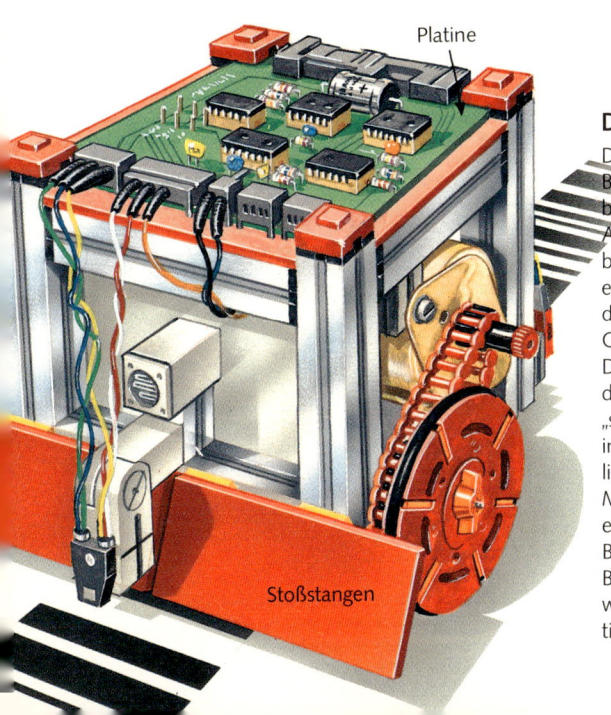

Der „Buggy"

Dieser fahrbare Roboter (links) nennt sich „BBC-Buggy". Er ist aus fischertechnik-Teilen zusammengebaut, so daß er leicht um andere Teile, z. B. um einen Arm, erweitert werden kann. An der Vorderseite befindet sich ein Sensor, hier speziell ein Infrarotempfänger. Er strahlt unsichtbares Infrarotlicht auf den Boden und nimmt das reflektierte Licht von der Oberfläche auf, über die der Roboter fährt.
Der Computer kann so programmiert werden, daß er die Informationen des Infrarotempfängers als Linie „sieht" und den Roboter auf dieser Linie hält oder indem er einen Strichcode „liest" wie auf dem Bild links. Der Computer übersetzt den Strichcode in Musiknoten und kann Töne spielen, wenn er über einen solchen Streifen von Strichcodes fährt, der am Boden ausgelegt ist. An die Platine oben auf dem Buggy können verschiedene Sensoren angeschlossen werden. Stoßstangen lassen den Roboter automatisch umkehren, wenn er an ein Hindernis stößt.

Roboter in der Fabrik

Vielleicht werden in nicht allzu ferner Zukunft in manchen Fabriken kaum noch Menschen zu sehen sein. Ein oder zwei Personen werden die Computer programmieren oder überwachen und Wartungsarbeiten an Robotern und anderen Maschinen ausführen.
Automobilwerke sind zur Zeit die Fabriken mit dem höchsten Automatisierungsgrad. Dieses Bild zeigt, wie Roboter und andere Automaten, z. B. Fließbänder und Stapler, nebeneinander eingesetzt werden, um Autoteile herzustellen und daraus Autos zusammenzubauen.

Die Schweißstation

Das Gerüst über dem Fließband, das rechts abgebildet ist, ist eine Schweißstation. Dazu gehören sechs Roboter, die Schweißpistolen halten. Wenn eine Karosserie vorbeikommt, die an einer anderen Stelle in der Fabrik nur leicht zusammengefügt wurde, schweißen die Roboter sie zusammen, damit eine stabile und widerstandsfähige Karosserie daraus wird. Da sechs Roboter gleichzeitig daran arbeiten, werden die Autos sehr schnell montiert.

Das Maschinenzentrum

Die Roboter, die unten abgebildet sind, sind Teil eines Systems, das man *Maschinenzentrum* oder *Zelle* nennt. Ein Roboter lädt schwere Metallteile für einen anderen Roboter ab, der die zwei automatischen Drehbänke bedient. Ein Computer kontrolliert die anderen Computer, die die Roboter, Drehbänke und Fließbänder steuern, um sicherzustellen, daß jede Maschine zum richtigen Zeitpunkt die richtige Tätigkeit ausführt. Das ist sehr wichtig, da die Roboter sonst zusammenstoßen oder die Drehbänke beschädigen könnten.

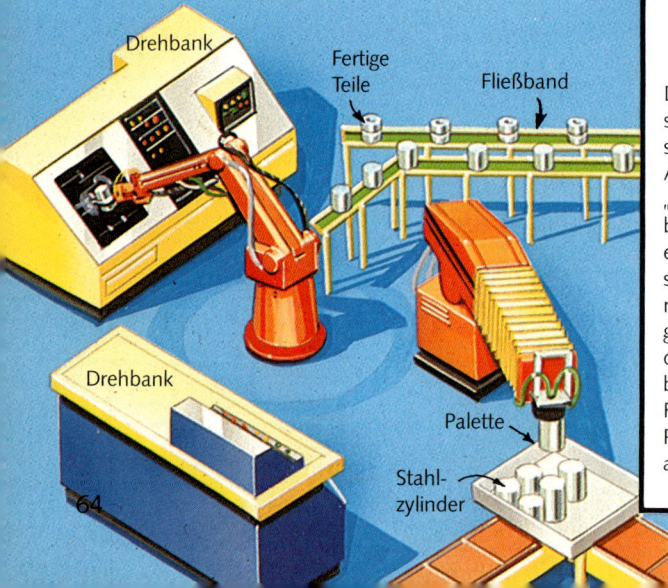

Die computergesteuerten Drehbänke lassen sich so programmieren, daß sie die unterschiedlichsten Teile herstellen können: Getriebekästen, Achsen, Motoren usw. Der Roboter, der die „Handlangerarbeiten" übernimmt, spannt die unbearbeiteten Stahlzylinder in die Drehmaschinen ein, nimmt die fertigen Bauteile heraus und stellt sie auf ein Förderband, damit sie in einem anderen Bereich der Fabrik weiterbearbeitet oder eingebaut werden können. Der Roboter links lädt die Stahlzylinder von einem automatisch betriebenen, flachen Lastfahrzeug auf Schienen ab. Das Fahrzeug transportiert die Stahlzylinder auf einer Palette – einer Plattform aus Holz oder Metall, auf der Material zum Transport gestapelt wird.

Die Lackierstraße

Der Fabrikbereich im Bild rechts ist die Lackierstraße. Die Oberfläche der Karosserien wird an einer anderen Stelle der Fertigungsstraße von anderen Robotern behandelt. Dort, am Ende des Fließbands, sprüht ein Roboter Unterbodenschutz auf die Unterseite jedes Fahrzeugs.

Automatischer Gabelstapler

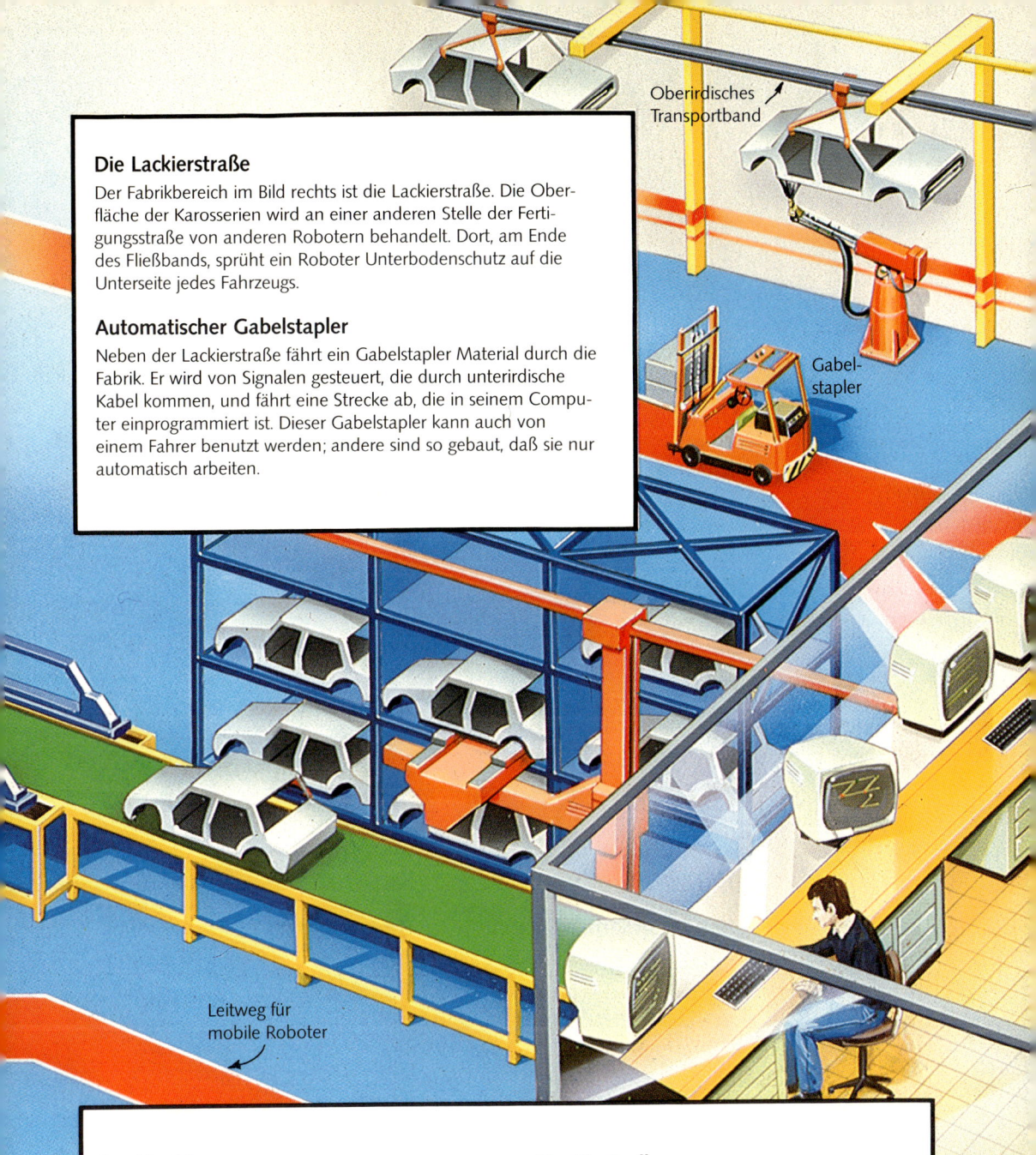

Neben der Lackierstraße fährt ein Gabelstapler Material durch die Fabrik. Er wird von Signalen gesteuert, die durch unterirdische Kabel kommen, und fährt eine Strecke ab, die in seinem Computer einprogrammiert ist. Dieser Gabelstapler kann auch von einem Fahrer benutzt werden; andere sind so gebaut, daß sie nur automatisch arbeiten.

Oberirdisches Transportband

Gabelstapler

Leitweg für mobile Roboter

Das Hochlager

Das blaue Gestell, das oben abgebildet ist, stellt ein automatisiertes Hochlager dar. Dort werden Fahrzeuge abgestellt, die erst zum Teil zusammengebaut sind und noch nicht gebraucht werden. Dieses Hochlager spart Platz, weil man die Fahrzeugteile dort in mehreren Ebenen übereinander stapeln kann. Manche Techniker bezeichnen auch solche automatisierten Lager als Roboter, weil man sie so programmieren kann, daß sie unterschiedliche Dinge aufnehmen.

Der Kontrollraum

Hier oben ist der Kontrollraum abgebildet, von dem aus alle automatisch ausgeführten Arbeiten in der Fabrik gesteuert und überwacht werden. Der Computer, der hier eingesetzt ist, steuert die einzelnen Computer in den Robotern und in den anderen Maschinen. Ein Mitarbeiter überwacht die Bildschirme, um zu sehen, ob alle Maschinen richtig arbeiten und das Produktionsziel erreicht wird. Solche Systeme werden heute schon benutzt.

„Ausbildung" für Roboter

Damit ein Roboter so arbeiten kann, wie er soll, muß der zugehörige Computer mit entsprechenden Anweisungen versorgt werden: mit einem Programm. Dieses Programm gibt man entweder dadurch ein, daß man den Roboter durch einen Bewegungsablauf führt, oder indem man den Computer direkt über eine Tastatur programmiert. So kann der Roboter Bewegungen „lernen" und sie auch immer wiederholen.

Sensoren

Lernsteuerung

Computer können durch Fernsteuerung von der Computertastatur aus oder durch eine einfache Tastatur, eine sogenannte Lerntastatur, programmiert werden. Diese Tastatur wird mit dem Computer verbunden und hat Befehle wie AUF, AB, LINKS und RECHTS, durch die man den Roboter steuern kann. Sie hat auch einen „Lernknopf", den man drückt, wenn sich der Computer eine bestimmte Position merken soll.

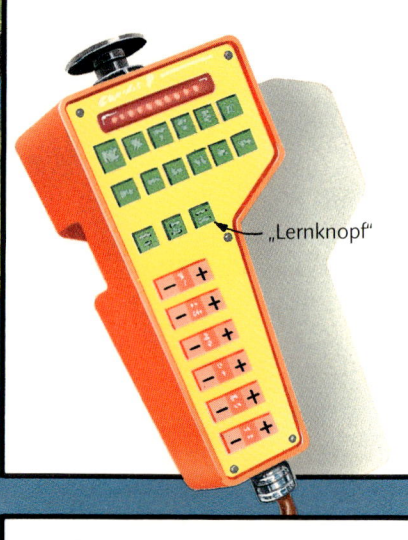

„Lernknopf"

Lernen durch Nachmachen

Eine Möglichkeit, einen Roboter „auszubilden", besteht darin, seinen Arm durch die Bewegungen zu führen, die er später ausführen muß, um die vorgesehene Arbeit zu erledigen. Dies nennt man *Durchführprogrammierung*. Dem Roboter auf diesem Bild wird gerade von jemandem, der die Aufgabe kennt, „beigebracht", wie man lackiert. Zunächst wird der Computer so programmiert, daß er sich die Bewegungen und auch die Reihenfolge der Bewegungen „merkt", die man mit dem Roboter ausführt. Dann wird der Computer so programmiert, daß er den Roboter automatisch die Tätigkeitsfolge nachvollziehen läßt, die ihm „vorgemacht" wurde. Es ist sehr wichtig, daß der Computer diese Folge genau wiederholt, da der Roboter sonst falsche Muster sprühen oder alles durcheinanderbringen würde. Dabei schicken Sensoren auf den Gelenken Informationen über die Position des Roboters an den Computer.

Direktsteuerung

```
FORWARD 10
LEFT 90
FORWARD 24
LEFT 45
FORWARD 35
```

Dieser fahrbare Mikroroboter (rechts) nennt sich „Zeaker". Mit Hilfe einer Programmiersprache, die Logo ähnelt, kann man ihn so programmieren, daß er umherfährt. Man kann ihn auch zum Zeichnen benutzen, da unter seinem Gehäuse ein Stift befestigt ist.

Steuerung durch Sprache

Mikro-Armroboter

Schnittstelle

Mikrofon

Die Sprachsteuerung kann von Behinderten benutzt werden, die keine Tastatur bedienen können.

Es gibt Versuche, Roboter durch gesprochene Befehle zu steuern. Dazu verbindet man ein Mikrofon über eine spezielle Schnittstelle mit dem Computer. Die Schnittstelle übersetzt Befehle wie „auf" und „ab" in eine Folge von elektrischen Signalen, die der Computer mit Hilfe seines Programms erkennen kann und als Befehle an den Roboter weitergibt.

Die Software, die für diesen Mikroroboter geliefert wird, sorgt dafür, daß der Benutzer die Bewegungen durch Tastendruck am Computer steuern kann. Im Speicher des Computers kann eine Bewegungsfolge aufgebaut und mehrfach wiederholt werden, damit der Roboter auch schwierige Muster zeichnen kann.

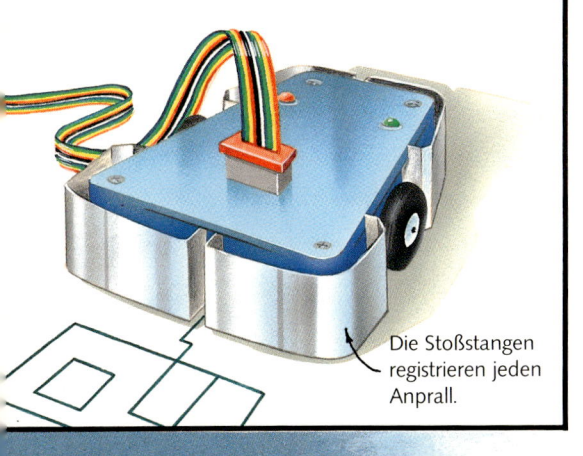

Die Stoßstangen registrieren jeden Anprall.

Pralinenpacker

Für manche Aufgaben, z. B. um Dinge aufzuheben und wieder abzusetzen, muß der Roboter nur den Start- und den Endpunkt genau kennen. Man kann ihm die Aufgabe „zeigen", indem man ihn entweder von Hand oder mit Hilfe der Lerntastatur zu diesen Punkten führt und sie im Computer speichert. Der Computer ist so programmiert, daß er die Verbindung zwischen diesen beiden Punkten selbständig herstellt. Industrieroboter programmiert man auf diese Weise für einfache Lade- und Montagearbeiten.

In einer Fabrik würde die Schachtel auf einem Fließband stehen.

Fließband

Schritt 1: Der Roboter wird zur Praline geführt. Der Computer wird angewiesen, sich die Stellungen zu merken, in denen der Roboter seinen Greifer öffnen und schließen muß.

Schritt 2: Der Roboter wird zu dem Punkt geführt, an dem er die Praline in die Schachtel legen soll, und der Computer wird angewiesen, sich diesen Punkt zu merken.

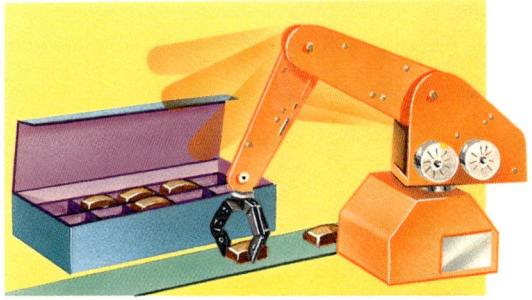

Schritt 3: Die Start- und Endpunkte der Tätigkeit sind nun im Computer gespeichert, und der Computer kann den Roboter die Bewegungsfolge beliebig oft wiederholen lassen.

Der Arbeitsbereich

Es gibt fünf verschiedene Hauptarten von Roboterarmen. Jede von ihnen bewegt sich auf ihre eigene Weise, je nachdem wie die beweglichen Teile zusammengesetzt sind. Die Konstruktion eines Roboters nennt man seine *Architektur*, und den Raum, in dem er sich bewegen kann – das Ergebnis seiner Konstruktion –, nennt man seinen *Arbeitsbereich*. In den Zeichnungen auf diesen beiden Seiten ist der Arbeitsbereich blau.

Einfacher Armroboter

Einfache Armroboter

Die Konstruktion eines einfachen Armroboters orientiert sich am menschlichen Arm. Der Armroboter rechts hat eine drehbare Grundplatte, die aber keine volle Drehung ausführen kann. Der Arm hat Gelenke an der „Schulter" und am „Ellbogen", die sich wie Türangeln bewegen lassen. Der Arbeitsbereich eines solchen Armroboters hat etwa die Form eines Apfels.

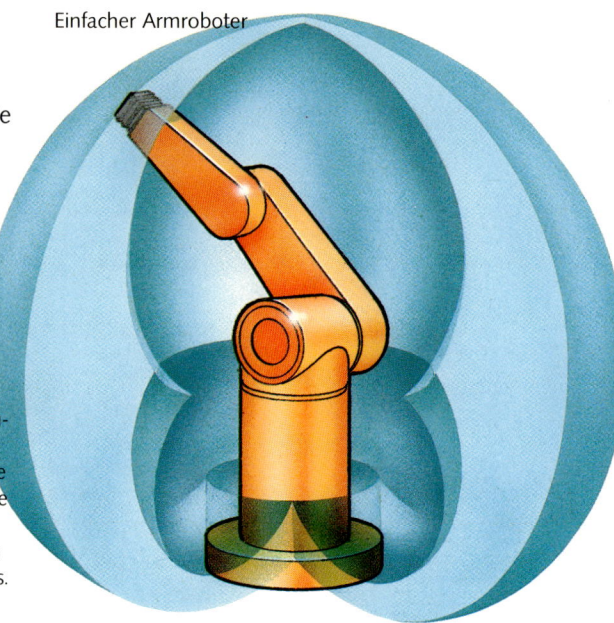

Sphärischer Roboter

Sphärische oder polare Roboter

Dieser Robotertyp hat seinen Namen von dem sphärischen (kugelförmigen) Arbeitsbereich, in dem er sich bewegt. Der Hauptarm des Roboters (links) wird eingeschoben und ausgefahren wie ein Teleskop. Er hat außerdem an der Schulter ein türangelähnliches Gelenk. Die „Hüfte" des Roboters dreht sich, jedoch nicht ganz um 360 Grad. Sphärische Roboter sind von ihrer Konstruktion her sehr stabil. Sie werden deswegen oft benutzt, um schwere Dinge zu heben wie beispielsweise Autos.

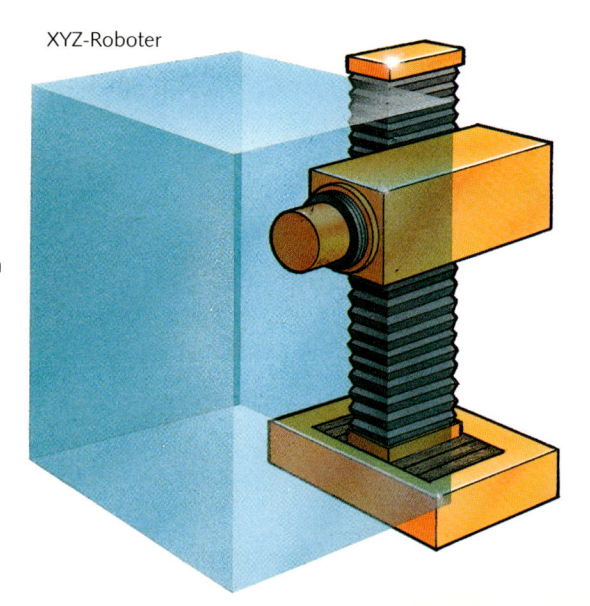

XYZ-Roboter

XYZ-Roboter

Roboter wie der rechts abgebildete haben ihren Namen daher bekommen, weil sie in der Lage sind, sich in drei verschiedenen Ebenen zu bewegen, die mit X, Y und Z bezeichnet werden. Ihr Arbeitsbereich hat die Form eines Quaders. Die seitliche Bewegung des Roboters auf der Grundfläche ist die X-Richtung. Der Hauptarm wird teleskopartig eingezogen oder ausgefahren; dies ist die Y-Richtung. Der gleiche Teil des Arms bewegt sich auch in der Z-Richtung auf und ab. Die Konstruktion des XYZ-Roboters sorgt dafür, daß er sehr genau arbeitet. Deshalb werden diese Roboter oft für Arbeiten eingesetzt, die große Genauigkeit verlangen, z. B. zum Einbau bestimmter Teile in ein Gerät.

Zylindrische Roboter

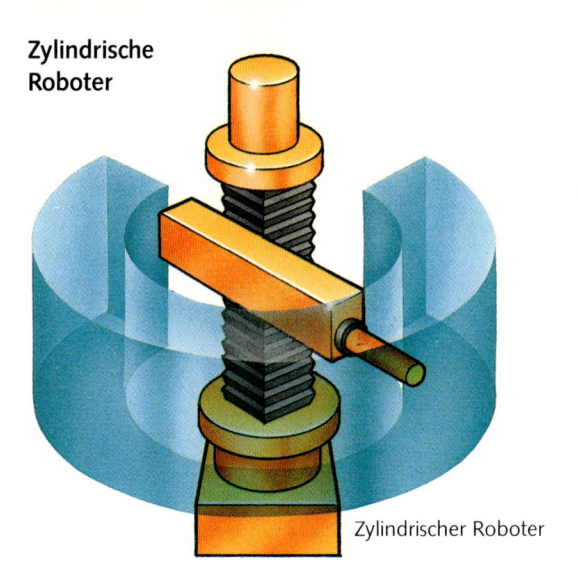

Zylindrischer Roboter

Der Hauptarm eines zylindrischen Roboters bewegt sich ebenfalls teleskopartig und ist mit der „Schulter" so an einer Art Mast befestigt, daß er sich auf und ab bewegen kann. Der „Mast" dreht sich, allerdings auch wieder nicht ganz, um seine eigene Achse. Dadurch hat der Roboter einen ähnlichen Arbeitsbereich wie der sphärische Roboter.

Dein Arbeitsbereich

Versuche einmal, die Ausmaße deines eigenen „Arbeitsbereichs" festzustellen: Stell dir vor, du stehst in einem Zylinder und streckst einen Arm seitlich und den anderen Arm nach oben aus. Bitte einen Freund, die Maße festzustellen, die im Bild mit A und B bezeichnet sind, und rechne mit diesen Werten anstelle der Buchstaben die Formel aus. Du erhältst das Ergebnis in Kubikzentimetern, wenn du A und B in Zentimetern gemessen hast.
Formel: $3{,}14 \cdot A \cdot A \cdot B =$

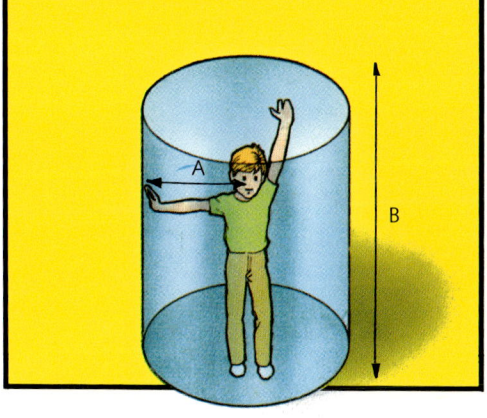

Roboter mit „Wirbelsäule"

Das ist ein neuer Robotertyp, der nach den gleichen Prinzipien konstruiert ist wie die menschliche Wirbelsäule. Er kann beinahe jeden Punkt in seinem Arbeitsbereich erreichen, so daß er auch an schwer zugänglichen Stellen wie im Inneren eines Autos arbeiten kann. Auch der Arm kann sich immer wieder im Kreis drehen.

Unter seiner Ziehharmonikaverkleidung befinden sich viele aufeinandergesetzte Scheiben. Der Roboter läßt sich größer oder kleiner machen, indem man Scheiben hinzufügt oder wegnimmt. Die Scheiben werden von zwei Kabelpaaren gehalten, die an Kolben in der Grundplatte befestigt sind. Der Computer des Roboters steuert die „Wirbelsäule", indem er die Kolben bewegt, die dann an den Kabeln ziehen.

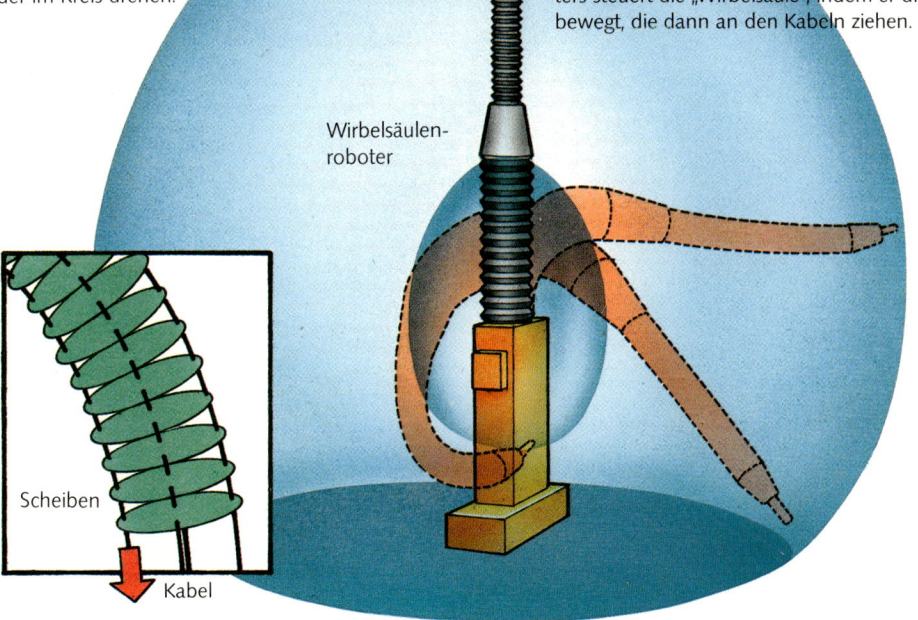

Wirbelsäulenroboter

Scheiben
Kabel

Antriebssysteme

Jeder bewegliche Teil eines Roboters wird einzeln angetrieben, entweder durch einen Elektromotor oder durch ein Gas- oder Öldrucksystem. Die Antriebsgeschwindigkeit muß so veränderbar sein, daß der Roboter sich entweder schnell oder langsam bewegen kann. Roboterfahrzeuge werden in der Regel von Elektromotoren angetrieben, während die Antriebsart eines Armroboters von der Arbeit abhängt, die er erledigen soll.

Elektromotoren

Zur Bewegung von Robotern werden die unterschiedlichsten Typen von Elektromotoren benutzt. Ein Typ, der oft eingesetzt wird, ist der sogenannte Gleichstrommotor. Das Bild unten zeigt, wie ein einfacher Gleichstrommotor von innen aussieht. Das Zahnrad am Fuß der Welle, die durch den ganzen Motor läuft, treibt einen Teil des Roboters an. Zu beiden Seiten des Motors befindet sich je ein Dauermagnet, der eine mit dem Nordpol, der andere mit dem Südpol zur Mitte gerichtet. Der Strom fließt von der Batterie über den rechten Kontakt (in der Zeichnung braun) durch die Drahtspule und von da über den linken Kontakt zurück zur Batterie. Dadurch wird aus der Spule ein Elektromagnet mit einem Nordpol (in der Zeichnung grün) und einem Südpol (gelb).

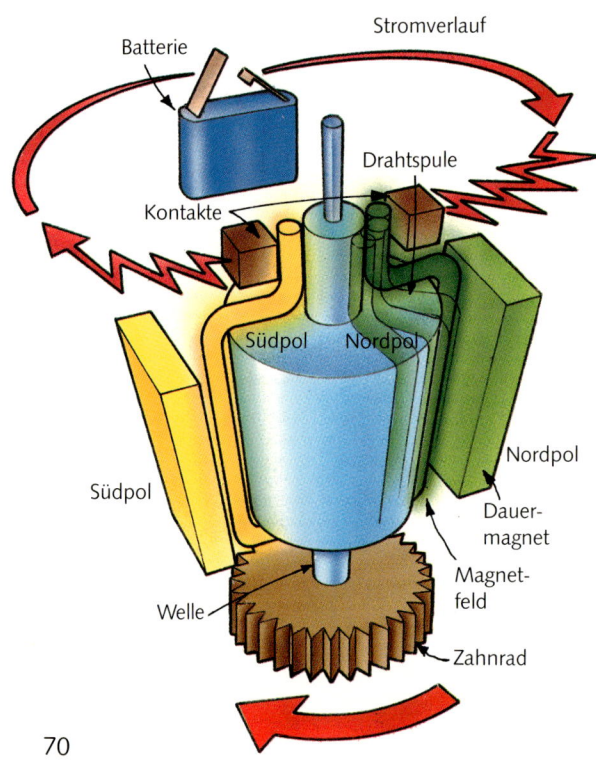

Hydraulische Systeme

Ein hydraulisches System funktioniert ähnlich wie eine Injektionsspritze. Mit einem solchen System kann man, je nach Typ, kreisförmige oder gerade Bewegungen erzeugen.

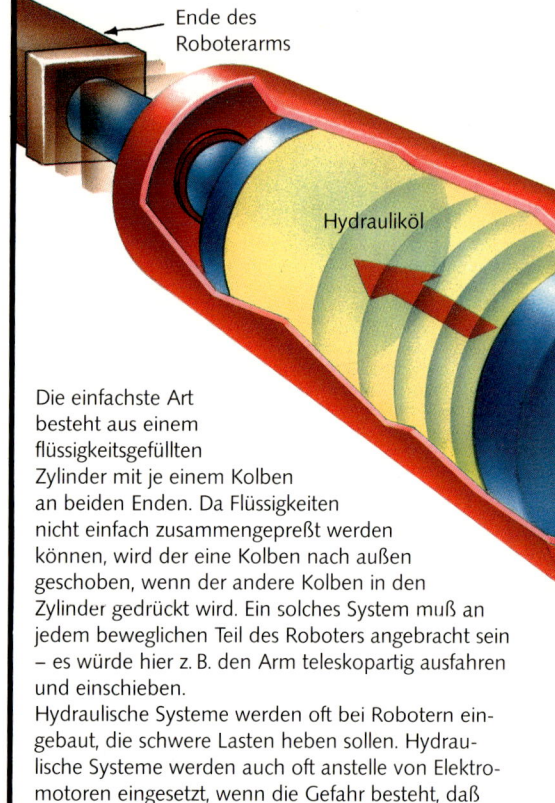

Die einfachste Art besteht aus einem flüssigkeitsgefüllten Zylinder mit je einem Kolben an beiden Enden. Da Flüssigkeiten nicht einfach zusammengepreßt werden können, wird der eine Kolben nach außen geschoben, wenn der andere Kolben in den Zylinder gedrückt wird. Ein solches System muß an jedem beweglichen Teil des Roboters angebracht sein – es würde hier z. B. den Arm teleskopartig ausfahren und einschieben.
Hydraulische Systeme werden oft bei Robotern eingebaut, die schwere Lasten heben sollen. Hydraulische Systeme werden auch oft anstelle von Elektromotoren eingesetzt, wenn die Gefahr besteht, daß Funken vom Motor irgendwelche Dämpfe in der Fabrik entzünden könnten.

Da sich die gleichnamigen Pole der Drahtspule und des Dauermagneten abstoßen, wird die Drahtspule gedreht. Wenn die Spule eine halbe Umdrehung zurückgelegt hat, haben die Teile der Spule, die die Kontakte berühren, ihre Lage so verändert, daß wieder ein Nordpol rechts und ein Südpol links entstehen. Die Dauermagneten drehen die Spule erneut weiter, und der ganze Vorgang wird ständig wiederholt.
Die Geschwindigkeit eines solchen Motors läßt sich durch den Einsatz von Zahnrädern, d. h. durch eine Übersetzung, verringern oder steigern. Sie kann auch elektrisch durch eine Art Fußschalter gesteuert werden. Die Kraft eines Roboters hängt zum Teil von der Geschwindigkeit seiner Motoren ab. Üblicherweise sagt man: Je langsamer der Motor ist, desto mehr Kraft liefert er.

Es gibt mehrere Möglichkeiten, um die Kolben in einem hydraulischen System zu bewegen. Bei einer Autobremse geschieht das beispielsweise dadurch, daß das Bremspedal gedrückt wird. Bei einem Roboter müssen die Kolben jedoch von einem elektrisch betriebenen System bewegt werden, damit er von einem Computer gesteuert werden kann. Das Bild zeigt eine Magnetspule, die mit dem Ende einer Kolbenstange verbunden ist. In ihrem Inneren befindet sich wiederum ein Kolben, der durch einen Elektromagneten bewegt wird. (Wie ein Elektromagnet funktioniert, steht auf Seite 73.)

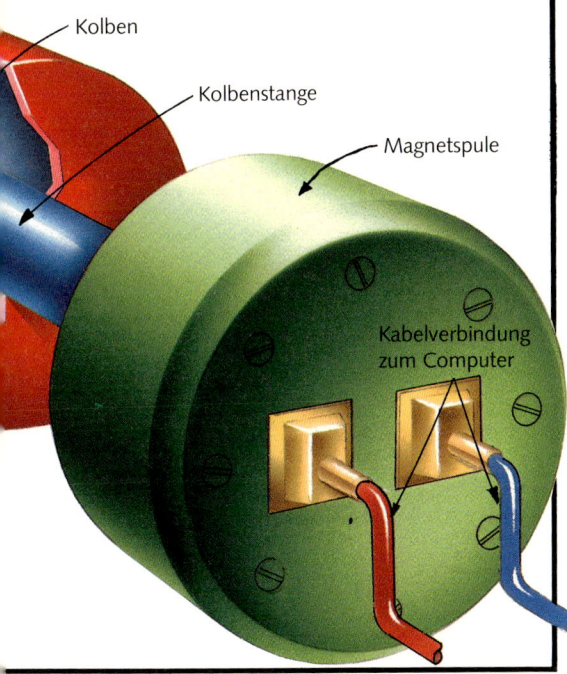

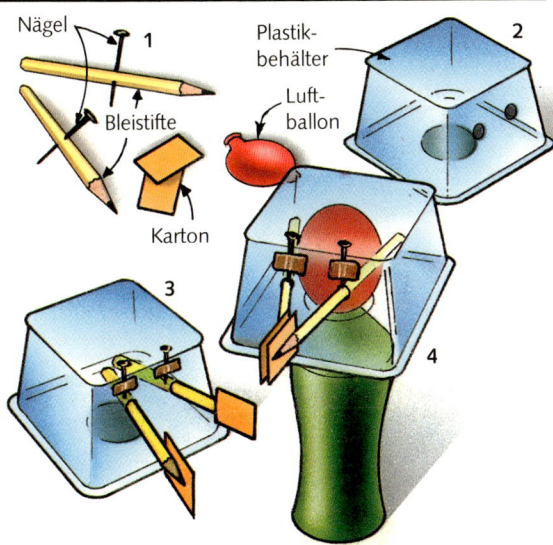

Pneumatische Systeme

In einem pneumatischen System wird Luft oder ein anderes Gas eingesetzt, um die mechanischen Teile eines Roboters zu bewegen, meist den Greifarm. Ein einfaches pneumatisches System besteht aus einem Zylinder, in dem sich ein Kolben befindet. Dieser ist über die Kolbenstange mit dem Roboter verbunden. In den Zylinder wird durch ein computergesteuertes elektrisches Ventil am einen Ende komprimierte (verdichtete) Luft eingeleitet. Die Luft drückt den Kolben vorwärts, der wiederum die Zangen des Greifers bewegt. Pneumatische Systeme werden häufig für Greifer eingesetzt, da sich Gase leicht zusammenpressen lassen und die Zangen „elastisch" machen.

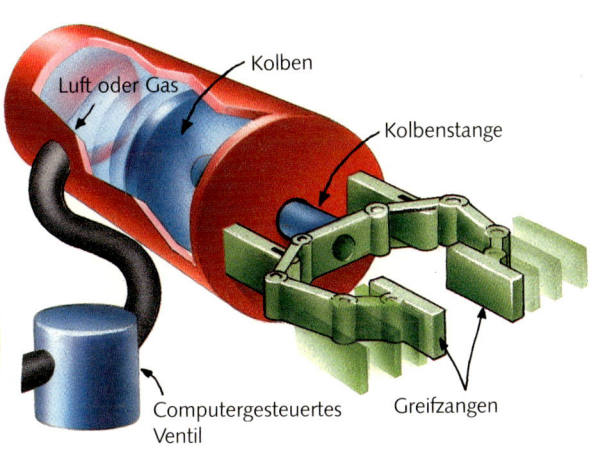

Ein pneumatischer Greifer zum Selberbauen

Du brauchst dazu eine leere Kunststoffflasche, einen Quark- oder Margarinebehälter, einen Luftballon, zwei Bleistifte, ein kleines Stück dicken Karton, Klebefilm, zwei dünne Nägel oder Nadeln, ein scharfes Messer, Schere und Hammer.

1. Schlage die Nägel mit dem Hammer vorsichtig in der Mitte der Bleistifte ein. Drehe die Nägel etwas hin und her, damit sie locker in den Stiften stecken. Schneide aus dem Karton zwei Rechtecke aus (siehe Abbildung 1).

2. Schneide mit einem scharfen Messer ein Loch in den Deckel und zwei Löcher in die Seiten des Plastikbehälters, wie es die Abbildungen zeigen.

3. Klebe den Karton an die Enden der Bleistifte und stecke die Bleistifte durch die Löcher im Plastikbehälter. Klebe die Nägel mit Klebeband senkrecht an der Vorderseite des Plastikbehälters fest.

4. Entferne den Verschluß der Flasche und ziehe den Luftballon über den Flaschenhals. Stecke ihn durch das Loch im Deckel und klemme ihn dabei zwischen die Bleistiftenden. Drücke nun die Flasche, um den Ballon etwas aufzublasen und dadurch die „Greifzangen" zu bewegen.

Backen — Tastsensoren — Ei

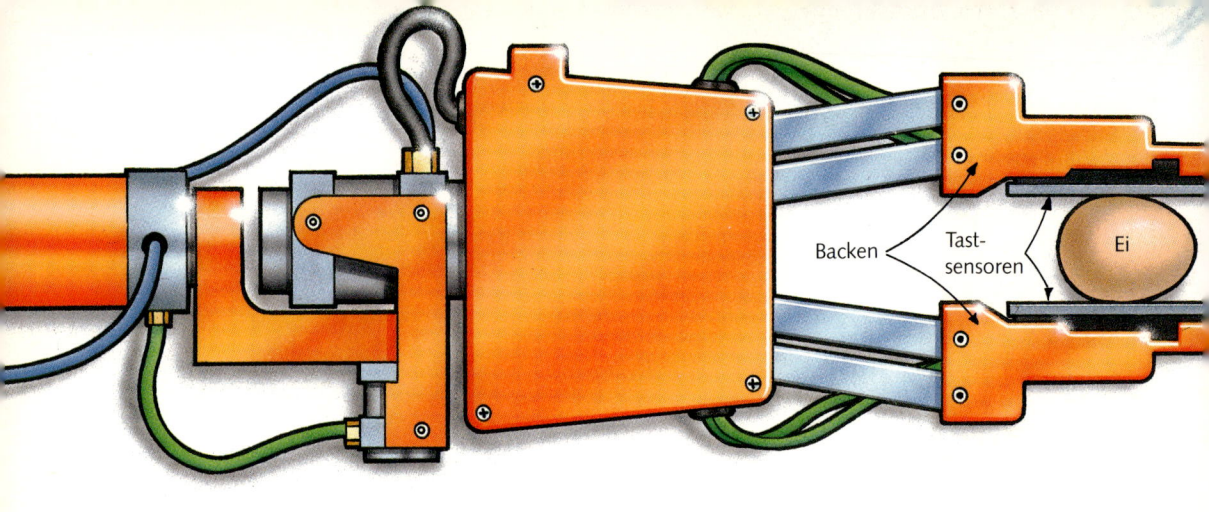

Greifwerkzeuge

Roboterarme brauchen für ihre Tätigkeiten einen Greifer oder ein anderes Werkzeug, das an ihrem „Handgelenk" befestigt ist. Es gibt die unterschiedlichsten Greifarme und Werkzeuge, und in der Regel sind sie für ganz spezielle Aufgaben konstruiert. Auf diesen beiden Seiten werden einige dieser Greifwerkzeuge vorgestellt.

Künstliche Hände

Einige Roboter haben Greifer mit Backen, um Gegenstände ergreifen zu können. Das Bild oben zeigt einen Greifer mit zwei Backen, die ein Ei halten. In diesem Fall muß der Gegenstand so festgehalten werden, daß er nicht beschädigt wird, aber auch nicht wegrutscht. Das läßt sich schwer steuern, da der Druck genau abgestimmt sein muß, sonst verliert der Roboter den Gegenstand, wenn er sich schnell bewegt. Die Backen auf dem Bild haben Berührungs- oder Tastsensoren, die dem Computer sagen, wie stark die Backen zupacken. Dementsprechend wird der Druck angepaßt.

Werkzeuge wechseln

Manchmal braucht ein Roboter verschiedene Werkzeuge, um eine Aufgabe erledigen zu können. Der Computer kann so programmiert werden, daß er die Werkzeuge automatisch austauscht. Der Roboter auf dem Bild unten befestigt die Werkzeuge mit einem Bajonettverschluß an seinem „Handgelenk". Das Werkzeug, das ausgewechselt werden soll, legt er in ein Gestell, in dem es festgehalten wird, während der Roboter sein „Handgelenk" dreht und seinen Arm wegzieht. Der ganze Vorgang kann in der umgekehrten Reihenfolge ablaufen, wenn ein neues Werkzeug für den nächsten Arbeitsschritt angeschlossen werden soll.

Bajonettverschluß — Werkzeuge

Haltegestell

Werkzeug

Festhalten!

Überlege einmal, ob es noch andere Möglichkeiten gibt, wie ein Roboter Dinge festhalten kann. Man hat z. B. schon versucht, einen Roboter mit „klebrigen Fingern" in Form von kleinen Leimpolstern auszustatten.

Saugnäpfe Hier wird die Luft angesaugt.

Magnetgreifer

Elektromagnet

Rohr zur Vakuumpumpe

Kabel

Metallplatte

Vakuumgreifer

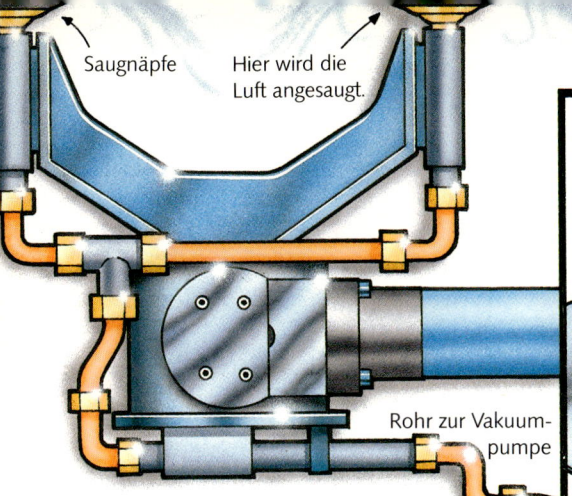

Vakuumgreifer wie die oben abgebildeten werden in der Regel benutzt, um empfindliches Material wie Glas oder Papier anzuheben. Die Greifer bestehen aus Gummisaugnäpfen, durch die Luft angesaugt wird, ähnlich wie es ein Staubsauger tut. Dadurch wird der Gegenstand an den Greifer herangezogen und festgehalten. Der Luftstrom wird vom Computer gesteuert. Das Gewicht, das die Greifer anheben können, hängt von der Stärke des Sogs ab.

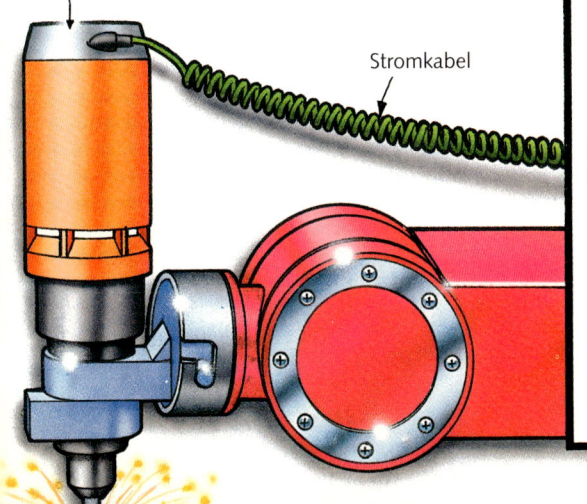

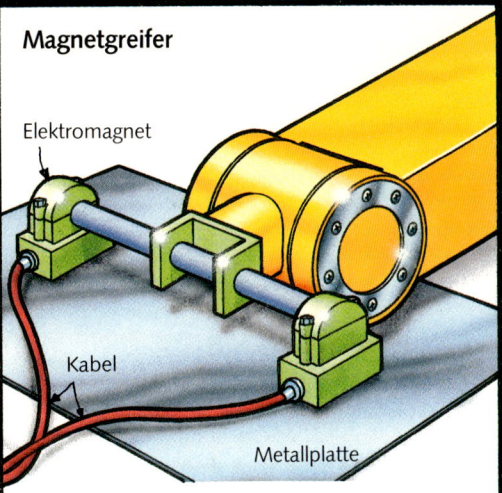

Elektromagneten werden eingesetzt, um Metallgegenstände zu greifen oder zu halten. Die Magneten sind mit einer Stromquelle verbunden und greifen oder halten nur, wenn der Computer den Strom für den Greifer einschaltet. Sobald der Strom ausgeschaltet ist, lassen sie alles fallen, was sie vorher festgehalten haben.

Werkzeughalter

Viele Werkzeuge können direkt an den Roboterarm angeschlossen werden. An dem Roboter unten ist z. B. eine elektrische Schleifmaschine befestigt, die rauhe Kanten an Metallstücken abschleifen soll. Diese Art der Werkzeugbefestigung ist bei Robotern üblich, die immer die gleiche Aufgabe zu erledigen haben, ohne daß dazu das Werkzeug gewechselt werden muß.

Elektrische Schleifmaschine

Stromkabel

Ein selbstgebauter Elektromagnet

Wie ein Elektromagnet funktioniert, kannst du leicht feststellen, wenn du dir aus einem großen Stahlnagel, einem Stück kunststoffisoliertem Kabel und einer Batterie selbst einen baust.

Um den Nagel gewickeltes Kabel

Batterie

Nagel

Der elektrische Strom fließt durch das Kabel und erzeugt um den Nagel ein Magnetfeld. Dadurch kannst du mit der Nagelspitze kleine Metallgegenstände aufheben oder festhalten.

Benutze für diesen Versuch keinesfalls Strom aus der Steckdose oder von einer Autobatterie!

Steuerung durch Computer

Computer werden zur Steuerung von Robotern so programmiert, daß sie ihnen Befehle in Form von elektrischen Signalen senden. Sie können auch so programmiert werden, daß sie auf die Informationen reagieren, die sie von den Sensoren des Roboters bekommen. Auf diesen beiden Seiten wird gezeigt, wie der Computer eines Armroboters arbeitet, der Gegenstände am Fließband zusammenbauen soll. Dabei wird eine Fernsehkamera als Sensor benutzt. Ihre Informationen lassen den Computer die Arbeit des Roboters stoppen, sobald am Fließband Fehler auftreten.

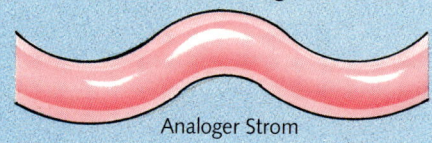

Wie Informationen übertragen werden

Analoger Strom

Bits

Fast alle Motoren und Sensoren, die für Roboter benutzt werden, arbeiten mit elektrischem Strom, der gleichmäßige Schwingungen zeigt – etwa so wie ein Seil, das an beiden Enden von jeweils einer Person in Schwung gehalten wird. Informationen, die in dieser Form übermittelt werden, nennt man *analog*. Computer arbeiten ebenfalls mit elektrischen Signalen, leiten ihre Informationen jedoch in anderer Form.

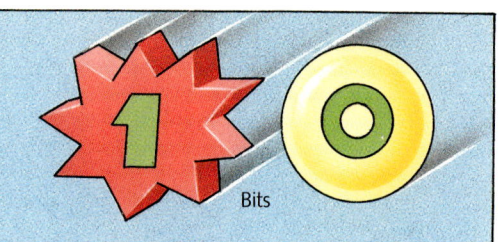

Computer arbeiten mit einzelnen elektrischen Impulsen, die man *Bits* nennt. Davon gibt es zwei Arten: Das „Kein-Impuls"-Bit, das als 0 geschrieben wird und das einen sehr niedrigen elektrischen Spannungswert hat, und das „Impuls"-Bit, das man als 1 schreibt und das einen höheren Spannungswert hat. Diese Art von Informationen nennt man *digital*. Die Einsen und Nullen bilden das sogenannte *Binärsystem*.

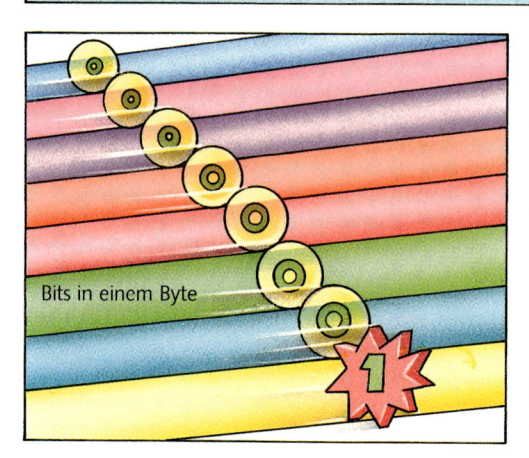

Bits in einem Byte

Der Computer ist mit dem Roboter durch acht oder mehr Leitungen verbunden, die man *Busse* nennt. Viele Computer arbeiten mit Informationseinheiten von einem Byte. Jedes Byte besteht aus einer Gruppe von acht Bits, die Nullen oder Einsen sein können. Die Informationen vom Computer zu den Motoren und von den Sensoren zum Computer laufen Byte für Byte über den gleichen Bus, nur in jeweils entgegengesetzter Richtung. Die Abbildung zeigt acht Bits, die als ein Byte parallel nebeneinander durch den Bus laufen.

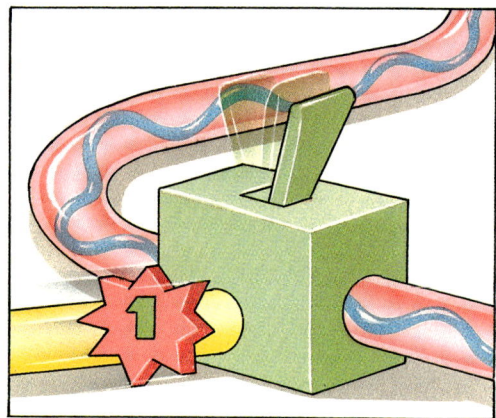

Der digitale Befehl, der vom Computer kommt, wird in einer Schnittstelle umgesetzt, die für jeden der Robotermotoren einen Schalter hat. Das Bild zeigt, was an diesem Schalter geschieht: Das Steuerbit im Byte schaltet den Schalter für einen Motor entweder ein oder aus. Ist er eingeschaltet, so fließt ein analoger Strom durch den Schalter und erreicht über eine Leitung den Motor. Die Schnittstelle ist notwendig, da Motoren nicht mit digitalen Impulsen arbeiten.

Der Motor befindet sich im Gelenk.

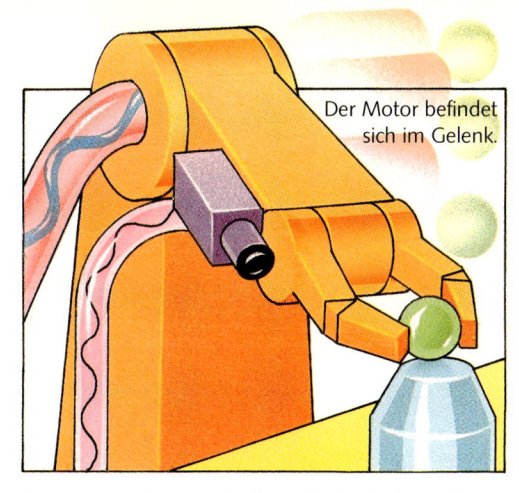

Der analoge Strom treibt einen Motor in einem der Robotergelenke an. In diesem Beispiel wird der Arm gesenkt, um zwei Dinge auf dem Fließband zusammenzusetzen.

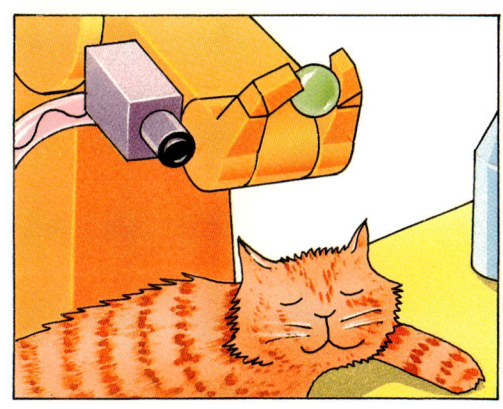

Die Fernsehkamera als Sender neben dem Roboterarm schickt Bilder in analoger Form an den Computer und informiert ihn über die Vorgänge am Fließband.

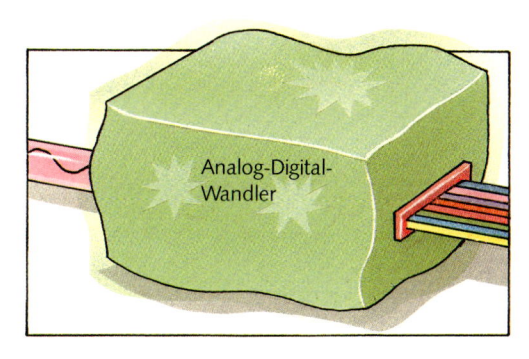

Analog-Digital-Wandler

Die analogen Informationen von der Fernsehkamera werden in digitale Informationen übersetzt, so daß der Computer sie verarbeiten kann. Diese „Übersetzung" erledigt eine Schnittstelle, der sogenannte *Analog-Digital-Wandler*.

Der Computer ist so programmiert, daß er die Informationen vom Sensor auswerten kann. Er schaltet den Roboter sofort ab, wenn er einen Gegenstand auf dem Fließband nicht erkennen kann, wie hier z. B. die schlafende Katze.

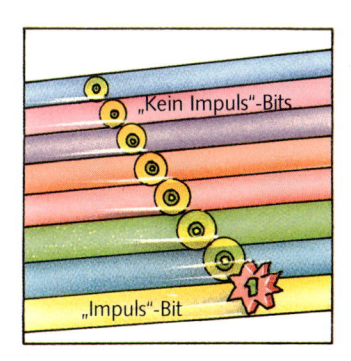

„Kein Impuls"-Bits

„Impuls"-Bit

Der Computer schickt ein Byte mit einem Steuerbit zur Motorschnittstelle, wie er es vorher getan hat, um den Motor einzuschalten.

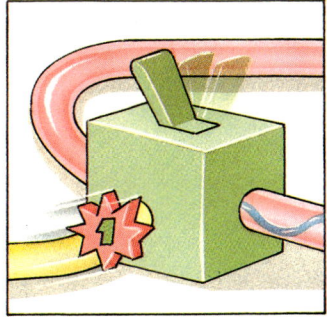

Das Steuerbit schaltet den analogen Strom ab, der durch den Schalter fließt. Der Motor bleibt stehen, da er keine Spannung mehr bekommt.

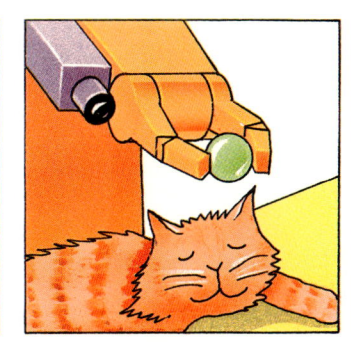

Der ganze Vorgang läuft in Bruchteilen einer Sekunde ab, so daß der Arm rechtzeitig stehenbleibt, bevor er die Katze verletzen könnte.

Sensoren

Nur wenn ein Roboter mit Sensoren ausgestattet ist, kann der Computer erkennen, was um den Roboter herum vorgeht und ob der Roboter die Befehle ausgeführt hat. Es gibt zwei Haupttypen: Berührungsempfindliche Sensoren, mit denen der Roboter etwas „erfühlt", und licht- oder geräuschempfindliche Sensoren, mit denen er „sieht" oder „hört".

Sensoren arbeiten, indem sie elektrische Signale zum Computer schicken. Die Ausgabe des Sensors, d. h. die elektrischen Informationen, die er aussendet, hängt im wesentlichen davon ab, was in der Umgebung des Roboters geschieht. Im allgemeinen kann man sagen, daß die Ausgabe um so größer ist, je mehr um den Sensor herum vorgeht.

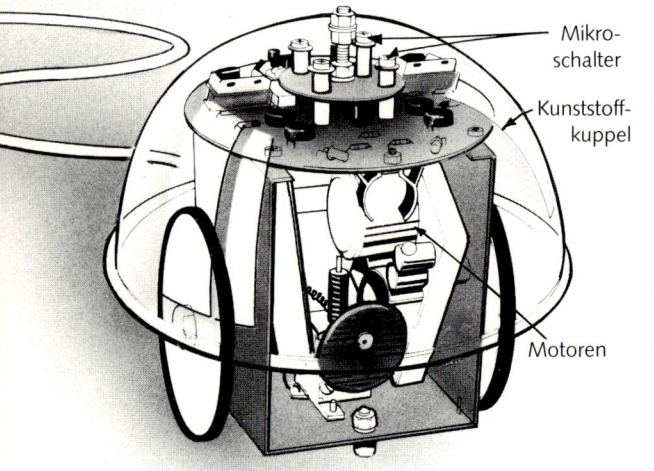

Stoßempfindliche Schalter

Der fahrbare Mikroroboter links ist mit der einfachsten Art von Berührungssensoren ausgestattet, nämlich mit Schaltern. Unter der lose aufgelegten Kunststoffkuppel befinden sich vier Schalter. Wenn der Roboter irgendwo anstößt, berührt er mit der Kuppel einen der Schalter. Dadurch wird ein Signal an den Computer geschickt, das diesen veranlaßt, die Motoren des Roboters in entgegengesetzter Richtung laufen zu lassen.

Der Roboter kann so programmiert werden, daß er wie eine Schildkröte läuft, und er kann auch mit einem Stift ausgestattet werden, um Bilder zu zeichnen. Dieser Stift kann mit Hilfe der Computersteuerung gesenkt oder gehoben werden.

Tastsensoren

Berührungs- oder Tastsensoren sagen dem Computer, ob und wie stark der Roboter etwas berührt. Diese Sensoren werden oft an Greifarmen und an den Stoßstangen von mobilen Robotern eingebaut. Der Computer braucht eine Rückmeldung von diesen Sensoren, damit der Roboter nicht mit den Dingen zusammenstößt, die er berührt.

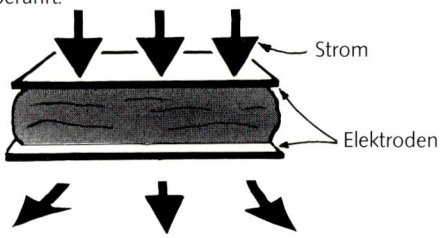

Das Bild oben zeigt einen berührungsempfindlichen Sensor, der aus einem „Sandwich" mit einem Stück Spezialschaumgummi zwischen zwei Metallplatten besteht. Diese Metallplatten sind Elektroden, d. h. sie leiten die Elektrizität. Wenn die Elektroden nicht berührt werden, unterbricht der Schaumgummi den Stromfluß von einer Platte zur anderen. Wenn das „Sandwich" zusammengepreßt wird, kann der Strom zwischen den Elektroden fließen. Diesen Strom wertet der Computer zum Messen des Drucks aus.

Wird der Sensor leicht belastet, dann fließt nur ein schwacher Strom von einer Elektrode zur anderen.

Eine starke Belastung drückt den Sensor stärker zusammen, und zwischen den Elektroden fließt ein starker Strom.

Optische Tastsensoren

Dieser Tastsensor arbeitet mit zwei Lichtleitern, die in einem Zylinder untergebracht sind. Lichtleiter sind dünne Glasfasern, die man zur Übertragung von Licht benutzt. Der Zylinder hat an einem Ende einen beweglichen Spiegel und am anderen Ende zwei Löcher. Eine kleine Lampe schickt über den Lichtleiter einen Lichtstrahl zum Spiegel, der ihn durch den anderen Lichtleiter auf eine Photozelle zurückstrahlt. Die Photozelle mißt die Stärke des reflektierten Lichts. Wenn der bewegliche Spiegel angedrückt wird, wird weniger Licht auf die Photozelle reflektiert. Der Computer kann anhand der Stärke des reflektierten Lichts den Druck berechnen, der auf den Spiegel ausgeübt wird.

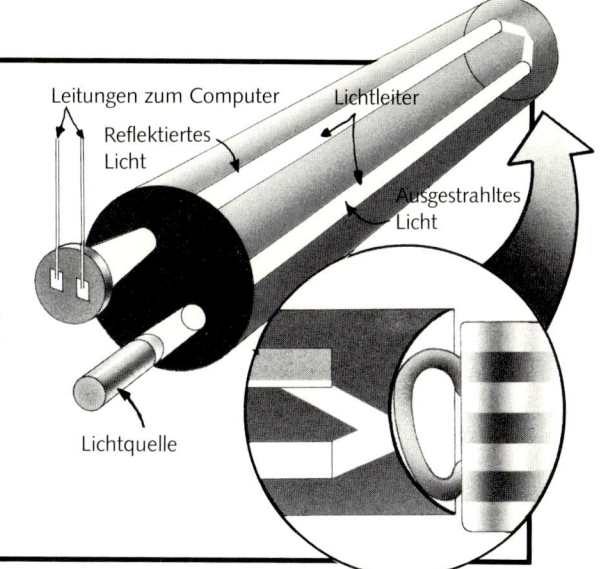

Leitungen zum Computer
Lichtleiter
Reflektiertes Licht
Ausgestrahltes Licht
Lichtquelle

Bilderkennung

Eines der leistungsfähigsten Sensorsysteme reagiert nicht auf Berührung, sondern auf Seheindrücke. Das Bild rechts zeigt eine sogenannte Halbleiterkamera, die mit einem Computer verbunden ist. Der Computerbildschirm zeigt gerade ein Gesicht, so wie es diese Kamera sieht.

Die Kamera „sieht" einen Gegenstand mit Hilfe eines Rasters von kleinen, quadratischen, lichtempfindlichen Zellen. Jede dieser Zellen hat eine elektrische Ladung, die ein winziges Quadrat auf dem Bildschirm zum Leuchten bringen kann. „Betrachtet" die Kamera ein Objekt, dann sorgen helle Flächen dafür, daß die Zellen viel von ihrer Ladung verlieren, während dunkle Flächen nur einen geringen Spannungsabfall hervorrufen. Der Computer übersetzt die Ladung jeder Zelle in ein Lichtquadrat auf dem Bildschirm.

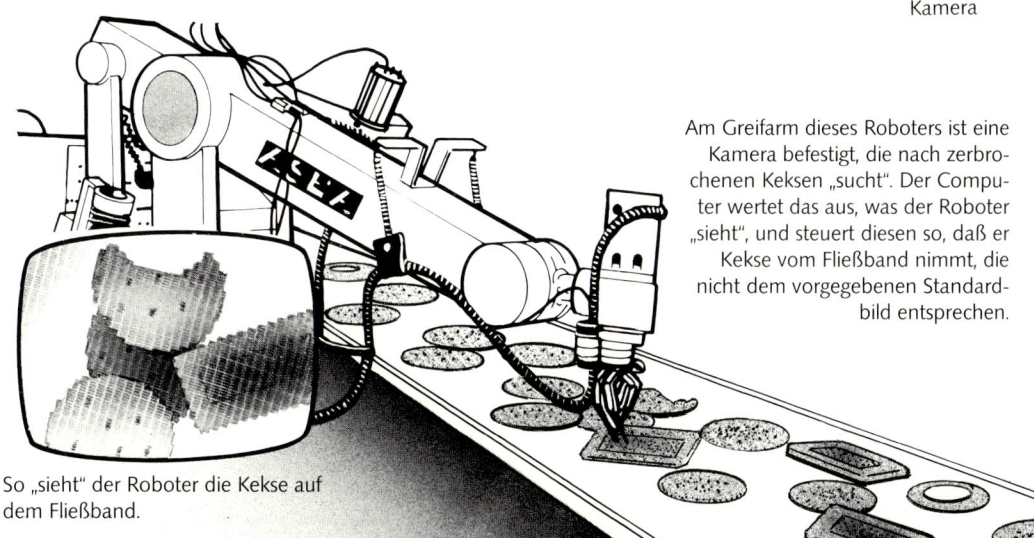

Halbleiterkameras haben oft über 65 000 Zellen.
Kamera

Am Greifarm dieses Roboters ist eine Kamera befestigt, die nach zerbrochenen Keksen „sucht". Der Computer wertet das aus, was der Roboter „sieht", und steuert diesen so, daß er Kekse vom Fließband nimmt, die nicht dem vorgegebenen Standardbild entsprechen.

So „sieht" der Roboter die Kekse auf dem Fließband.

Orientierung im Raum

Auf diesen beiden Seiten wird beschrieben, wie ein Roboterfahrzeug mit Hilfe von zwei verschiedenen Sensortypen seinen Standort bestimmen kann: Die eine Art dieser Sensoren mißt, wie weit das Fahrzeug von einem Gegenstand entfernt ist. Die andere stellt fest, welchen Teil dieser Entfernung das Fahrzeug zurückgelegt hat.

Wie ein Roboterfahrzeug seinen Standort feststellt

Um seinen Standort festzustellen, muß ein Roboterfahrzeug über Sensoren verfügen, die die Entfernung zwischen ihm und anderen Gegenständen messen. Eine Lösung dieser Aufgabe bieten Ultraschallsensoren, die „Zeitmessungen" vornehmen: Das Bild unten zeigt einen Ultraschallsensor an einem Versuchtraktor: Der Sensor sendet einen Geräuschimpuls aus und empfängt das Echo, das von Gegenständen in der Umgebung reflektiert wird. Aus der Zeit, die der Schall vom Aussenden bis zur Rückkehr zum Sensor gebraucht hat, berechnet der Computer die Entfernung des Fahrzeugs vom jeweiligen Gegenstand.

Rechnen mit Schallgeschwindigkeit

Schall breitet sich mit ungefähr 330 Metern in der Sekunde aus. Die Schallwellen brauchen vom Sensor des Traktors bis zum Baum und von dort zurück zum Sensor $1 1/2$ Sekunden. Wie weit ist der Traktor vom Baum entfernt?

Dieses Ultraschallsignal ist für das menschliche Hörvermögen nicht wahrnehmbar.

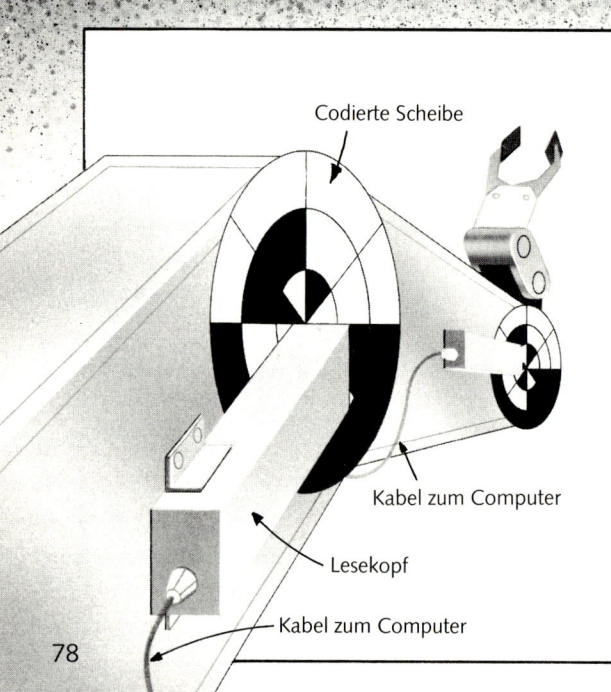

Wie ein Roboter Winkel mißt

Der Computer eines Armroboters muß sich vergewissern, ob der Roboter seine Befehle richtig ausgeführt hat. Dies tut er, indem er die Position des Arms feststellt. Dieser Roboter hat an jedem Gelenk Sensoren, die messen, wie weit er seinen Arm und sein Handgelenk abgewinkelt hat. Der Sensor, den man auch als *optischen Positionsmelder* bezeichnet, sendet eine digitale Information zum Computer. Diese Information wird vom Computer in eine Winkelmessung umgewandelt.

Der Sensor besteht aus zwei Teilen: aus einer flachen Scheibe mit Markierungen und aus einem Lesekopf, der die Markierungszeichen „liest". Jedes Segment auf der Scheibe stellt eine Zahl im Binärcode dar. Die Scheibe ist an einem beweglichen Teil des Roboters angebracht, während der Lesekopf an einem feststehenden Teil montiert ist. Wenn der Roboter seinen Arm abwinkelt, „liest" der Lesekopf eine Binärzahl von der Scheibe ab und schickt sie zum Computer.

Codierte Scheibe
Kabel zum Computer
Lesekopf
Kabel zum Computer

Wie ein Roboterarm seine Position feststellt

An einem Roboterarm können Sensoren befestigt sein, damit der Computer die Armbewegungen des Roboters messen kann. Einige Sensoren messen geradlinige Bewegungen, andere messen Winkel.

Eine Möglichkeit, solche Messungen vorzunehmen, besteht im Einsatz eines Potentiometers. Er arbeitet wie ein Dimmer (Abblendschalter), mit dem man die elektrische Spannung verändert, die durch ein Kabel fließt. Diese Spannung kann gemessen werden, indem man sie über eine Schnittstelle zum Computer leitet.

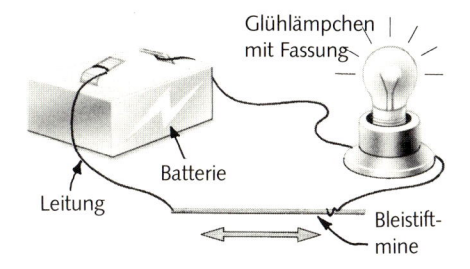

Glühlämpchen mit Fassung
Batterie
Leitung
Bleistiftmine

Dieser lange, flache Potentiometer am Teleskoparm des Roboters gibt dem Computer Informationen darüber, wie weit der Arm eingeschoben oder ausgefahren ist.

Greifer
Kabel zum Computer

▲
Wie ein Potentiometer funktioniert kannst du feststellen, wenn du eine Batterie, zwei Stücke Leitungsdraht, ein Glühlämpchen und eine Bleistiftmine zu einem Stromkreis verbindest. Wenn du das Kabel an der Bleistiftmine hin- und herbewegst, kannst du dadurch die Leuchtstärke des Glühlämpchens verändern. Dies ist deswegen möglich, weil die Mine dem Spannungsfluß Widerstand entgegensetzt.
Im Potentiometer übernimmt ein spezieller Draht die gleiche Funktion, die in diesem Versuch die Bleistiftmine erfüllt hat.

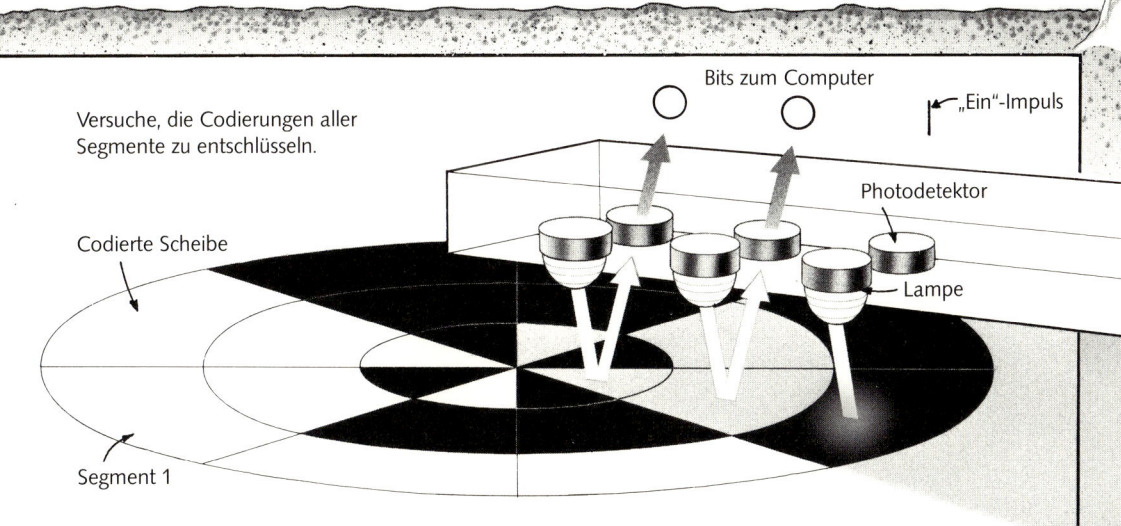

Versuche, die Codierungen aller Segmente zu entschlüsseln.

Bits zum Computer
„Ein"-Impuls
Photodetektor
Codierte Scheibe
Lampe
Segment 1

Der Lesekopf hat drei Paare von Photodetektoren und Lampen. Die weißen Teile der Scheibe reflektieren das Licht auf die Photodetektoren. Diese reflektierenden Teile werden als Nullen gezählt, schwarze Teile als Einsen. Segment 1 würde man z. B. als 001 „lesen". Dies nennt man einen 3-Bit-Code, da der Sensor drei Bits an den Computer übermittelt.

Kybernetik und Computersteuerung

Kybernetik ist die Wissenschaft von den Steuerungs- und Regelvorgängen. Sie beschäftigt sich sowohl mit Maschinen als auch mit lebenden Organismen. Das Wort stammt aus dem Griechischen und bedeutet „Steuermann". In der Regel wird der Begriff im Zusammenhang mit Dingen angewandt, die sich selbst steuern oder sich anpassen. Ein System, das sich anpaßt, ändert sein Verhalten aufgrund von Veränderungen in seiner Umgebung. Beispielsweise ändert der Autopilot (die Selbststeuerung) in einem Flugzeug den Kurs des Flugzeugs als Ergebnis einer veränderten Windgeschwindigkeit.

Künstliche Intelligenz

Ein eng mit der Kybernetik verwandtes Forschungsgebiet ist die sogenannte künstliche Intelligenz, die dazu verhelfen soll, daß Maschinen „intelligent" handeln. Solche Maschinen müßten „denken" können, um intelligente Leistungen zu vollbringen. Die Fachleute sind sich jedoch nicht einig, was dies bedeutet. Einige vertreten die Ansicht, daß man eine Maschine wie den Autopiloten, der aus zurückliegenden Erfahrungen „lernt" oder auf Einflüsse reagiert, bereits als „denkende" Maschine bezeichnen kann. Andere meinen, daß Maschinen, um denken zu können, Gefühle haben müßten und den Willen, von sich aus Dinge zu tun. Das würde bedeuten, daß ein „denkender" Roboter gern Schachteln stapelt, weil er diese Arbeit liebt.

„Kluge" Maschinen

Computer sind die „klügsten" Maschinen, die es derzeit gibt. Man kann sie durch ausgefeilte Programme dazu veranlassen, intelligente menschliche Tätigkeiten nachzumachen, z. B. bildliche Informationen zu verarbeiten und gesprochene Wörter zu erkennen. Computer können deshalb zur Steuerung anderer Maschinen eingesetzt werden, beispielsweise auch um Roboter „intelligent" erscheinen zu lassen.

„Intelligente" Computer

Es gibt zwei grundlegende Möglichkeiten, um einen Computer zu programmieren: Die eine sind *algorithmische Programme*. Sie werden oft zur Steuerung von Robotern eingesetzt und laufen so ab, daß alle Entscheidungen geprüft werden, die in einer bestimmten Situation getroffen werden können. Die andere Möglichkeit sind *heuristische Programme*: Sie gelten als „klüger", weil sich der Computer dabei vor jeder Entscheidung daran erinnern muß, was in zurückliegenden Fällen der beste Weg zur Problemlösung war. Ein Schachcomputer kann z. B. den bestmöglichen Zug ermitteln, wenn er die Spielregeln kennt.

Spracherkennung

Man entwickelt zur Zeit Computerprogramme, die es Robotern ermöglichen sollen, gesprochene Befehle zu erkennen. Dazu werden Mikrofone als elektronische „Ohren" eingesetzt. Der durchschnittliche Erwachsene kennt Tausende von Wörtern. Deshalb bräuchte man einen Computer mit einem sehr großen Speicher, wenn er auch nur einen Bruchteil der Wörter verstehen sollte. Der Computer müßte dabei auch die unterschiedliche Aussprache berücksichtigen, die Menschen haben. Es ist dagegen wesentlich einfacher, den Computer so zu programmieren, daß er nur wenige Wörter zur Steuerung des Roboters erkennt, die von einer einzigen Person gesprochen werden.

Wie Computer Wörter erkennen

1. Jedes Wort erzeugt ein wellenartiges Tonmuster, das durch ein Mikrofon in elektrische Signale umgewandelt wird. Diese Wellen sehen unterschiedlich aus, entsprechend den Tönen, aus denen ein Wort gebildet wird.

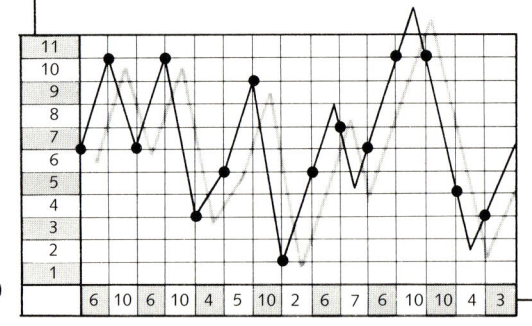

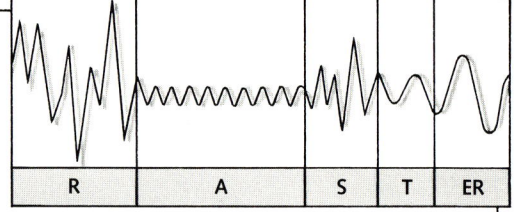

R	A	S	T	ER

6	10	6	10	4	5	10	2	6	7	6	10	10	4	3

2. Die Höhe der Welle, die durch eine elektrische Spannung dargestellt wird, wird mehrere tausendmal pro Sekunde gemessen. Diese Messungen werden als Zahlenfolge aufgezeichnet und dann in einen digitalen Code aus „Impuls"- und „Nicht-Impuls"-Bits umgewandelt. Diese kann der Computer dann benutzen, um das Wort zu erkennen. Das Bild links zeigt, wie das Wort „Raster" für den Computer aussehen würde.

Wie Roboter „sehen" können

Immer häufiger werden Roboter mit Hilfsgeräten ausgerüstet, die es ihnen erlauben, zu „sehen" und sich „intelligent" zu verhalten. Der intelligente Teil ist dabei nicht die Fernsehkamera, die Rechenleistung oder der Roboter, sondern das Computerprogramm. Dieses untersucht und wertet aus, was das „Auge" sieht – und das ist ziemlich schwierig. Menschen können sich beim Sehen aussuchen, was sie sehen wollen. Dieses selektive Sehen läßt sich aber schwer mit einem Computer nachvollziehen. Wenn du beispielsweise das Bild rechts genau betrachtest, kannst du darin entweder eine Vase oder zwei Gesichter erkennen. Eine Maschine kann das nicht.

Wie Roboter Gegenstände erkennen

Ein maschinelles Sehsystem kann so programmiert werden, daß es einen oder mehrere Gegenstände erkennt. Das Beispiel hier zeigt, wie ein Gegenstand unter mehreren erkannt wird, so daß das Sehsystem dem Roboter sagen kann, wie er ihn richtig anfassen und in eine Schachtel legen soll.

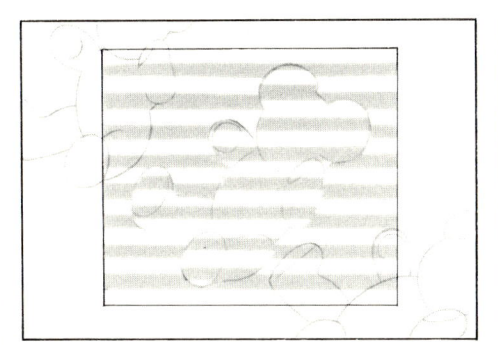

Das Sehsystem wird auf die Gegenstände gerichtet und überzieht sie mit Lichtstreifen, um festzustellen, wie weit sie von ihm entfernt sind. Diese Information leitet es an den Computer des Roboters weiter.

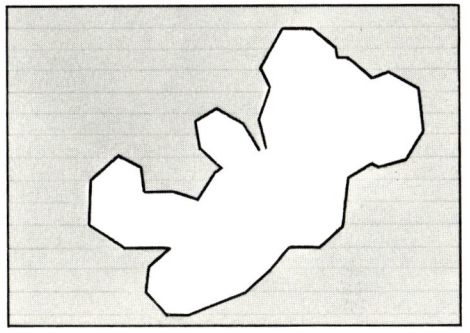

Der Computer kann die Umrisse eines Bären feststellen, indem er die Unterbrechungen in den Lichtstreifen auswertet. Er ist so programmiert, daß er nur den Umriß von Bären feststellen kann und nichts anderes erkennt.

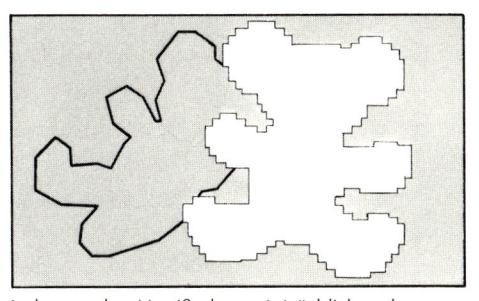

Indem er den Umriß, den er tatsächlich wahrnimmt, mit dem Bild eines Bären vergleicht, das im Hauptspeicher abgelegt ist, kann der Computer die Lage des Bären unter mehreren feststellen. Diese Information wird dann in Form von Befehlen für die Robotermotoren an den Roboter weitergeleitet.

Der Roboter wird so gesteuert, daß er den Bären aufhebt, ohne ihn oder andere Bären dabei zu beschädigen. Dann dreht er den Bären in die Lage, in der er sich gut verpacken läßt. Dieser Arbeitsablauf wird für alle Bären wiederholt.

Die neuesten Entwicklungen

Robotertechnologie ist ein interessanter Forschungsbereich, der sich rasch weiterentwickelt und in dem viele Forschungsprojekte auf der ganzen Welt laufen. In Fabriken werden immer mehr Roboterarme zusammen mit anderen automatischen Maschinen eingesetzt. Die Roboter werden auch immer „intelligenter", da man sie mit immer genaueren Sensoren ausstattet und für die steuernden Computer leistungsfähigere Programme entwickelt. Hier werden einige der neuesten Entwicklungen gezeigt.

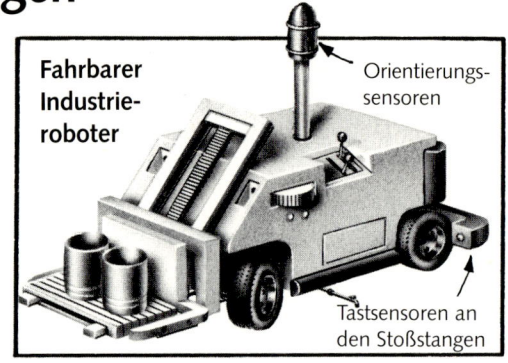

Fahrbarer Industrieroboter

Orientierungssensoren

Tastsensoren an den Stoßstangen

Dies ist ein Gabelstapler ohne Fahrer, wie er in einem automatisierten Lager oder in einer Fabrik eingesetzt werden kann. Er hat einen eingebauten Computer und eine eigene Stromversorgung und benutzt Sensoren, um seine Position festzustellen.

Roboter in Kernreaktoren

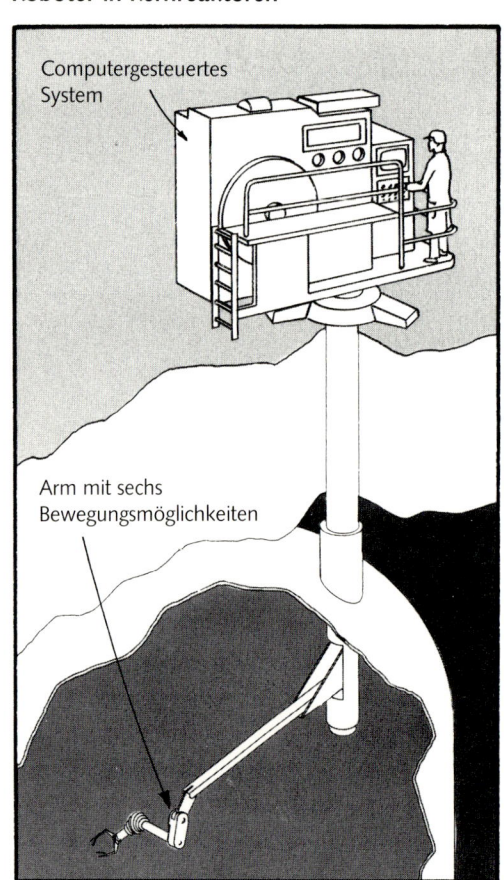

Computergesteuertes System

Arm mit sechs Bewegungsmöglichkeiten

Haushaltsroboter

Kopf

Sprachsynthesizer

Sensoren

Verdeckte Räder

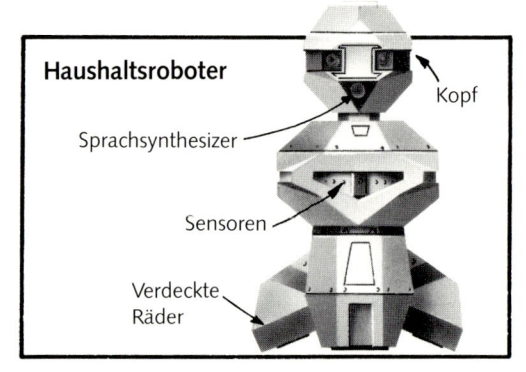

Der Roboter kann für die unterschiedlichsten Aufgaben programmiert werden, z. B. um auf einer Party Drinks anzubieten und mit Hilfe einer künstlichen Stimme mit Gästen zu sprechen. Andere Roboter können auch Arbeiten im Haushalt erledigen.

Roboterbahn

Dieser Armroboter ist so konstruiert, daß er in der Brennkammer eines Kernreaktors arbeiten kann. Der Arm hängt an einem langen, hohlen Rohr, durch das die Steuerkabel für den Arm geführt werden.

Ein vollständig automatischer U-Bahn-Zug wurde in Lille (Nordfrankreich) entwickelt. Die Züge können computergesteuert verschiedene Strecken befahren und halten automatisch an den Haltestellen.

Roboter als Computerassistent

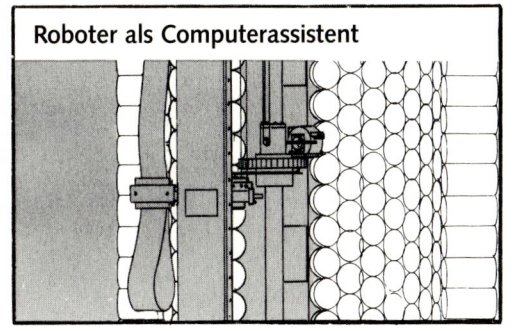

Dieser Armroboter bewegt sich in einem wabenähnlich aufgebauten Lagerregal auf und ab und sucht bestimmte Datenbänder heraus. Er gibt die Bänder an den Computer weiter und bringt sie nach Gebrauch wieder zurück.

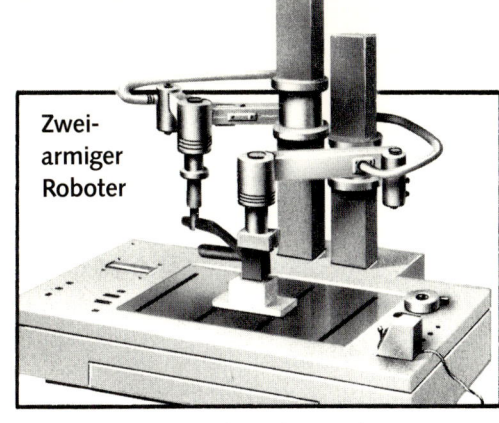

Zweiarmiger Roboter

Dieser Roboter ist so gebaut, daß er neben Menschen an einer Produktionsstraße arbeiten kann. Seine Arme versetzen ihn in die Lage, auch schwierige Montagearbeiten auszuführen – er kann sogar zwei Dinge gleichzeitig erledigen. Die Grundplatte enthält den Mikrocomputer, der den Roboter steuert.

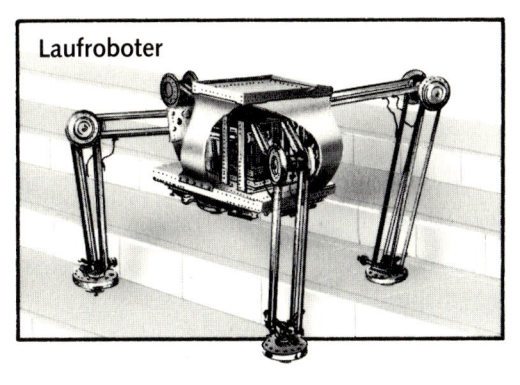

Laufroboter

Japanische Wissenschaftler haben einen vierbeinigen Roboter gebaut, der gehen kann und sogar Treppen steigt. Andere Forscher arbeiten mit sechs- und achtfüßigen Konstruktionen, die wie Insekten laufen.

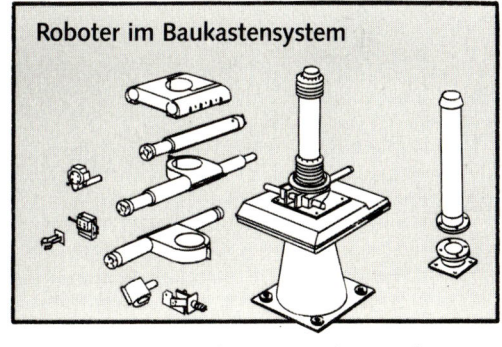

Roboter im Baukastensystem

Einige Armroboter werden aus einzelnen Modulen zusammengebaut, d. h. aus Einzelteilen wie Armen, Handgelenken, Grundplatten usw. Diese können auf die unterschiedlichsten Arten zusammengesetzt werden, damit der Roboter sich für die verschiedensten Aufgaben einsetzen läßt.

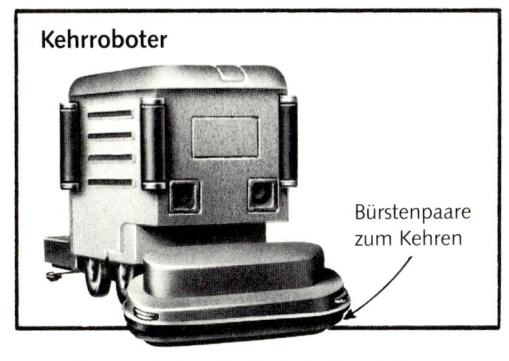

Kehrroboter

Bürstenpaare zum Kehren

Inzwischen wurde bereits ein „freilaufender" Industrieroboter entwickelt, der den Boden kehrt. So wie er Sensoren zur Ortsbestimmung besitzt, lassen sich wahrscheinlich auch Sensoren einbauen, mit denen er feststellen kann, wann das Wasser schmutzig ist.

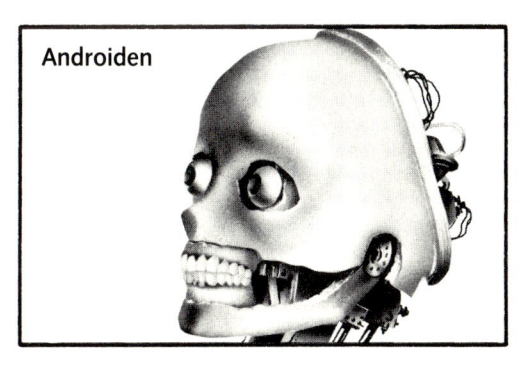

Androiden

Androiden-Roboter, die wie Menschen aussehen und so reagieren, werden in der Regel für Ausstellungen oder als Demonstrationsobjekte gebaut. Der hier abgebildete wird von Elektromotoren und hydraulischen Kolben angetrieben.

Ein Mikroroboter zum Selberbauen

Auf den folgenden neun Seiten findest du eine Anleitung zum Bau eines fahrbaren, computergesteuerten Mikroroboters. Man braucht dazu einen Computer (siehe Seite 92) mit einem parallelen Input-/Output-Port als Schnittstelle zur Steuerung des Roboters.

Die Anleitung zeigt Schritt für Schritt, wie man die elektronische Schnittstellenschaltung aufbaut und den Roboter an den Computer anschließt. Außerdem findest du Hinweise zum Löten und zur Funktion einzelner Bauteile. Das Computerprogramm auf Seite 91 veranlaßt den Roboter, sich wie eine „Schildkröte" oder ein „Bigtrak" (siehe Seite 62 und 52/53) zu bewegen.

Der Roboter wird auf einer flachen Grundplatte mit zwei Motoren, zwei Getrieben und zwei Rädern gebaut. Er hat auch an der Rückseite ein kleines Rad, das ihn am Umkippen hindert. Die Räder werden von getrennten Motoren angetrieben, deren Geschwindigkeit durch ein Getriebe herabgesetzt wird. Der Computer steuert den Roboter, indem er die Fahrtrichtung der beiden Räder regelt. Auf Seite 52/53 ist beschrieben, wie das funktioniert. Über der Grundplatte kannst du aus Pappe oder Sperrholz ein beliebiges Gehäuse errichten, das so aussehen kann, wie du es möchtest. Die Abbildung auf Seite 47 rechts zeigt z. B. eine selbstgebaute Robotermaus. Der Roboter kann vorwärts oder rückwärts fahren und sich nach rechts oder links drehen. Mit dem Programm kannst du durch eine Reihe von Befehlen den Roboter in jede gewünschte Richtung fahren lassen. Wenn du mit Klebeband einen Stift am Roboter befestigst, kannst du das Gerät auch Bilder zeichnen lassen.

Der elektronische Teil ist nicht ganz einfach zu bauen. Ein einziges fehlerhaftes Bauteil oder ein kleiner Fehler kann dazu führen, daß der Roboter nicht funktioniert. Der eigentliche Roboter kann mit Teilen aus technischen Baukästen, z. B. fischertechnik, gebaut werden. Der Roboter, der unten abgebildet ist, besteht aus fischertechnik-Teilen, aber es geht auch mit anderen Systemen. Falls du keinen technischen Baukasten hast, wird dieses Projekt nicht ganz billig. Es ist sicher sinnvoll, erst die Preise aller Bauteile in Erfahrung zu bringen, bevor du mit der Konstruktion anfängst.

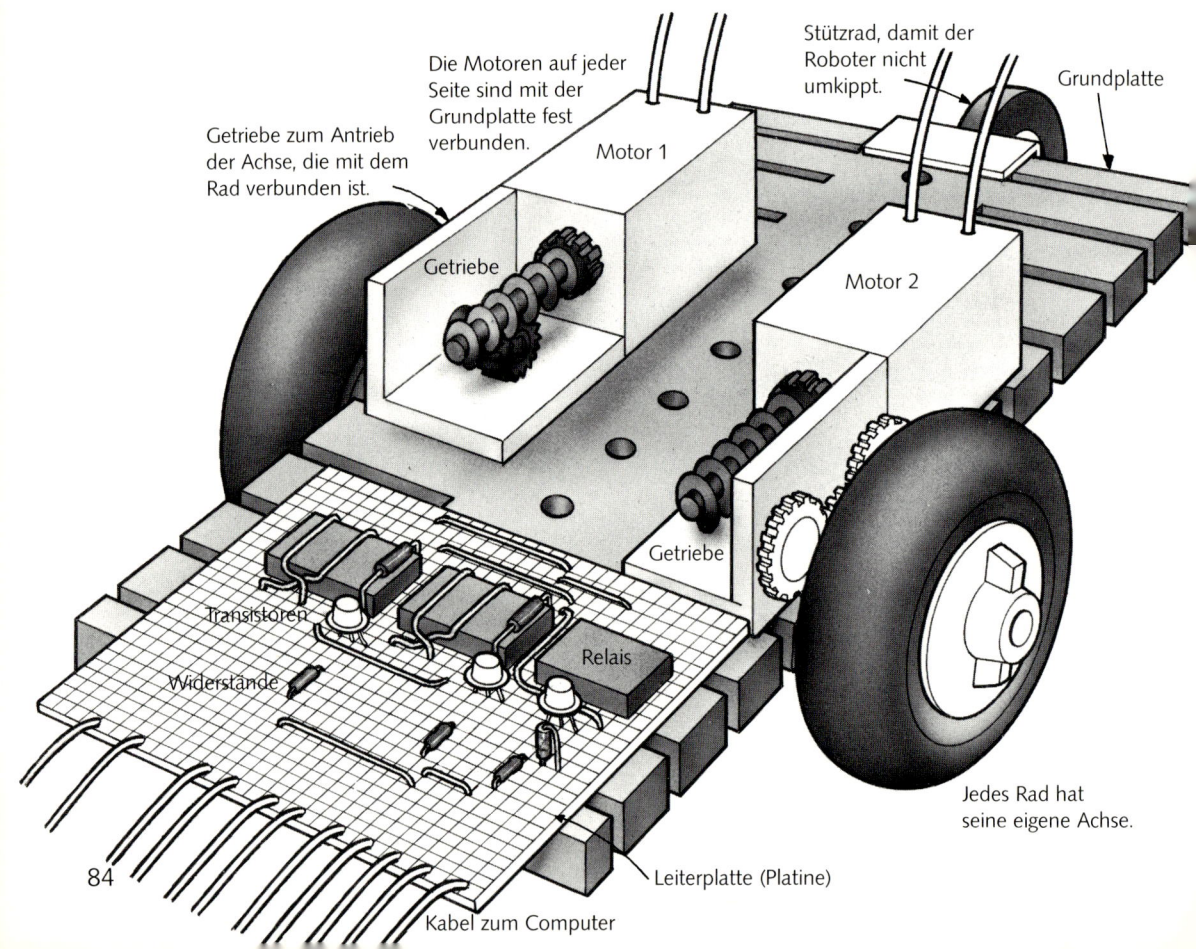

Die Bauteile

Du kannst die Bauteile im Elektronik-, teilweise auch im Rundfunk- und Fernsehfachhandel kaufen. Am besten nimmst du zum Einkauf das Buch mit oder zumindest eine Fotokopie von dieser Seite.

Teile für den Roboter

2 Motoren mit einer Spannung zwischen 3 Volt und 12 Volt (Motoren aus technischen Baukästen wie fischertechnik eignen sich besonders gut dafür, du kannst jedoch genausogut Motoren aus einem batteriebetriebenen Spielzeugauto oder Motoren aus einem Modellbaukasten verwenden);
2 Getriebe, die zu den Motoren passen (wenn du fischertechnik-Motoren verwendest, brauchst du auch die dazu passenden Getriebe);
je 1 Paar Räder und Achsen (vergewissere dich, daß sie zu den Getriebekästen passen);
1 kleines Stützrad;
eine Grundplatte (nimm eine Sperrholzplatte von ungefähr 100 mm x 200 mm x 10 mm, wenn du keinen Baukasten hast).

Teile für die elektronischen Schaltkreise

2 Relais, die zweipolig umschalten, mit einer Betriebsspannung von 6 Volt, einem Spulenwiderstand von mehr als 50 Ω (Ω = Ohm), am besten mit 250 Ω, die auf eine Platine mit einem Lochabstand von 0,25 cm passen;
1 einpoliges Relais mit den gleichen technischen Daten wie oben (beachte dazu unsere Hinweise auf der nächsten Seite);
3 Transistoren 2N222A, BC107 oder BC108 oder ein anderer NPN-Transistor mit einem Verstärkungsfaktor über 100;
3 2,2-kΩ-Widerstände (kΩ = Kiloohm);
3 Dioden 1N4001, 1N4002 oder 1N4003 (keine Zenerdioden!);
eine Platine mit einem Lochabstand von 0,25 cm und 30 Bahnen x 26 Löcher oder ein Prototypboard, wenn du nicht löten möchtest.

Was du sonst noch brauchst

Lötkolben, Lötdraht, Drahtschneider, Abisolierzange, Kombi- oder Flachzange, 22 m dünnen Elektrodraht (Klingeldraht eignet sich am besten), Isolierband, Stecknadeln, Bleistifte, Pauspapier, Papierkleber, einen feuchten Schwamm, einen 4,5-mm-Bohrer.

Die Stromversorgung

Benutze zur Stromversorgung nicht das Stromnetz und keine Autobatterie – das ist lebensgefährlich!
Nimm also nur handelsübliche Trockenbatterien oder einen Transformator. Die Stromquelle muß natürlich zur Betriebsspannung der Motoren passen, die du verwendest, d. h. du brauchst für 6-Volt-Motoren auch 6-Volt-Batterien oder einen 6-Volt-Transformator.

Hinweise zu den elektronischen Bauteilen

Die elektronischen Bauteile, die du kaufst, müssen nicht unbedingt genauso aussehen wie die hier abgebildeten. Manche Bauteile müssen allerdings in einer ganz bestimmten Richtung eingebaut werden. Viele Bauteile haben Markierungen oder Zeichen, andere sind mit kleinen Schemazeichnungen versehen, damit man die einzelnen Anschlüsse erkennen kann. Einige dieser Schemazeichnungen tragen die Beschriftung „Ansicht von der Anschlußseite", was bedeutet, daß du von unten auf das Bauteil schauen mußt, damit die Anschlußdrähte zu dir zeigen und du sie richtig identifizieren kannst.

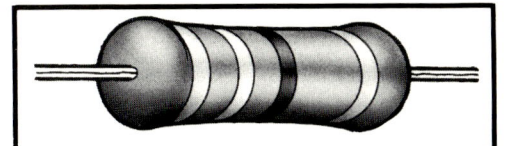

Widerstände sind dazu da, um die Stromstärke zu reduzieren. Es ist gleichgültig, in welcher Richtung sie eingesetzt werden. Die Farbstreifen auf dem Widerstand geben an, welchen Wert der Widerstand hat (in Ω oder kΩ).

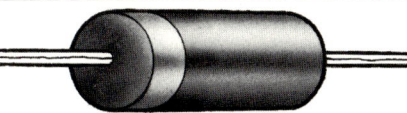

Die Markierung zeigt die Stromrichtung an.

Dioden sorgen dafür, daß der Strom nur in eine Richtung fließt – sie sind eine Art Einbahnstraße für Elektrizität. Dioden arbeiten nur in einer Richtung, deshalb haben sie eine Markierung an einem Ende, die anzeigt, in welche Richtung sie den Strom leiten.

Transistoren werden in unserem Modell als Schalter verwendet, die den Strom ein- und ausschalten. Sie haben drei Beine, die *Kollektor*, *Emitter* und *Basis* heißen und unbedingt richtig angeschlossen werden müssen. Das Bein in der Mitte ist normalerweise die Basis, der Emitter ist in der Regel in der Nähe der Markierung auf dem Gehäuse des Transistors. Die Transistoren werden in unserem Fall vom Computer ein- und ausgeschaltet.

Relais sind elektronische Schalter, die von einem Elektromagneten in Gang gesetzt werden. Für unser Modell werden zwei Typen gebraucht: ein einpoliges Relais mit nur einem Schalter und ein zweipoliges Relais mit zwei Schaltern. Wenn der Elektromagnet ausgeschaltet ist, stehen der Schalter oder die Schalter in einer bestimmten Stellung. Wenn der Elektromagnet eingeschaltet ist, zieht das Magnetfeld den Schalter in die andere Stellung. Die Elektromagneten in den Relais, die wir hier benutzen, werden mit Hilfe von Transistoren ein- und ausgeschaltet.

Üblicherweise kann man bei einem Relais weder am Gehäuse noch an der Anordnung der Anschlußstifte feststellen, wie es angeschlossen werden muß. Frage daher beim Kauf nach einem Schaltplan. Die Anschlüsse sind unterschiedlich je nach Hersteller und Typ. Die Abbildungen unten zeigen die Typen, die wir verwenden, und ihre Schaltungen. Prüfe das Schaltbild der Relais genau und übertrage die unten angegebenen Nummern der Anschlußstifte auf die entsprechenden Anschlüsse deiner Relais. Wenn du das nicht tust, stimmt dein Relais nicht mit den Anschlußnummern überein, die wir in der Bauanleitung für den Schaltkreis benutzen.

Zur Kontrolle

Die Bauanleitungen zu diesem Modell beziehen sich auf Subminiatur-Relais, die eine Stiftanordnung haben, wie sie unten abgebildet ist, und die innen auch so geschaltet sind. Überprüfe, ob die Stifte deines Relais die gleiche Anordnung haben, indem du es über das jeweilige „Schaltbild" hältst.

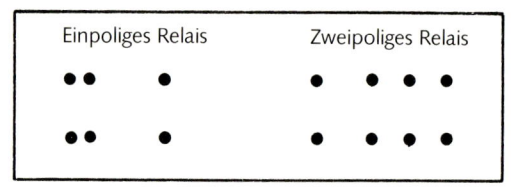

Einpoliges Relais	Zweipoliges Relais
• • •	• • • •
• • •	• • • •

Wenn dein Relais nicht dem zugehörigen Schaltbild entspricht, kannst du folgendes tun: Entweder du drehst das Relais um und lötest einen dünnen Draht (beachte dazu die Löthinweise auf der nächsten Seite) von ungefähr 75 mm Länge an jedes Bein. Studiere das Schaltbild deines Relais genau und übertrage die hier verwendeten Nummern der Anschlußstifte auf die Stifte deines Relais. So kannst du die Drähte anstelle der Stifte an der richtigen Stelle der Platine einlöten.

Oder du schaust dir den Schaltplan auf Seite 92 an und veränderst ihn so, daß er der Anordnung der Anschlußstifte auf deinem Relais entspricht.

Subminiatur-Umschaltrelais

Einpoliges Relais

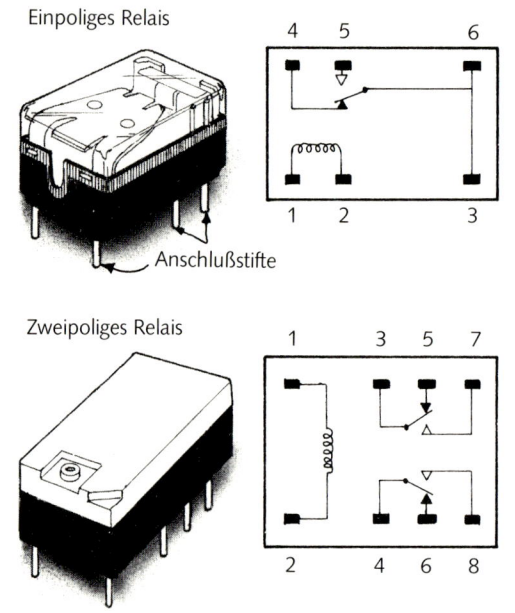

Zweipoliges Relais

Die Platine

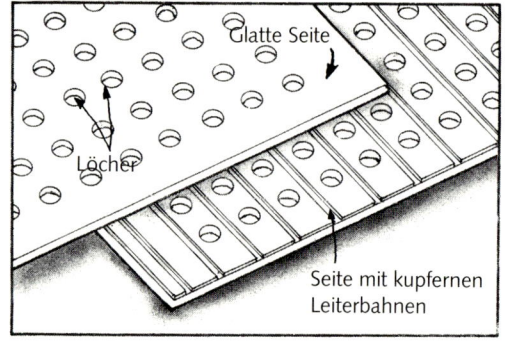

Die Platine wird benutzt, um elektronische Bauteile miteinander zu verbinden. Sie hat Reihen mit Löchern, die auf der Rückseite durch Kupferstreifen miteinander verbunden sind. Durch die Löcher werden die Beine der Bauteile hindurchgesteckt und dann auf der kupfernen Leiterbahn festgelötet. Der elektrische Strom kann nun auf diesen Bahnen zwischen den einzelnen Bauteilen fließen. Vergewissere dich, daß sich die Bauteile, besonders die Transistoren, auf der Platine nicht berühren.

Wenn der Plan für dein Relais mit „Ansicht von der Anschlußseite" beschriftet ist, achte darauf, daß du das Relais von unten anschaust.

Tips zum Löten

Durch Löten kann man zwei Metallteile miteinander verbinden. Man benutzt dazu das sogenannte Lötzinn, das mit einem Lötkolben geschmolzen wird. Auf dem Bild rechts werden die Dinge gezeigt, die man zum Löten braucht. Achte darauf, daß der heiße Lötkolben auf einer hitzebeständigen Unterlage liegt!

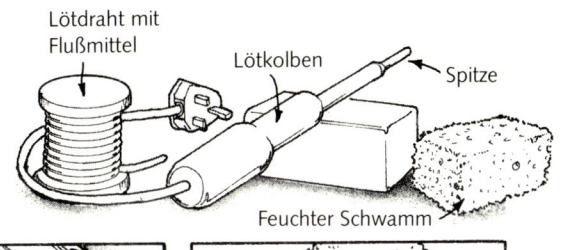

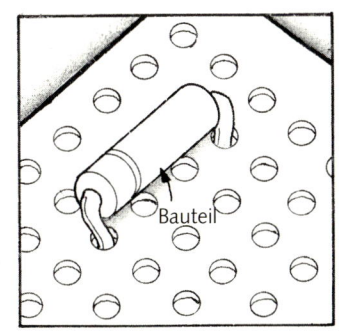

1. Drücke die Beine der Bauteile von der glatten Seite der Platine aus durch die Löcher.

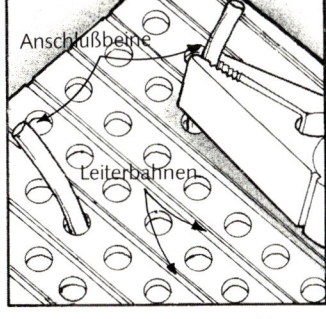

2. Drehe die Platine um und biege die Beine mit der Kombi- oder Flachzange etwas nach außen.

3. Wische die Spitze des Lötkolbens an dem feuchten Schwamm ab, um altes Lötzinn zu entfernen.

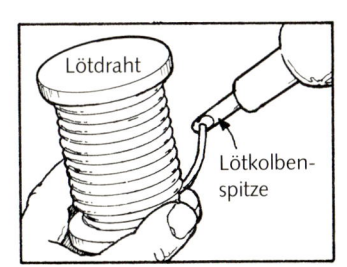

Lötzinn, das sich zwischen den Leiterbahnen ausgebreitet hat, entfernst du, indem du mit der heißen Lötkolbenspitze durch die Rillen fährst.

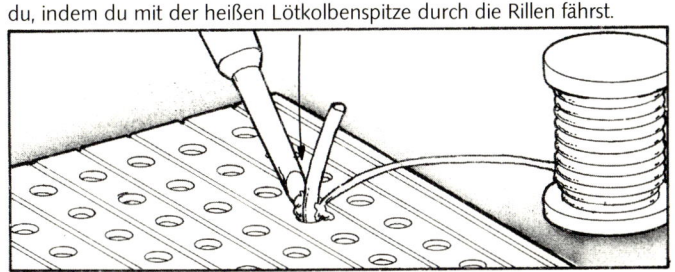

4. Berühre mit dem Lötkolben den Lötdraht, so daß ein Tropfen davon an der Spitze haften bleibt. Das nennt man das *Verzinnen* des Lötkolbens.

5. Berühre mit der Lötkolbenspitze vorsichtig das Anschlußbein dort, wo es an die Leiterbahnen stößt. Gleichzeitig hältst du den Lötdraht von der anderen Seite gegen das Anschlußbein. Halte beides ungefähr eine Sekunde lang so, bis ein Tropfen Lötzinn um das Bein herumfließt. Laß die Lötstelle nun ein paar Sekunden abkühlen, bis das Lötzinn hart geworden ist.

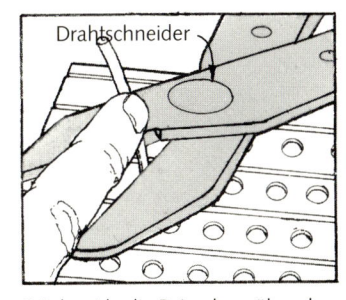

6. Schneide die Beine kurz über der Lötstelle mit einem Drahtschneider ab. Halte dabei die Platine von deinem Gesicht abgewandt und drücke mit einem Finger gegen das Bein, damit es nicht davonspringt.

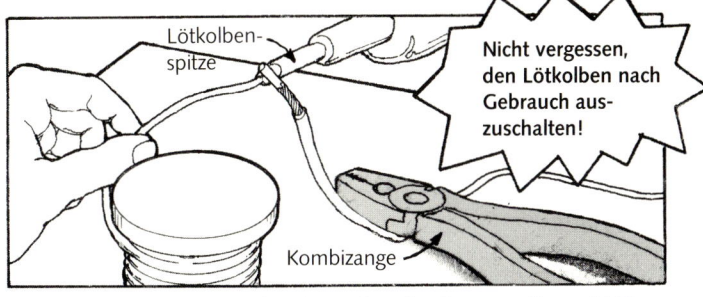

Nicht vergessen, den Lötkolben nach Gebrauch auszuschalten!

Drahtverbindungen: Die Enden der Drahtverbindungen sollten mit Lötzinn verzinnt werden, damit sie sich beim Löten besser verbinden lassen. Berühre den Leitungsdraht sowohl mit der Lötkolbenspitze als auch mit dem Lötdraht, bis der Leitungsdraht leicht mit Lötzinn überzogen ist. Das Lötzinn hält auch die einzelnen Adern von verdrillten Leitungen zusammen. Verzinne dabei das ganze Stück, das du abisoliert hast.

Die Steuerschaltung für den Motor

Die Motor-Steuerschaltung ermöglicht es dem Computer, beide Motoren ein- oder auszuschalten oder jeden Motor einzeln zu steuern, so daß er vorwärts oder rückwärts läuft.

Die folgenden Anweisungen mußt du sehr genau befolgen, damit die Schaltung funktioniert.

Lageplan

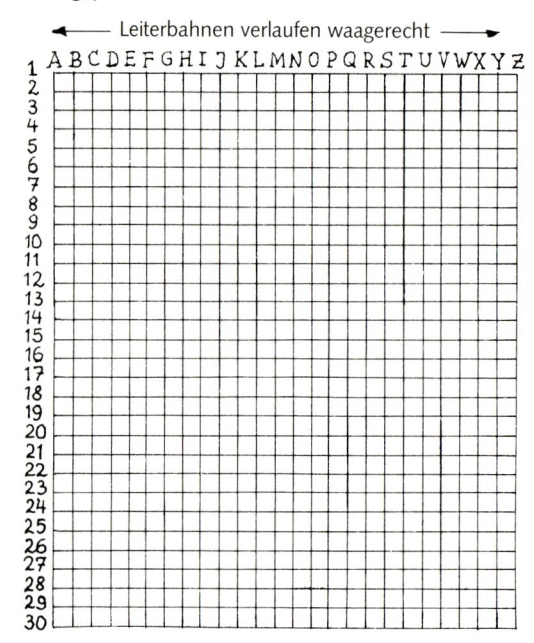

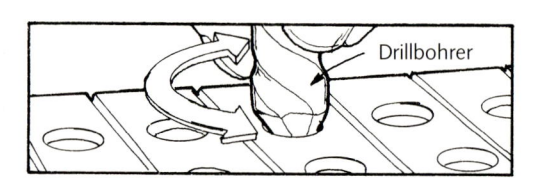

4. Unterbrich die Leiterbahnen mit einem 4,5-mm-Drillbohrer bei den Löchern H2, H3, H7, H10, H13, H15, H17, H20, H23, H25, H27, Q4, Q9, Q19. Drehe dazu die Bohrerspitze mit den Fingern so lange in dem Loch, bis die Kupferbahn vollständig unterbrochen ist.

5. Löte ein einpoliges Relais mit den Anschlußstiften in folgenden Löchern auf der Platine fest:
Stift 1: J2
Stift 2: J3
Stift 3: J7
Stift 4: G2
Stift 5: G3
Stift 6: G7

Löte jeden Stift fest, aber achte darauf, daß die Leiterbahnen nicht durch Lötzinn miteinander verbunden werden.

6. Löte ein zweipoliges Relais in folgenden Löchern auf der Platine fest:
Stift 1: G10
Stift 2: J10
Stift 3: G13
Stift 4: J13
Stift 5: G15
Stift 6: J15
Stift 7: G17
Stift 8: J17

1. Fotokopiere den oben abgebildeten Lageplan oder pause ihn durch und schneide ihn dann aus.

2. Versieh jede Ecke des Plans mit einem Tropfen Klebstoff.

3. Lege den Plan auf die glatte Seite der Platine und drücke je einen Nagel durch die Löcher A1 und Z30, damit der Plan genau in Übereinstimmung mit den Löchern und Leiterbahnen der Platine liegt.

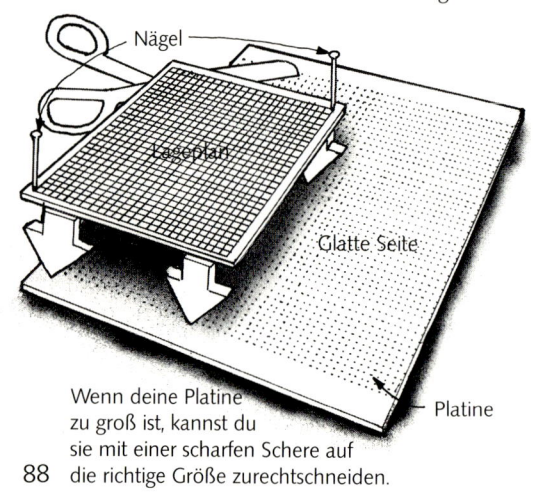

7. Löte das andere zweipolige Relais in folgenden Löchern auf der Platine fest:
Stift 1: G20
Stift 2: J20
Stift 3: G23
Stift 4: J23
Stift 5: G25
Stift 6: J25
Stift 7: G27
Stift 8: J27

Wenn deine Platine zu groß ist, kannst du sie mit einer scharfen Schere auf die richtige Größe zurückschneiden.

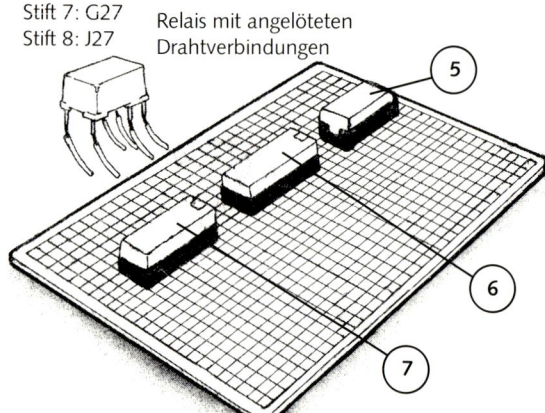

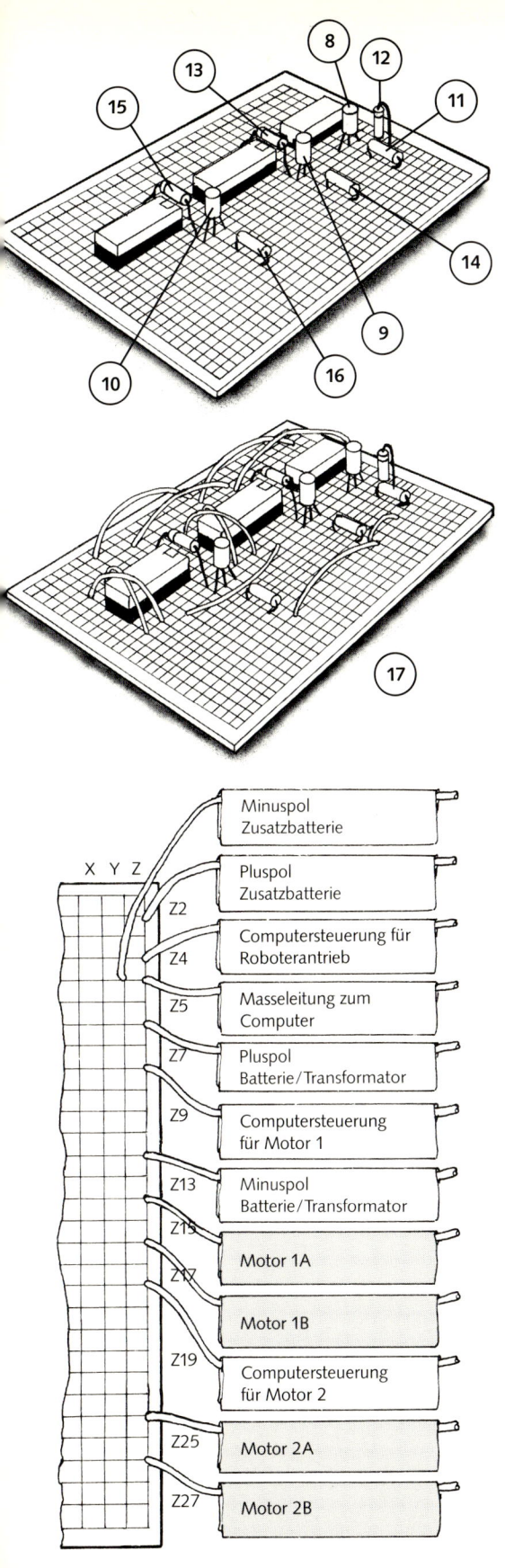

8. Löte das Kollektorbein eines Transistors in Loch M3, das Basisbein in Loch M4 und das Emitterbein in Loch M5.

9. Löte das Emitterbein eines Transistors in Loch M8, das Basisbein in Loch M9 und das Kollektorbein in Loch M10.

10. Löte das Emitterbein eines Transistors in Loch M18, das Basisbein in Loch M19 und das Kollektorbein in Loch M20.

11. Löte einen Widerstand mit einem Bein in Loch P4 und mit dem anderen Bein in Loch S4.

12. Löte eine Diode mit dem Bein, das der Markierung am nächsten ist, in Loch P2 und mit dem anderen Bein in Loch P3.

13. Löte eine Diode mit dem Bein an der Markierung in Loch E10 und mit dem anderen Bein in Loch L10.

14. Löte einen Widerstand mit einem Bein in Loch P9 und mit dem anderen Bein in Loch S9.

15. Löte eine Diode mit dem Bein an der Markierung in Loch E20 und mit dem anderen Bein in Loch L20.

16. Löte einen Widerstand mit einem Bein in Loch P19 und mit dem anderen Bein in Loch S19.

17. Schneide 11 Drahtstücke von ungefähr 100 mm Länge zurecht. Isoliere an jedem Ende etwa 10 mm ab. Verzinne jeden Draht an beiden Enden. Verbinde dann die folgenden Lochpaare durch einen Draht und löte die Drahtstücke dort fest:
L2 und D10, C2 und C13, B13 und B23,
C10 und C20, E15 und L17, E17 und L15,
E25 und L27, E27 und L25, T5 und T8,
U8 und U18, M13 und M23.

18. Schneide 8 Drahtstücke von ungefähr 3 m Länge zurecht. Isoliere an jedem Ende ungefähr 10 mm ab und verzinne ein Ende. Kennzeichne jeden Draht an einem Ende mit einem Stück Band und beschrifte dieses Band mit den Bezeichnungen, die links auf den *weißen* Schildchen stehen. Kennzeichne das andere Ende des Drahtes in gleicher Weise, damit du am Schluß keinen „Leitungssalat" hast. Löte die verzinnten Enden der Drähte in die links angegebenen Löcher.

19. Schneide 4 Drahtstücke von ungefähr 250 mm Länge zurecht. Isoliere an jedem Ende ungefähr 10 mm ab und verzinne ein Ende. Kennzeichne jeden Draht mit einem Stück Band und beschrifte dieses Band mit den Bezeichnungen, die links auf den *grau* getönten Schildchen stehen. Löte die verzinnten Enden der Drähte in die zugehörigen Löcher, wie es links angegeben ist.

Wie man die Schaltung an Computer, Motoren und Stromversorgung anschließt

Anschluß an den Computer: Verbinde die Schaltung mit dem parallelen Input-/Output-Port des Computers durch die Drähte, die du unter Nr. 18 auf der vorigen Seite an die Platine gelötet hast. Dazu mußt du wahrscheinlich einen Schnittstellenstecker (Edge connector) kaufen, damit du diesen Anschluß vornehmen kannst. Solche Schnittstellenstecker bekommst du in Elektronik- oder Computergeschäften. Mit Hilfe deines Computerhandbuchs kannst du die Anschlußstifte der Schnittstelle richtig zuordnen und sie mit den zugehörigen Drähten verbinden, die in den *weißen* Feldern der Tabelle unten genannt sind. Stecke die Drähte durch die Löcher in den Stiften auf dem Schnittstellenstecker, verdrille sie und achte darauf, daß sich die Drähte nicht berühren. *Löte sie nicht fest!*

Anschluß an die Motoren: Verbinde die Drähte, die du unter Nr. 19 auf der vorigen Seite an die Platine gelötet hast, mit den zugehörigen Anschlußklemmen der Motoren, die in den *grau* getönten Feldern der Tabelle unten angegeben sind.

Anschluß an die Stromversorgung: Verbinde die beiden in der Tabelle unten zuletzt genannten Drähte mit den Plus- bzw. Minuspolen deiner Batterie oder deines Transformators.

Leitungsbezeichnung	Verbindung
Minuspol Zusatzbatterie	Minuspol an 6-Volt-Batterie
Pluspol Zusatzbatterie	Pluspol an 6-Volt-Batterie
Masseleitung zum Computer	Massestift am User Port
Computersteuerung für Motor 1	Stift PB2 am User Port
Computersteuerung für Motor 2	Stift PB0 am User Port
Computersteuerung für Roboterantrieb	Stift PB1 am User Port
Motor 1A	Rechter Anschluß am Motor 1
Motor 1B	Linker Anschluß am Motor 1
Motor 2A	Rechter Anschluß am Motor 2
Motor 2B	Linker Anschluß am Motor 2
Pluspol Batterie/Transformator	Pluspol an Batterie oder Transformator
Minuspol Batterie/Transformator	Minuspol an Batterie oder Transformator

Das Computerprogramm

Das Computerprogramm auf der nächsten Seite läßt den Roboter mehrere „Schritte" auf einmal vorwärts, rückwärts, nach links oder nach rechts „gehen". Du mußt ausprobieren, wie weit jeder Schritt reicht, weil dies von der Zahl abhängt, die du in Zeile 650 des Programms einsetzt. Je größer diese Zahl ist, um so weiter wird jeder Schritt des Roboters. Das folgende Menü erscheint auf dem Bildschirm, wenn du das Programm eingegeben hast:

1. Was soll ich tun?
2. Laufen
3. Speicher löschen

Wenn du 1 und dann RETURN drückst, kannst du dem Roboter einen der folgenden Befehle geben:
Vorwärts: Drücke VW, dann RETURN, dann eine Zahl, dann RETURN. VW RETURN 6 RETURN läßt den Roboter z. B. 6 Schritte vorwärts gehen.
Rückwärts: RW – RETURN – eine Zahl – RETURN.
Links: L – RETURN – eine Zahl – RETURN.
Rechts: R – RETURN – eine Zahl – RETURN.
Halt: Auf S, kehrt das Programm zum Menü zurück.

Damit der Roboter deine Anweisungen ausführt, drücke 2, dann RETURN. Du kannst ihm eine ganze Folge von Anweisungen geben, z. B. 5 vorwärts, 3 nach links, 6 vorwärts, 2 zurück usw. Dabei werden den Anweisungen auf dem Bildschirm angezeigt, während sich der Roboter bewegt. Drücke 3, dann RETURN, wenn du dem Roboter neue Anweisungen geben willst.

Wie man das Programm anpaßt

Bevor du das Programm in deinen Computer eingibst, mußt du ausprobieren, welche Zahlen in den Zeilen 580, 590, 600, 610, 690 und 740 der Programme einzugeben sind.

1. Schalte die Verbindungen, wie sie auf dieser Seite angegeben sind.
2. Gib das folgende Programm in den Computer ein:

```
▽▲◇10 POKE 56579,7
▽▲◇20 LET OL=56577
     30 INPUT P
▽ ◇40 POKE OL,P
```
Programm für Commodore 64. Anpassungen für andere Geräte siehe Seite 92 (für Zeile 40 hier siehe Zeile 630).

3. Gib nacheinander die Zahlen 0 – 7 ein. Stelle fest, in welche Richtung die Motoren den Roboter als Reaktion auf jede dieser Zahlen laufen lassen. Setze die Zahlen, die den Roboter in die richtige Richtung laufen lassen, folgendermaßen in die angegebenen Programmzeilen ein:
580 – Beide Motoren vorwärts
590 – Beide Motoren rückwärts
600 – Motor 1 vorwärts, Motor 2 rückwärts
610 – Motor 1 rückwärts, Motor 2 vorwärts
690 und 740 – Beide Motoren aus

Dieses Programm ist für den Commodore 64 geschrieben. Die Symbole am linken Rand zeigen, wo das Programm für andere Computer angepaßt werden muß. Die Änderungen stehen auf der nächsten Seite.

```
▽▲◇ 10 POKE 56579,7
▽▲◇ 20 LET OL=56577
     30 DIM D(20)
     40 DIM M$(20)
     50 GOSUB 550
```
— Organisiert die Ausgabe und reserviert Speicherplatz für die Steuerbefehle an den Roboter.

```
 ▽◇ 60 PRINT CHR$(147)
     70 PRINT "ROBOTERSTEUERUNG"
     80 PRINT
     90 PRINT "1.WAS SOLL ICH TUN?"
    100 PRINT "2.LAUFEN"
    110 PRINT "3.SPEICHER LOESCHEN"
    120 PRINT
    130 PRINT "EINE NUMMER EINGEBEN"
    140 INPUT C
    150 IF C<1 OR C>3 THEN GOTO 130
  ◇ 160 ON C GOSUB 180, 440, 550
    170 GOTO 60
```
— Zeigt das Auswahlmenü auf dem Bildschirm an.

```
    180 LET PC=PS
 ▽◇ 190 PRINT CHR$(147)
    200 IF PC=20 THEN GOTO 390
    210 PRINT
    220 PRINT "SCHRITT";PC;"EINGEBEN"
    230 PRINT "RICHTUNG, DANN ANZAHL"
    240 INPUT M$(PC)
    250 IF M$(PC)="S" THEN GOTO 410
    260 INPUT D(PC)
```
— Geht zu dem Programmteil, der die Befehle für den Roboter verwaltet.

```
    270 LET P=999
    280 GOSUB 580
    290 IF P<>999 AND D(PC)>0 THEN GOTO 320
    300 PRINT "FALSCHER BEFEHL"
    310 GOTO 220
    320 GOSUB 630
```
— Hier werden die Befehle für den Roboter eingegeben. Wenn du mehr eingibst, als du Speicherplatz dafür reserviert hast, bleibt das Programm stehen.

```
 ▽◇ 330 PRINT CHR$(147)
    340 FOR I=1 TO PC
    350 PRINT "SCHRITT";I;": ";M$(I);" ";D(I)
    360 NEXT I
```
— Entschlüsselt die Anweisungen und führt sie aus, wenn sie gültigen Befehlen entsprechen.

```
    370 LET PC=PC+1
    380 GOTO 200
```
— Zeigt die bis dahin eingegebenen Befehle auf dem Bildschirm an.

```
    390 PRINT "KEINE WEITEREN SCHRITTE"
    400 LET M$(PC)="S"
    410 LET PS=PC
    420 GOSUB 710
    430 RETURN
```
— Holt den nächsten Befehl zur Steuerung des Roboters.

```
 ▽◇ 440 PRINT CHR$(147)
    450 LET PC=I
    460 PRINT "SCHRITTZAHL ";
        PC;": ";M$(PC);" ";D(PC)
    470 IF M$(PC)="S" THEN GOTO 520
    480 GOSUB 580
    490 GOSUB 630
    500 LET PC=PC+1
```
— Wenn der letzte Befehl STOP war, geht das Programm zurück zum Menü.

```
    510 GOTO 460
    520 PRINT "ENDE DER ANWEISUNGEN"
    530 GOSUB 710
    540 RETURN
```
— Führt die Anweisungen an den Roboter aus, wenn 2 gedrückt wurde.

```
    550 LET M$(1)="S"
    560 LET PS=1
    570 RETURN
```
— Wenn du 3 eingibst, wird die letzte Anweisungsfolge gelöscht.

```
    580 IF M$(PC)="VW" THEN LET P=1
    590 IF M$(PC)="RW" THEN LET P=2
    600 IF M$(PC)="R" THEN LET P=0
    610 IF M$(PC)="L" THEN LET P=3
    620 RETURN
```
— Der Befehl wird verarbeitet und eine Zahl ausgegeben.

```
  ▽ 630 POKE OL,P
    640 FOR J=1 TO D(PC)
    650 FOR L=1 TO 100
    660 NEXT L
 ▽◇ 670 GET A$:IF A$="S" THEN GOTO 740
    680 NEXT J
  ▽ 690 POKE OL,4
    700 RETURN
```
— Läßt den Roboter sich entsprechend den Befehlen bewegen.

```
    710 PRINT "ZUM MENUE RETURN DRUECKEN"
    720 INPUT Z$
    730 RETURN
```
— Wartet, bis RETURN gedrückt wird.

```
  ▽ 740 POKE OL,4
    750 STOP
```
— Wenn du S drückst, bricht das Programm ab.

Eingabeanweisungen · Steueranweisungen · Ausführen · Löschen · Verarbeiten · Bewegen · Warten

Programmänderungen für andere Computer

▽ Acorn/BBC, Modell B   ▲ Commodore VC-20   ◇ ZX 81 (Timex 1000)

```
▽  10 ?&FE62=7
▲  10 POKE 37138,7
◇  10 Diese Zeile weglassen
▽  20 LET OL=&FE60
▲  20 LET OL=37136
◇  20 LET OL=Speicherplatz-Nr. fuer Ausgabe

▽◇ 60,190,330,440 CLS
◇  160 GOSUB 180*(C=1)+440*(C=2)+550*(C=3)
▽  630 ?OL=P
▽  670 IF INKEY$(0)="" THEN GOTO 740
◇  670 IF INKEY$="" THEN GOTO 740
▽  690,740 ?OL=4
```

Schaltplan

Wenn deine Relais nicht den hier gezeigten Schaltbildern entsprechen, mußt du den Schaltplan entsprechend verändern. (Siehe auch Seite 86.)

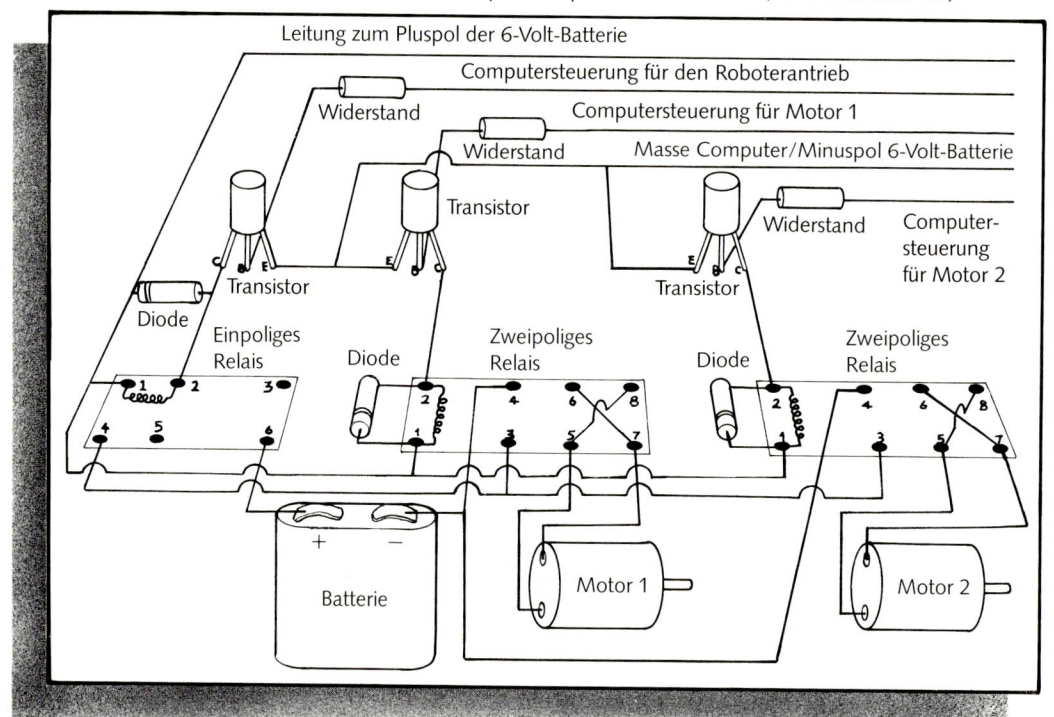

Computer, die man für dieses Projekt verwenden kann:

Acorn BBC, Modell B
Commodore 64
Commodore VC-20
Sinclair ZX 81* (Timex 1000)
Sinclair Spectrum* (Timex 2000)
* Für diese Computer brauchst du eine spezielle Schnittstelle, die du bei den entsprechenden Computer-Fachhändlern bekommen kannst.

Was tun, wenn der Roboter nicht funktioniert?

Prüfe genau, ob alle Bauteile am richtigen Platz sind, und löte gegebenenfalls lose Teile noch einmal fest. Vergewissere dich, daß alle Drähte richtig angeschlossen sind und daß sie sich nicht berühren. Überprüfe, ob die Batterien noch ausreichend geladen sind bzw. ob der Transformator einen Notschalter besitzt. Probiere aus, ob die Motoren laufen, wenn du sie direkt an eine geeignete Batterie oder den Transformator anschließt.

Wenn der Roboter immer noch nicht arbeitet, laß ihn von einem Fachmann überprüfen, da man selbst leicht etwas übersehen kann.

Dritter Teil

LASER

und Lasertechnik

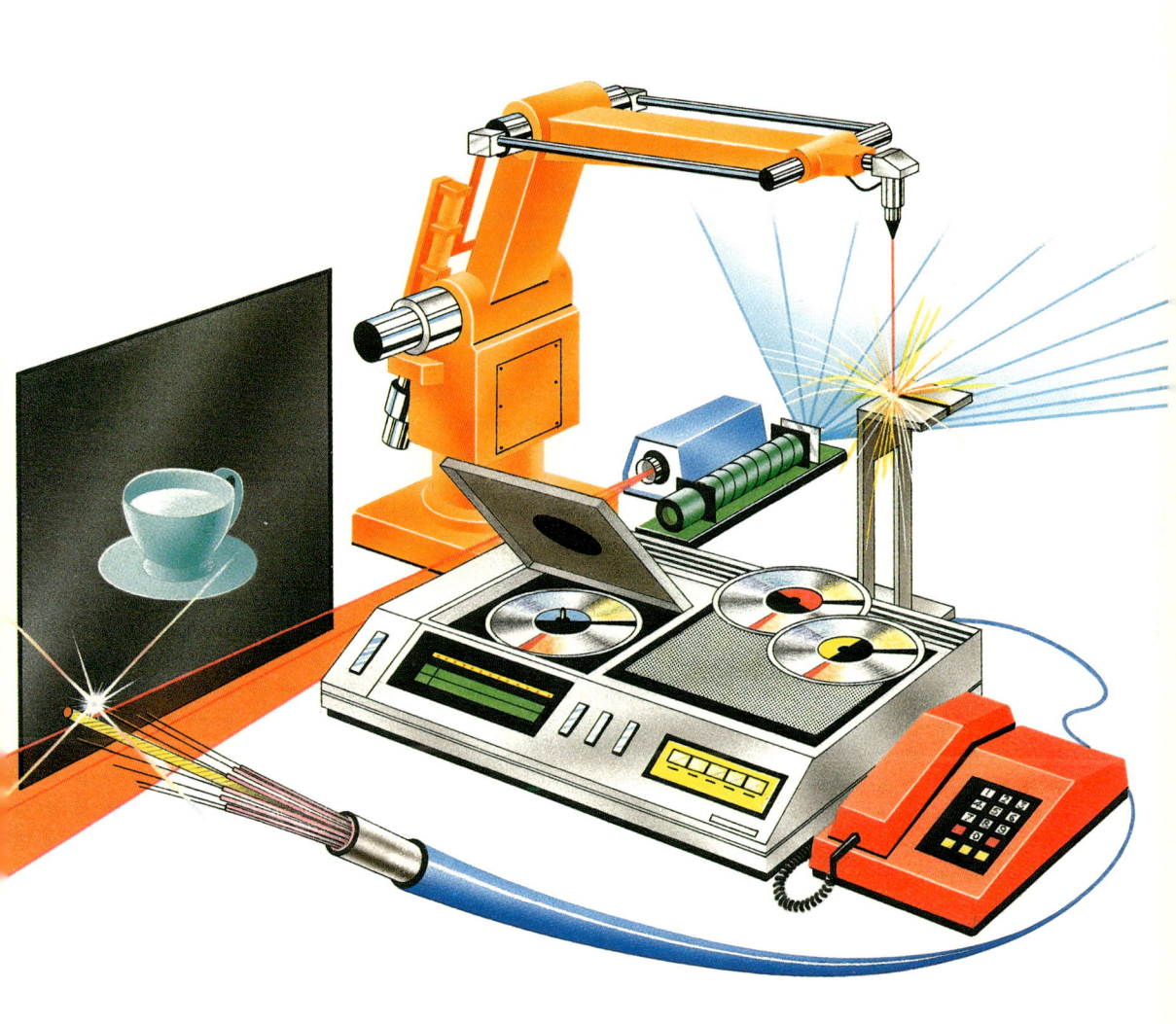

Inhalt

95 Laser – ein besonderes Licht
96 Licht und Laserlicht
98 Wie Laser arbeiten
100 Verschiedene Typen von Lasern
102 Laserstrahlen und ihre Eigenschaften
104 Laser in der Industrie
106 Bohren und Schneiden mit Lasern
108 Gravieren und Schweißen mit Lasern
110 Lasertechnik für Bild und Ton
112 Laser in der Medizin
114 Hologramme
116 Wie Hologramme entstehen
120 Wozu man Hologramme benutzt
122 Effekte mit Laserlicht
124 Informationsfluß auf Laserwellen
126 Vermessung mit Laserstrahlen
128 Laser in der Chemie
130 Datenverarbeitung mit Lasern
132 Laser im Einsatz
136 Laser als Waffen
137 Wichtige Begriffe
141 Register

Laser – ein besonderes Licht

In diesem Teil des Buches wird erklärt, was Laserlicht ist und wie Laser funktionieren. Es werden verschiedene Typen von Lasern vorgestellt und ihre Einsatzgebiete beschrieben.

Ein Laser ist ein Gerät, das eine besondere Art von Licht aussendet: Laserlicht. Ein Laserstrahl sieht aus wie ein gerader, fast massiver, dabei jedoch durchsichtiger „Stab" aus ganz starkem Licht. Es *ist* auch Licht, aber es unterscheidet sich von normalem Licht in einigen entscheidenden Punkten, die auf dieser Seite angesprochen und im weiteren Verlauf näher erklärt werden.

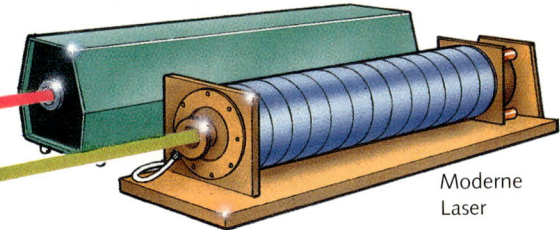

Moderne Laser

Laserlicht zeigt nur eine Farbe; gewöhnliches „weißes" Licht ist dagegen aus vielen Farben zusammengesetzt. Gewöhnliches Licht breitet sich nach allen Richtungen aus; Laserstrahlen verlaufen im Gegensatz dazu fast parallel zueinander. Die Lichtwellen eines Laserstrahls schwingen, anders als normale Lichtwellen, alle in gleicher Richtung – in gleicher Frequenz. Dadurch entsteht ein konzentrierter, sehr heller Strahl. Laserlicht ist also das hellste, intensivste Licht, das wir kennen, es ist sogar heller als die Sonne.

Der erste Laser

Die Theorie des Laserlichts wurde erstmals 1957 von zwei amerikanischen Wissenschaftlern, Charles Townes und Arthur Schawlow, vorgestellt. Der erste Laser wurde jedoch erst 1960 von Theodore Maiman, einem anderen amerikanischen Wissenschaftler, gebaut. Dieser erste Laser aus einem synthetischen Rubinstab sandte einen Laserlichtstrahl aus, wenn er von einer starken Lichtquelle blitzartig angestrahlt wurde. Neuere Forschungen haben gezeigt, daß auch andere Stoffe, nicht nur Rubin, so beeinflußt werden können, daß sie Laserlicht aussenden. Diese Stoffe können auch durch andere Methoden als durch Lichteinwirkung dazu angeregt werden, Laserlicht auszustrahlen. Inzwischen wurden die unterschiedlichsten Laser gebaut und immer wieder neue Konstruktionen ausprobiert. Sie alle erzeugen geringfügig unterschiedliche Strahlen, und deshalb werden sie auch für unterschiedliche Aufgaben eingesetzt.

Anfänglich wurde Laser als eine Erfindung angesehen, für die es noch keine Anwendung gebe. Wissenschaftler wußten, daß Laserstrahlen viele nützliche Eigenschaften haben: Sie sind z. B. stark genug, um Metalle zu schmelzen, und lassen sich so konzentrieren, daß damit auch Arbeiten ausgeführt werden können, bei denen es auf höchste Genauigkeit ankommt.

Heute gibt es eine Vielzahl von Anwendungsgebieten: Laser werden zum Schneiden, Schweißen und Gravieren benutzt sowie bei der Herstellung von Autos, Kleidung, Mikrochips u. a. Laserstrahlen helfen dabei, Hochhäuser genau senkrecht zu bauen und die Gleise für Untergrundbahnen schnurgerade zu verlegen; sie messen sowohl mikroskopisch kleine als auch riesengroße Entfernungen.

Laser beim Durchtrennen einer Eierschale

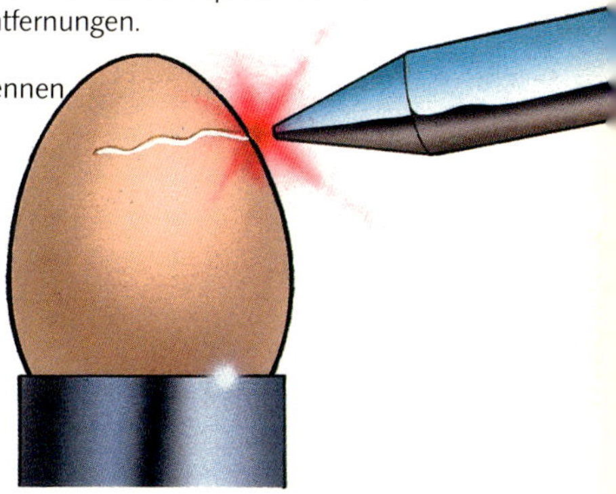

Laserstrahlen übertragen auch Telefongespräche und Fernsehsendungen über weite Entfernungen, spielen Bildplatten ab und lesen Strichcodes im Supermarkt. Ärzte benutzen Laser bei „unblutigen Operationen", die für den Patienten weniger schmerzhaft und für den Chirurgen leichter auszuführen sind. Der Laser hat gezeigt, daß er besser und leistungsfähiger sein kann als herkömmliche Werkzeuge oder Arbeitstechniken auf diesen Anwendungsgebieten. Die Entwicklung des Lasers gab Wissenschaftlern und Künstlern das Werkzeug, das sie brauchten, um dreidimensionale Bilder, sogenannte Hologramme, herzustellen. Laserstrahlen werden sogar für besondere Lichteffekte in Konzerten und in Diskotheken eingesetzt.

Gegenstände aus unserem Alltag, die mit Hilfe von Laserstrahlen hergestellt werden.

Licht und Laserlicht

Ein Laser erzeugt Licht, das jedoch anders zusammengesetzt ist als das gewöhnliche Lampen- und Sonnenlicht. Laserlicht unterscheidet sich in mehreren Punkten davon, und in diesen Unterschieden liegt der Grund, warum es für so viele Aufgaben nützlich sein kann. Auf diesen zwei Seiten werden Laserlicht und normales Licht einander gegenübergestellt. Dadurch sollen ihre Unterschiede und Ähnlichkeiten deutlich werden.

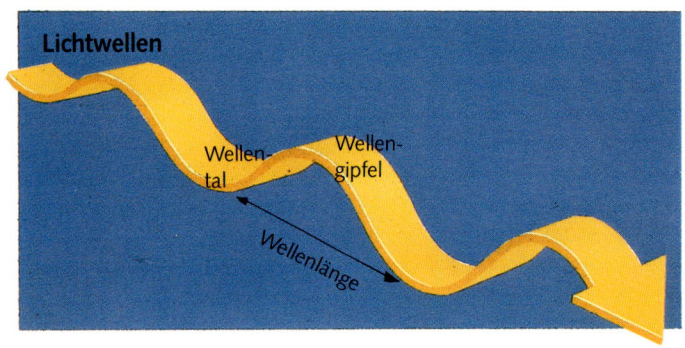

Lichtwellen

Wellental – Wellengipfel – Wellenlänge

Licht breitet sich als gleichmäßiger Strom von Wellen aus. Der höchste Punkt einer Welle ist der Wellengipfel, der tiefste Punkt ist das Wellental. Licht wird auf zwei Arten gemessen: durch die *Wellenlänge* (das ist der Abstand zwischen zwei Gipfeln oder Tälern) und durch die *Frequenz* (die Anzahl der Wellen pro Sekunde).

„Weißes Licht"

Das Prisma spaltet „weißes" Licht in die Spektralfarben auf.

„Weißes" Licht

Normales „weißes" Licht ist in Wirklichkeit eine Mischung von verschiedenen Farben, die sich überlagern. Mit einem Prisma kann man dieses „weiße" Licht aufspalten und die Farben sehen. Es ist dann in einzelne Streifen von Rot, Orange, Gelb, Grün, Hellblau und Violett aufgeteilt. Diese Farbskala nennt man *Spektrum*. Jede Farbe ist Licht von einer bestimmten Wellenlänge: Violett hat z. B. eine kurze Wellenlänge, Rot eine lange; die anderen Farben liegen mit ihrer Wellenlänge dazwischen.

Farbiges Licht

Gewöhnliches rotes Licht ist eine Mischung aus verschiedenen roten Farben.

Ein roter Laserstrahl besteht nur aus einer roten Farbe.

Eine rote Glühbirne erzeugt Licht in einer Farbe; tatsächlich ist dieses „rote" Licht jedoch eine Mischung von verschiedenen Wellenlängen unterschiedlicher Farben: Rot, Orange, Gelb und manchmal auch anderer Farben. Laserstrahlen bestehen aus Lichtwellen gleicher Wellenlänge und damit auch nur aus einer Farbe. Dieses Licht nennt man *monochromatisch*.

Die Lichtwellen in einem gewöhnlichen Lichtstrahl breiten sich nach allen Richtungen aus, so daß der Strahl breiter und schwächer wird, je weiter er sich ausbreitet. In einem Laserstrahl breiten sich die Lichtwellen alle in der gleichen Richtung aus: Sie bilden einen geraden, beinahe parallelen „Stab" aus konzentriertem Licht, der seine Stärke sogar über weite Entfernungen beibehält.

Lichtwellen „im Gleichschritt"

Laserlichtwellen sind „im Gleichschritt".

Gewöhnliche Lichtwellen sind ungeordnet.

Die Lichtwellen in einem Laserstrahl haben nicht nur alle die gleiche Wellenlänge und die gleiche Frequenz, sie „laufen im Gleichschritt" – so wie Soldaten marschieren. Sie haben einen einheitlichen Schwingungstakt oder sind, wie man auch sagt, *in gleicher Phase*. Solches Licht nennt man *kohärentes Licht*. Laser sind die einzige Quelle für kohärentes Licht. In gewöhnlichem Licht sind die Wellen ganz unterschiedlich und deshalb nicht in gleicher Phase – so wie Menschen, die durch eine Ausstellung gehen. Dies nennt man *inkohärentes Licht*.

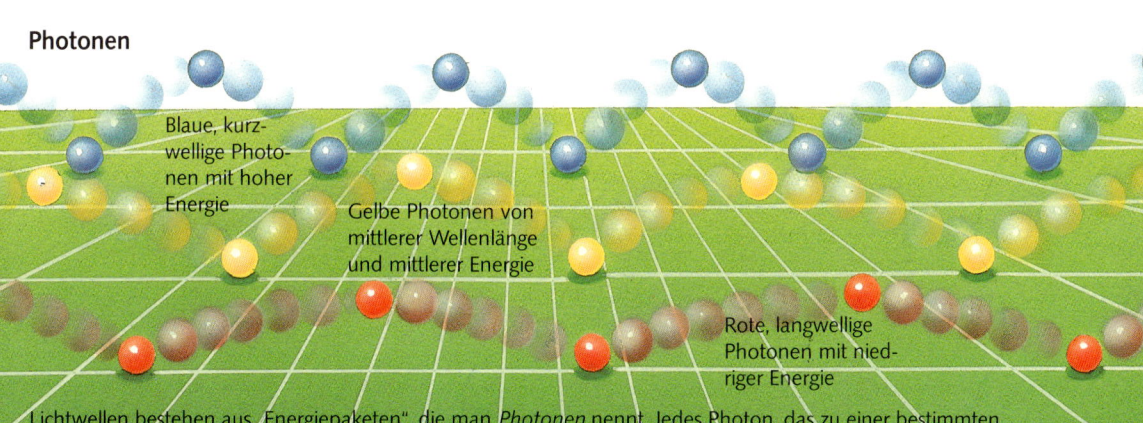

Photonen

Blaue, kurzwellige Photonen mit hoher Energie

Gelbe Photonen von mittlerer Wellenlänge und mittlerer Energie

Rote, langwellige Photonen mit niedriger Energie

Lichtwellen bestehen aus „Energiepaketen", die man *Photonen* nennt. Jedes Photon, das zu einer bestimmten Wellenlänge gehört, hat die gleiche Energie. Photonen von unterschiedlicher Wellenlänge (Farbe) haben also auch unterschiedlich viel Energie: Je größer die Wellenlänge, desto geringer ist die Energie. Deshalb sind rote Photonen nicht so energiereich wie violette; die anderen Farben liegen in ihrem Energiegehalt zwischen Rot und Violett.

Laserflecken

Bei Laserlicht kann man eine seltsame Beobachtung machen: Es scheint mit winzigen unscharfen, funkelnden (hellen) und gesprenkelten (dunklen) Stellen durchsetzt zu sein. Diese „Flecken" werden durch Lichtwellen im Laserstrahl verursacht, die auf eine Oberfläche auftreffen. Sogar die flachste Oberfläche sieht beim Blick durch ein Mikroskop wie eine Gebirgslandschaft aus. Diese „Hügel" und „Täler" sorgen dafür, daß einige kohärente Lichtwellen sozusagen aus dem Tritt geraten. Wenn der Gipfel einer Welle auf das Tal einer anderen Welle trifft, löschen sich beide Wellen gegenseitig aus und erzeugen das, was man als kleinen schwarzen Fleck sieht. Wenn sich die Gipfel zweier Wellen treffen, vereinigen sich beide Wellen, was man als hellen Funken erkennen kann.

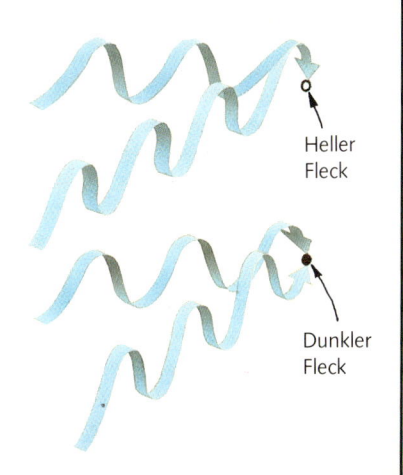

Heller Fleck

Dunkler Fleck

Wie Laser arbeiten

Das Wort „Laser" beschreibt, wie ein Laserstrahl zustande kommt: Es ist die Abkürzung des englischen Ausdrucks „**L**ight **A**mplification by **S**timulated **E**mission of **R**adiation", das heißt auf deutsch soviel wie „Lichtverstärkung durch angeregte Strahlenaussendung". Die Vorgänge, die damit zum Ausdruck gebracht werden, sind unten illustriert und erläutert.

Ein Laser ist ein Gerät, das aus einem Material besteht, das Licht aussendet, wenn es von einer Energiequelle dazu angeregt wird. Es gibt die unterschiedlichsten Arten von Lasern, wie auf den nächsten Seiten noch gezeigt wird, aber das Grundprinzip zur Erzeugung eines Laserstrahls ist für alle das gleiche. Die üblicherweise angewandte Technik wird hier am Beispiel eines Gaslasers erklärt.

Blick in einen Laser

Dies ist das vereinfachte Bild eines Gaslasers, das so gezeichnet ist, daß man einen Blick ins Innere werfen kann. Der Laser besteht aus einer Glasröhre, die mit Gas gefüllt ist; das Gas wird durch einen elektrischen Strom angeregt, der durch die Röhre hindurchfließt.

Der elektrische Strom erregt die Atome (oder Moleküle) im Gas, und diese senden dann Photonen, also Lichtenergie, aus.

Einige der ausgesandten Photonen treffen auf andere angeregte Atome. Diese werden dadurch veranlaßt, gleichartige Photonen abzustrahlen. Dies ist das Prinzip der angeregten Aussendung von Strahlen, wie sie in der Übersetzung des Wortes „Laser" angesprochen wird.

Die Verstärkung des Lichts, von der dort gleichfalls die Rede ist, kommt folgendermaßen zustande: Wenn ein Photon auf ein angeregtes Atom stößt, erzeugt es wieder ein Photon, das mit dem ersten identisch ist, sowohl im Energiegehalt als auch in der Phase. Beide Photonen können dann auf weitere angeregte Atome treffen und noch mehr Photonen erzeugen, die wiederum noch mehr Photonen erzeugen usw.

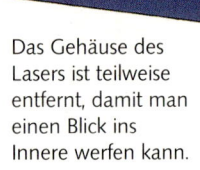

Das Gehäuse des Lasers ist teilweise entfernt, damit man einen Blick ins Innere werfen kann.

Wie man einen Laserstrahl erzeugt

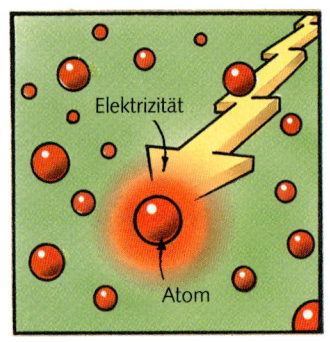

Diese Bilder zeigen, was mit den Atomen und Photonen im Inneren eines Lasers geschieht. Elektrizität fließt durch das Gas, und einige der Atome nehmen davon Energie auf und werden „angeregt".

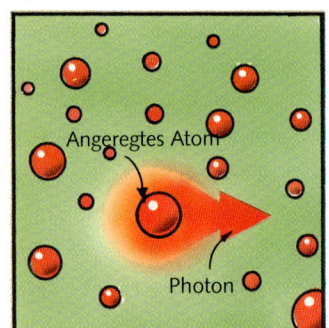

Atome können nicht in diesem angeregten Zustand bleiben, deshalb kehren sie in den Normalzustand zurück, indem sie ihre zusätzliche Energie als Photon abgeben. Dies nennt man *spontane Emission*. Es bedeutet aber noch nicht, daß Laserstrahlen ausgesandt werden.

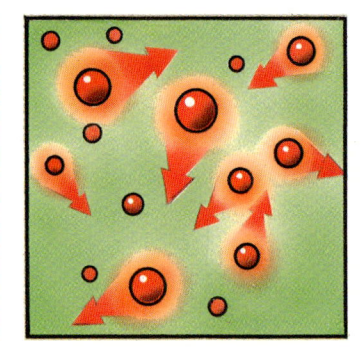

Das Aussenden von Laserstrahlen findet nur statt, wenn mehr als die Hälfte der Atome angeregt sind. Dies nennt man eine *invertierte* (umgekehrte) *Population*; sie steht im Gegensatz zum Normalzustand, in dem nur wenige Atome angeregt sind.

An beiden Enden der Glasröhre befindet sich ein Spiegel. Einige der ausgesandten Photonen treffen auf die Spiegel und werden von diesen in das Gas zurückgeworfen, was weitere Verstärkung und angeregte Emissionen auslöst. Allerdings treffen nur Photonen, die parallel zur Röhre laufen, auf die Spiegel; Photonen, die sich in andere Richtungen ausbreiten, verlassen die Röhre.

Der Spiegel an diesem Ende reflektiert nur teilweise und läßt einige Teile des Lichts durch. Solange der Spiegel ausreichend Photonen reflektiert, so daß die Verstärkung aufrecht erhalten werden kann, wird ein Strahl von kohärentem, einfarbigem, in eine Richtung ausgestrahltem Laserlicht erzeugt.

Teilreflektierender Spiegel

In der Röhre wird Laserlicht gebildet.

Ausgesandter Laserstrahl

Photonen bewegen sich in der Glasröhre zwischen den beiden Spiegeln.

Nicht angeregte Atome

Photon regt angeregtes Atom an.

Atom erzeugt weiteres Photon.

Photonen bilden den Laserstrahl.

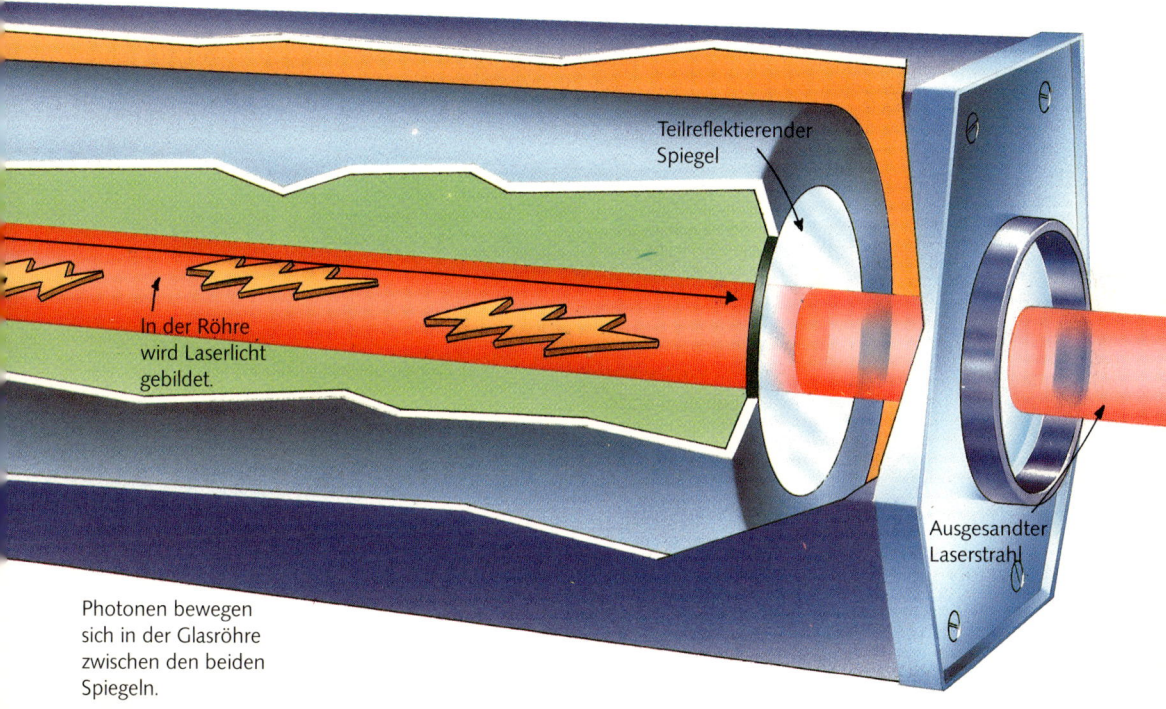

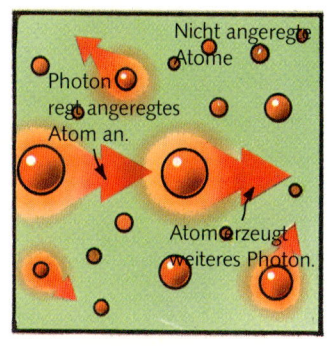

Photonen, die auf angeregte Atome treffen, erzeugen weitere Photonen; Photonen, die auf nicht angeregte Atome treffen, gehen dagegen verloren. Deshalb ist eine invertierte Population nötig, damit Laserlicht ausgestrahlt wird.

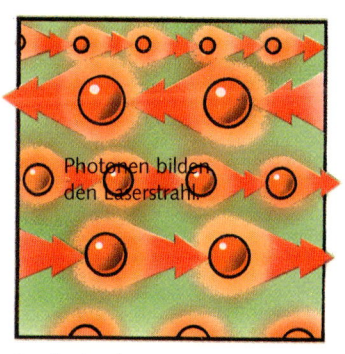

Der Zustand angeregter Emission und Verstärkung bedeutet, daß die Erzeugung eines Laserstrahls begonnen hat. Das Laserlicht wird in der Röhre zwischen den Spiegeln reflektiert und erzeugt einen parallelen Strahl, von dem ein Teil ausgesandt wird.

Wie Licht erzeugt wird

Laser sind nicht das einzige Licht, das durch Erregung entsteht. Alle Lichtquellen, von der Sonne bis zur Neonlampe, erzeugen Lichtenergie in Form von Atomen oder Molekülen, die erregt wurden und Photonen ausstrahlen.

Verschiedene Typen von Lasern

Laserlicht kann aus den unterschiedlichsten festen Stoffen, aus Flüssigkeiten wie auch aus Gasen gewonnen werden. Dazu kommt, daß es unterschiedliche Wege gibt, auf denen man Substanzen anregt, Laserlicht auszusenden. Das kann durch Elektrizität, durch Licht, durch chemische Reaktionen oder sogar durch einen anderen Laser geschehen. Laser können dadurch an bestimmte Aufgaben angepaßt werden. Die nächsten Seiten zeigen die Vielfalt der verschiedenartigen Lasertypen.

Gaslaser

In einem Gaslaser wird der Laserstrahl in der Regel durch Anregung mit elektrischem Strom erzeugt. Dieses Bild zeigt einen Kohlendioxid(CO_2)-Laser mit teilweise entferntem Gehäuse. CO_2-Laser sind sehr verbreitet; die üblichste Ausführung ist der Helium-Neon(HeNe)-Laser. Dieser erzeugt einen roten Strahl mit geringer Energie. Er wird oft in Schulen benutzt, da er sicher, klein und relativ preiswert ist. Der Argon-(Ar)-Gaslaser wird häufig in der Medizin eingesetzt. Andere Gaslaser sind Krypton(Kr)-Laser sowie Gold(Au)- und Kupfer(Cu)-Dampflaser, in denen das Metall in eine Art Gas verdampft wurde.

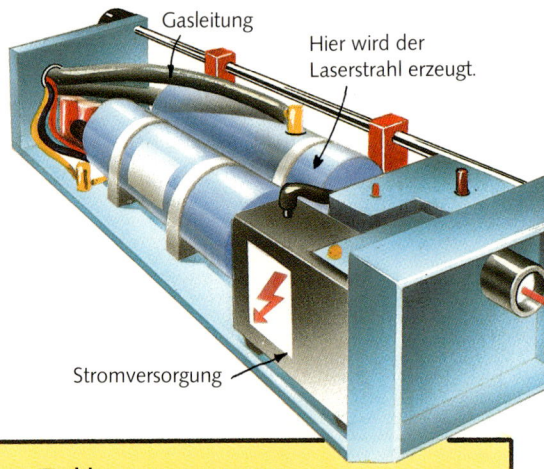

Gasleitung
Hier wird der Laserstrahl erzeugt.
Stromversorgung

Farblaser

Farblaser arbeiten mit Flüssigkeiten, die einfach mit Farbstoff gefärbt sind. Sie erzeugen einen Laserstrahl, wenn sie durch einen sehr intensiven Blitz von gewöhnlichem Licht oder durch einen anderen Laser angeregt werden, wie es hier gezeigt wird. Der Vorteil eines Farblasers besteht darin, daß er Strahlen mit unterschiedlichen Wellenlängen erzeugen kann. Das ist deshalb möglich, weil Atome, die in einer Flüssigkeit erregt werden, einen breiten Spektralbereich des Lichts erzeugen. Der Laser hat ein Prisma, mit dessen Hilfe das Licht in bestimmte Wellenlängen zerlegt wird, und deshalb kann der Strahl auf unterschiedliche Farben „eingestellt" werden.

Laser zur Anregung des Farblasers
Steuergerät für die Farbeinstellung
Laserstrahl
Farblaser

Halbleiterlaser

Dies sind Miniaturlaser aus kleinen festen Materialien, sogenannten Halbleitern. (Aus Halbleitern werden normalerweise Transistoren und Chips hergestellt.) Halbleiterlaser erzeugen einen schwachen Strahl, wenn sie durch Elektrizität angeregt werden. Sie werden in der modernen Kommunikationstechnik gebraucht und in vielen elektronischen Geräten eingesetzt. Das Bild zeigt einen Halbleiterlaser in einem Telekommunikationsempfänger.

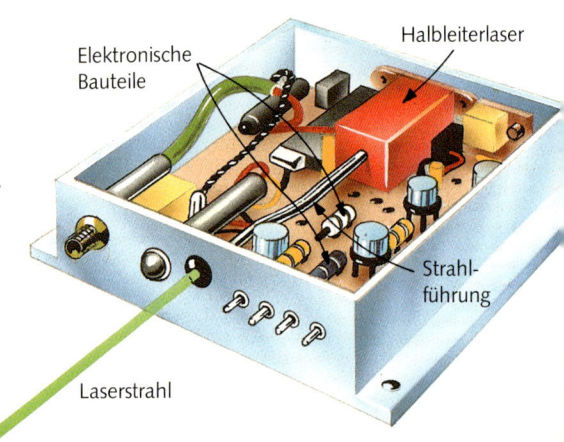

Halbleiterlaser
Elektronische Bauteile
Strahlführung
Laserstrahl

Festkörperlaser

Die Blitzlampe erzeugt strahlend helles Licht.

Stab aus synthetischem Rubin

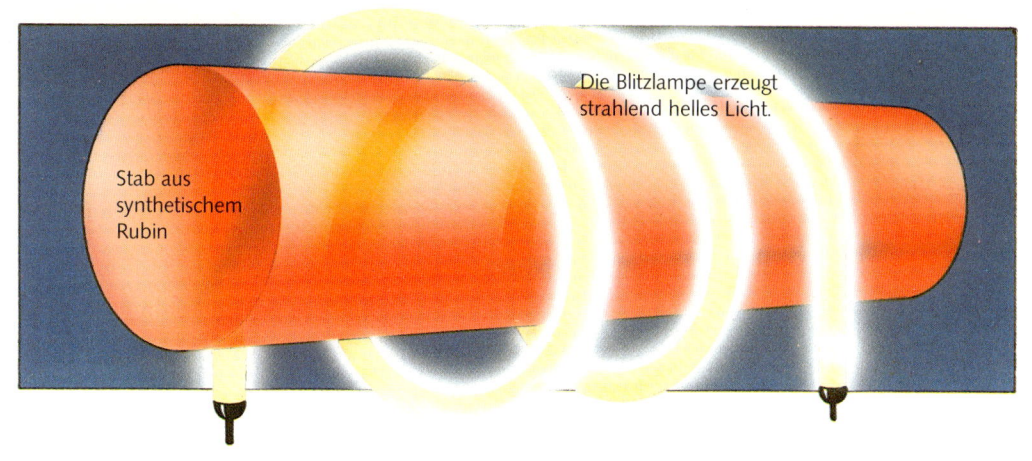

Festkörperlaser werden aus Stäben von festem, durchsichtigem Material hergestellt, z. B. aus synthetischem (künstlichem) Rubin oder aus Smaragden. Sie werden durch einen hellen Lichtblitz dazu angeregt, Laserstrahlen auszusenden. Diese Laser müssen aus einem klaren Kristall bestehen, der das Licht einfallen läßt. Der allererste Laser war ein Festkörperlaser aus Rubin. Andere Festkörperlaser sind aus Neodym-YAG (Nd-YAG) oder Neodym und Glas (Nd-Glas). Sie werden in der Industrie zum Schneiden, Bohren und Gravieren eingesetzt.

Chemische Laser

Wenn bestimmte Chemikalien miteinander in Verbindung gebracht werden, reagieren sie heftig und erzeugen dabei große Hitze. Dies kann dazu führen, daß die Atome der Chemikalien anfangen, Laserstrahlen auszusenden. Wasserstoff und Fluor reagieren so und erzeugen in angeregtem Zustand Wasserstofffluorid(HF)-Gas und einen Laserstrahl. Kohlenmonoxid(CO)-, Wasserstoffbromid(HBr)- und Wasserstoffcyanid(HCN)-Laser funktionieren in gleicher Weise.

Laserstrahl

Bezeichnungen für Laser

Laser werden in der Regel nach der Substanz benannt, die angeregt wird: Kohlendioxid-, Argon-, Rubinlaser usw. Diese Bezeichnungen werden oft auf die chemischen Abkürzungen für die entsprechende Substanz reduziert, beispielsweise HeNe für Helium-Neon. Oft wird zusätzlich noch der Typ des Lasers angegeben, z. B. Golddampflaser.

Laserfarben

Laser erzeugen unterschiedliche Farben, je nachdem, aus welcher Substanz sie bestehen. Rubinlaser strahlen rotes Licht aus, wie es der Farbe dieses Kristalls entspricht. Jeder chemische Stoff erzeugt eine bestimmte Wellenlänge und Farbe. Natriumdampflampen strahlen z. B. orangefarbiges Licht aus, Neonröhren rotes Licht und Argonleuchten grünlichblaues. Du kannst das ausprobieren, indem du die unterschiedlichsten Chemikalien in einer Kerzenflamme vorsichtig verbrennst: Salz enthält Natrium und färbt die Flamme orange, Kalium brennt purpurfarben, und Kupfer färbt die Flamme grün.

Laserstrahlen und ihre Eigenschaften

Auf dieser Doppelseite wird beschrieben, worin sich die Strahlen von verschiedenen Lasern unterscheiden. Wellenlänge, Farbe, Stärke und Reichweite des Strahls hängen nämlich vom Typ des Lasers ab. Diese Eigenschaften bestimmen die Einsatzmöglichkeiten des Lasers.

Impulslaser

Zwischen zwei Impulsen liegt je eine Millisekunde (Tausendstelsekunde) Pause.

Strahlen von einer Nanosekunde (Milliardstelsekunde) Dauer sind 30 cm lang.

Die Lichtgeschwindigkeit ist immer gleichbleibend, so daß man die Entfernung, die ein Lichtstrahl oder ein Lichtblitz zurücklegt, nach folgender Formel ausrechnen kann:
Entfernung = Zeit mal Lichtgeschwindigkeit.

Impulslaser

Impulslaser erzeugen keinen beständigen, gleichförmigen Strahl, sondern eine Folge von extrem kurzen Lichtimpulsen. Nicht pulsierende Laser nennt man *Dauerstrichlaser* oder *kontinuierliche Wellenlaser* (auch CW-Laser von englisch **c**ontinuous **w**ave = gleichbleibende Welle). Einige Laserarten, wie der CO_2-Laser, können sowohl kontinuierlich als auch pulsierend sein. Impulslaser senden Lichtstrahlen aus, wenn das Lasermaterial in höchst angeregtem Zustand ist. Einige Laser erzeugen Hunderte oder Tausende von Impulsen pro Sekunde, die dann wie ein gleichförmiger Strahl aussehen. Andere erzeugen nur alle zehn Minuten oder in noch größeren Zeitabständen einen Impuls. Die Länge des Impulses kann von einigen Tausendstel bis zu weniger als einem Billionstel einer Sekunde schwanken. Auch die Stärke der Lichtenergie eines Laserimpulses kann sehr unterschiedlich sein.

Was Laser leisten

Die Leistung eines Lasers wird in Watt gemessen, genauso wie die von Glühlampen. Eine 10-Watt-Glühlampe gibt kaum noch genug Licht, damit man dieses Buch lesen kann; ein 10-Watt-Laserstrahl wäre dagegen stark genug, um ein Loch durch das ganze Buch zu brennen. Das kommt daher, daß Laserlicht auf einen schmalen, aber äußerst energiereichen Strahl konzentriert ist und sich nicht in alle Richtungen ausbreitet. Die Leistung von Lasern kann von einigen Watt bis zu vielen Millionen Watt reichen und wird in folgenden Einheiten gemessen:
1 Kilowatt = eintausend Watt
1 Megawatt = eine Million Watt
1 Gigawatt = eine Milliarde Watt
1 Terrawatt = eine Billion Watt

Impulslaser sind die leistungsfähigsten Laser, da ihre Lichtenergie in schnellen Impulsen konzentriert ist. Ein Dauerstrichlaser mit niedriger Wattzahl kann zwar die gleiche Energiemenge erzeugen wie ein großer Impulslaser, aber er bräuchte dazu viel länger.
Hochleistungslaser, sowohl Impulslaser wie Dauerstrichlaser, werden benutzt, um Metall zu bohren und zu schneiden, während Laser mit niedriger Energie z. B. zum Abspielen digitaler Schallplatten verwendet werden. Laser mittlerer Leistung werden in der Chirurgie eingesetzt.

Wellenlängen von Lasern

- Ultraviolettes Licht
- Sichtbares Licht
- Infrarotlicht

Laser (von links nach rechts):
- Kryptonfluorid (KrF)
- Stickstoff (N$_2$)
- Helium-Cadmium (HeCd)
- Argon (Ar)
- Krypton (Kr)
- Argon (Ar)
- Argon (Ar)
- Krypton (Kr)
- Kupferdampf (Cu)
- Krypton (Kr)
- Helium-Neon (HeNe)
- Krypton (Kr)
- Rubin
- Kohlenmonoxid (CO)
- Kohlendioxid (CO$_2$)

Diese Übersicht zeigt die unterschiedlichen Wellenlängen, die verschiedene Laser ausstrahlen. Einige erzeugen Strahlen mit mehreren Wellenlängen; Farblaser können von Ultraviolett bis Infrarot eingestellt werden. Jede Wellenlänge hat ein bestimmtes, gleichbleibendes Maß. Sichtbares Licht liegt zwischen 400 und 750 Nanometer (Nanometer ist der milliardste Teil eines Meters) und nimmt das Farbspektrum von Violett bis Dunkelrot ein. Die infraroten und ultravioletten Bereiche sind viel größer als das Spektrum des sichtbaren Lichts und passen deshalb nicht mehr auf diese Buchseite.

Reflexion, Absorption und Transparenz

Stoffe können Lichtwellen reflektieren (zurückwerfen), absorbieren (in sich aufnehmen) oder für Lichtwellen durchlässig sein. Dieses Bild zeigt, was bei gewöhnlichem Glas geschieht: Ultraviolettes und langwelliges Infrarotlicht werden absorbiert, also können diese Wellenlängen das Glas nicht durchdringen. Glas ist fast für das gesamte sichtbare Licht transparent (durchlässig). Nur ein geringer Teil davon wird reflektiert; deswegen kann man sich z. B. in einem Schaufenster sehen wie in einem Spiegel. Glas absorbiert aber auch etwas vom sichtbaren Licht und sieht von der Seite grün aus, da es das grüne Licht am wenigsten absorbiert. Fachleute müssen die Wellenlänge eines Laserstrahls der Reflexion, Absorption und Transparenz des jeweiligen Materials anpassen, das mit dem Laser bearbeitet werden soll.

Infrarotlicht wird absorbiert.

Ein Teil des Lichts wird reflektiert.

Ultraviolettes Licht wird vom Glas absorbiert.

Der größte Teil des Lichts durchdringt das Glas.

Einige nicht absorbierte Lichtwellen lassen das Glas hier grün aussehen.

Spiegel und Linsen

Spiegel und Linsen behandeln Laserlicht genauso wie gewöhnliches Licht.

Spiegel und Linsen zerstreuen den Strahl, so daß er nicht mehr parallel verläuft.

Spiegel reflektieren einen Strahl und können ihn daher auch umlenken.

Licht kann durch haarfeine Glasfasern geleitet werden, die man *optische Leiter* nennt (siehe Seite 124).

Strahlen können mit Hilfe von Spiegeln und Linsen zu mikroskopisch kleinen Punkten gebündelt werden.

Strahlen können von halbdurchlässigen Spiegeln aufgespalten werden, die nur einen Teil des Strahls durchlassen und den Rest reflektieren.

Strahlen können parallel gehalten, aber verbreitet werden.

Laser in der Industrie

Laser werden in der Industrie eingesetzt, um viele Materialien – von Stahl und Diamanten bis hin zu Textilien, Papier und Kunststoff – zu schneiden, zu bohren, zu schweißen und zu gravieren. Manche Industrielaser sind riesige, leistungsfähige Maschinen, die in der Regel automatisch arbeiten und meist von Computern gesteuert werden. Auf den nächsten Seiten wird beschrieben und erklärt, wie Laser diese Aufgaben erledigen und warum sie immer mehr anstelle von traditionellen Werkzeugen eingesetzt werden.

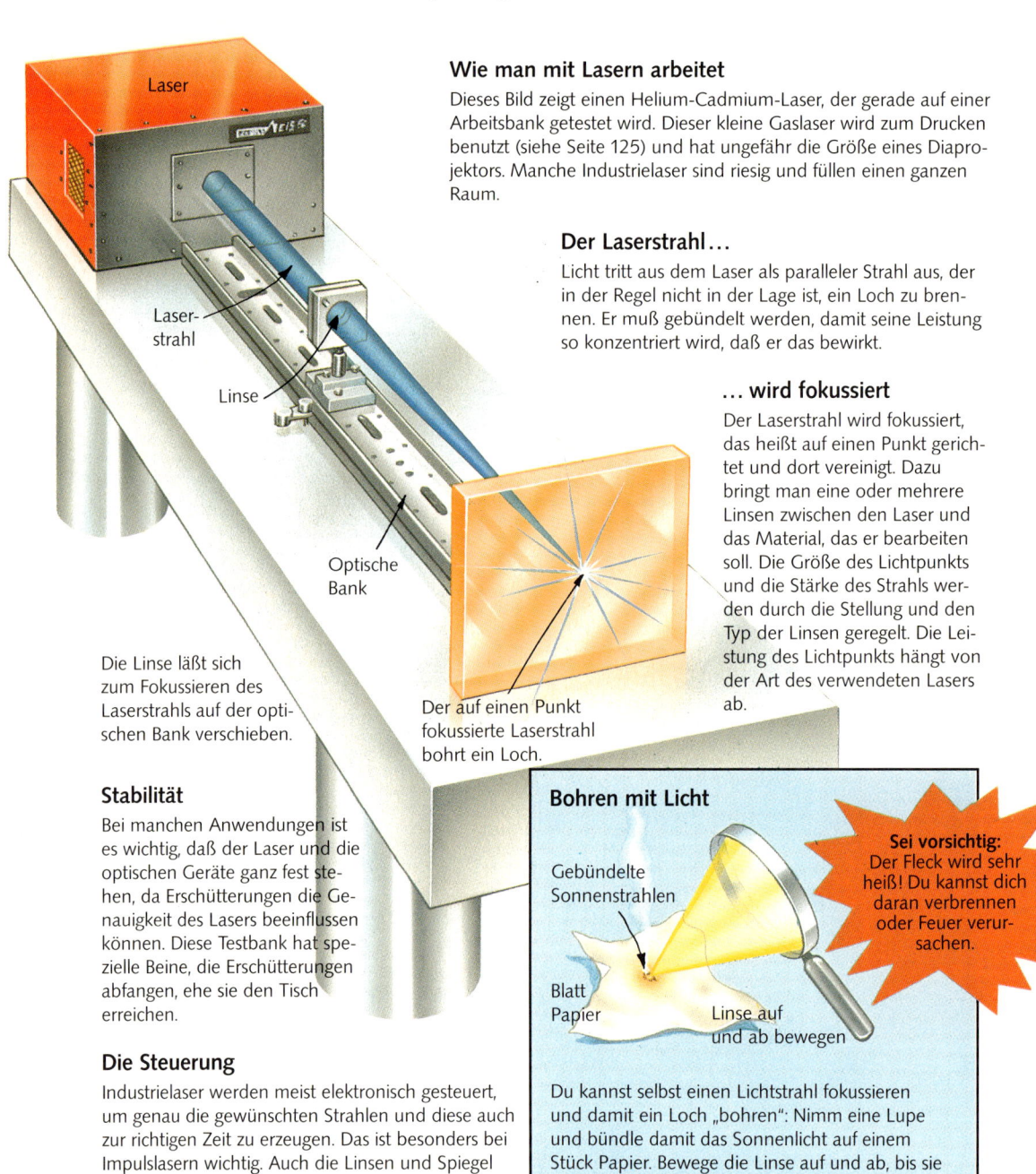

Wie man mit Lasern arbeitet

Dieses Bild zeigt einen Helium-Cadmium-Laser, der gerade auf einer Arbeitsbank getestet wird. Dieser kleine Gaslaser wird zum Drucken benutzt (siehe Seite 125) und hat ungefähr die Größe eines Diaprojektors. Manche Industrielaser sind riesig und füllen einen ganzen Raum.

Der Laserstrahl…

Licht tritt aus dem Laser als paralleler Strahl aus, der in der Regel nicht in der Lage ist, ein Loch zu brennen. Er muß gebündelt werden, damit seine Leistung so konzentriert wird, daß er das bewirkt.

… wird fokussiert

Der Laserstrahl wird fokussiert, das heißt auf einen Punkt gerichtet und dort vereinigt. Dazu bringt man eine oder mehrere Linsen zwischen den Laser und das Material, das er bearbeiten soll. Die Größe des Lichtpunkts und die Stärke des Strahls werden durch die Stellung und den Typ der Linsen geregelt. Die Leistung des Lichtpunkts hängt von der Art des verwendeten Lasers ab.

Laser

Laserstrahl

Linse

Optische Bank

Die Linse läßt sich zum Fokussieren des Laserstrahls auf der optischen Bank verschieben.

Der auf einen Punkt fokussierte Laserstrahl bohrt ein Loch.

Stabilität

Bei manchen Anwendungen ist es wichtig, daß der Laser und die optischen Geräte ganz fest stehen, da Erschütterungen die Genauigkeit des Lasers beeinflussen können. Diese Testbank hat spezielle Beine, die Erschütterungen abfangen, ehe sie den Tisch erreichen.

Die Steuerung

Industrielaser werden meist elektronisch gesteuert, um genau die gewünschten Strahlen und diese auch zur richtigen Zeit zu erzeugen. Das ist besonders bei Impulslasern wichtig. Auch die Linsen und Spiegel werden elektronisch gesteuert. Dadurch eignen sich Laser als Werkzeuge für Aufgaben, die automatisch erledigt werden können.

Bohren mit Licht

Gebündelte Sonnenstrahlen

Blatt Papier

Linse auf und ab bewegen

Sei vorsichtig: Der Fleck wird sehr heiß! Du kannst dich daran verbrennen oder Feuer verursachen.

Du kannst selbst einen Lichtstrahl fokussieren und damit ein Loch „bohren": Nimm eine Lupe und bündle damit das Sonnenlicht auf einem Stück Papier. Bewege die Linse auf und ab, bis sie einen kleinen, konzentrierten Lichtpunkt erzeugt.

Wie man Laser auswählt

Laser müssen hinsichtlich Leistung und Wellenlänge genau auf die Aufgaben und Materialien abgestimmt sein, für die sie benutzt werden sollen. Dieses Bild zeigt einen Laser, der Farbe von einem Flugzeug ablösen soll, damit dieses frisch lackiert werden kann. Der Laser hat eine Wellenlänge, die nur die Farbschichten absorbiert; sie werden vom Laserstrahl weggebrannt. Das Metall darunter reflektiert den Laserstrahl und wird nicht beschädigt. Ein Laser kann diese Aufgabe schneller und preiswerter erledigen, als das auf anderem Weg, z. B. durch Ablaugen, möglich wäre.

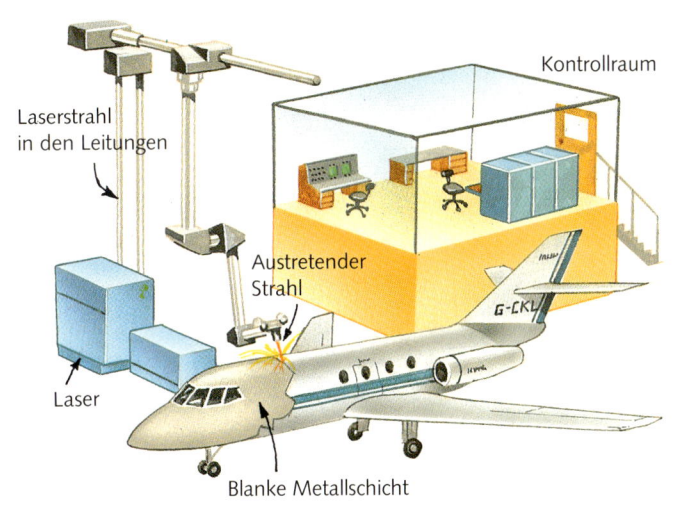

Wie man den Laserstrahl lenkt

Laserstrahlen haben den großen Vorteil, daß sie leicht dorthin gelenkt werden können, wo man sie braucht. Der Laser selbst steht fest, der Strahl kann jedoch entweder über optische Leiter oder einfach durch Reflexion an Spiegeln gelenkt werden. So kann man Licht an enge oder unzugängliche Stellen leiten und dort benutzen, wo man mit üblichen Werkzeugen nicht hinkommt.

Das Bild unten zeigt einen von Hand bedienten Hochleistungslaser, der als Schweißgerät benutzt wird. Der Lichtstrahl wird durch Spiegel in einer flexiblen Leitung gelenkt. Der Benutzer kann die Leistung steuern und den Strahl beliebig lenken.

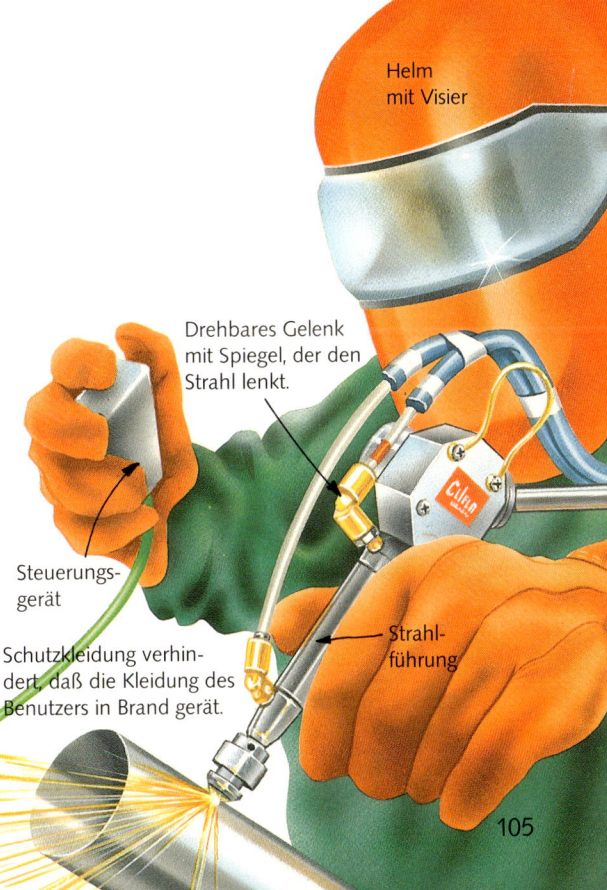

Das Bild oben zeigt das Innere eines Laserbohrers, in dem sich Spiegel befinden, die den Lichtstrahl lenken. Der Strahl wird nur durch Spiegel bis zur Linse reflektiert, die ihn fokussiert. Anschließend tritt er durch eine Öffnung aus. Mit einem Sauerstoffstrahl wird der Strahl heißer gemacht, damit er bestimmte Bohraufgaben wirksamer erledigen kann.

Bohren und Schneiden mit Lasern

Am häufigsten werden Laser in der Industrie zum Schneiden und Bohren benutzt. Der Vorteil dabei ist, daß das „Werkzeug" hier aus einem starken Lichtstrahl besteht, der sich nicht abnutzt. Laser arbeiten sehr schnell und genauer als konventionelle Werkzeuge.

Bohren mit dem Laserstrahl

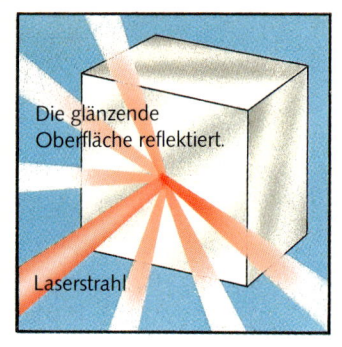

Die glänzende Oberfläche reflektiert.
Laserstrahl

Die Oberfläche beginnt zu schmelzen.
Das Metall wird heiß, der Laserstrahl dringt ein.

Geschmolzenes Metall verdampft.
Der Laser brennt ein sauberes Loch.

Der gebündelte Strahl heizt die Oberfläche des Materials auf. Glänzende Flächen wie Metall reflektieren zunächst viel Licht und werden nur langsam heiß.

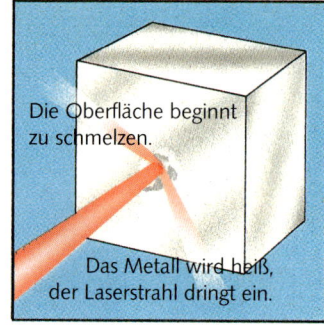

Die Oberfläche beginnt zu schmelzen. Das Metall erhitzt sich jetzt sehr schnell, da die Oberfläche durch das Schmelzen rauh wird und weniger Licht reflektiert.

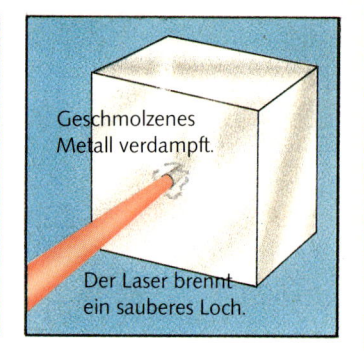

Das geschmolzene Material wird fast schlagartig so heiß, daß es verdampft. Der Laserstrahl dringt tiefer und „bohrt" ein sauberes Loch.

Bohren ohne Grat und Späne

Ein Laser bohrt, indem er das Material im Loch schnell und ohne Rückstände verdampft. Dies geht am besten mit Impulslasern, da sie kurze und besonders energiereiche Strahlen liefern. Mit einer üblichen mechanischen Bohrerspitze werden kleine Teile des gebohrten Materials aus dem Loch herausgedrückt. Diese Späne und Grate verschmutzen die Maschine, und man kann sich daran verletzen. Ein Laser hinterläßt ein sauberes Loch ohne Späne und Grat.

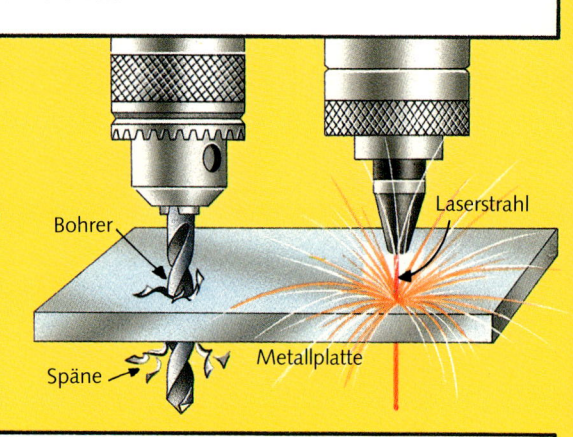

Bohrer
Laserstrahl
Späne
Metallplatte

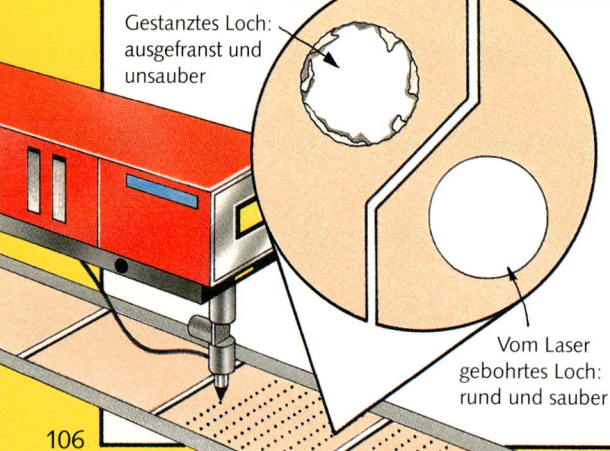

Gestanztes Loch: ausgefranst und unsauber

Vom Laser gebohrtes Loch: rund und sauber

Bohren ohne Kontakt

Die Abbildung links zeigt einen Laser, der winzige Löcher in elastische Kunststoffverbände bohrt. Die Ausschnittvergrößerung vergleicht ein Laserloch mit einem gestanzten Loch. Laser sind vor allem deshalb so leistungsfähig beim Schneiden und Bohren von Materialien und Gegenständen aus Fasern wie Papier und Stoff, da sie Werkzeuge „ohne Kontakt" sind. Das bedeutet, daß der Strahl die Oberfläche, die er bearbeitet, überhaupt nicht berührt und sie deshalb auch nicht verformt. Gestanzte Löcher und Schnitte verstopfen gern, weil die Materialien bei dieser Art der Bearbeitung gequetscht oder gedehnt werden.

Schneiden

Beim Schneiden arbeiten Laser nach dem gleichen Prinzip wie beim Bohren. Dabei bewegt sich entweder der Laser oder das Werkstück. Der Laserstrahl zieht eine Linie und hinterläßt einen sauberen, feinen Schnitt, da er durch Verdampfen schneidet. Die Fläche zu beiden Seiten des Einschnitts ist in der Regel durch die Hitze des Strahls leicht beschädigt. Der Laser wird so gesteuert, daß diese Randzone so klein wie möglich bleibt. Im vergrößerten Ausschnitt unten sind Schnitt und Randzone zu sehen, die der Laser in einem Stück Schaumgummi hinterlassen hat.

Roboterarm

Führung des Laserstrahls

Durch Verdampfen hervorgerufene Schnittlinie

Angesengte Randzone

Das Bild oben zeigt einen Industrieroboter, der mit Hilfe eines Lasers Formen aus Schaumgummi ausschneidet. Der Laser steht hinter dem Roboter, da er zu groß wäre, als daß man ihn am Roboter befestigen könnte. Der Strahl wird durch Leitröhren geschickt und durch Spiegel im Inneren umgelenkt. Sowohl der Laser als auch der Roboter sind computergesteuert: Sie arbeiten nach einem Programm, das dem Roboter sagt, welche Form er markieren soll, und den Laser ein- und ausschaltet.

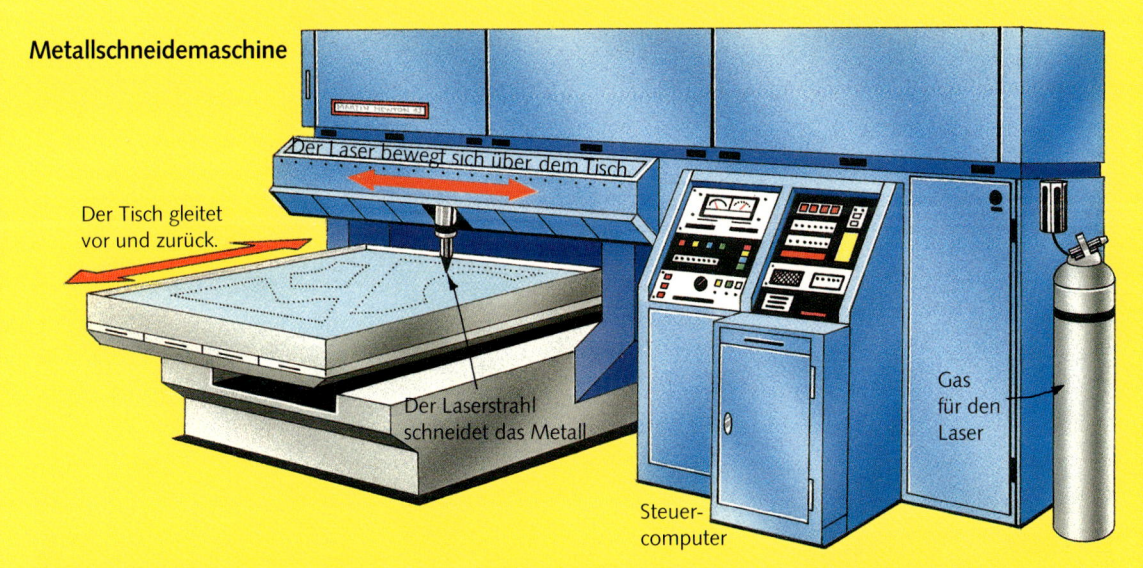

Metallschneidemaschine

Der Laser bewegt sich über dem Tisch

Der Tisch gleitet vor und zurück.

Der Laserstrahl schneidet das Metall

Steuercomputer

Gas für den Laser

Diese Maschine benutzt einen Laser, um aus Metallplatten Teile auszuschneiden. Das Metall ist auf einem Tisch befestigt, der von Motoren angetrieben wird und unter den Laser geschoben werden kann. Der Laserstrahl wird von Spiegeln durch eine Art Düse geführt und quer zur anderen Richtung über den Tisch bewegt. Die Formen, die ausgeschnitten werden sollen, sind im Computer programmiert; dieser steuert die Bewegungen von Laser und Tisch.

Gravieren und Schweißen mit Lasern

Die besonderen Eigenschaften der Laserstrahlen, ihre Genauigkeit und leichte Steuerbarkeit, machen sie zu ausgezeichneten Werkzeugen für Gravier- und Schweißarbeiten sowie für die Oberflächenbehandlung der unterschiedlichsten Materialien. Auf diesen beiden Seiten wird beschrieben, wie Laserstrahlen für diese Aufgaben eingesetzt werden.

Computergesteuertes Gravieren

Die Linsen bündeln den Laserstrahl.

Dieser Spiegel bewegt den Strahl nach links und rechts.

Dieser Spiegel bewegt den Strahl auf und ab.

Gravieren ist ein ähnlicher Vorgang wie Schneiden, allerdings durchdringt der Laserstrahl beim Gravieren das Material nicht. Dieses Bild zeigt, wie ein computergesteuerter Laser Werkstücke graviert. Der Strahl graviert Buchstaben und Zahlen in das Gehäuse eines elektronischen Bauteils ein.

Die Zeichen, die eingraviert werden sollen, werden zusammen mit Informationen über ihre Größe, ihre Form und ihre Anordnung auf einer Computertastatur eingegeben. Außerdem werden Informationen über die Geschwindigkeit, die Eindringtiefe und die Leistung des Lasers eingegeben.

Der Strahl wird durch Linsen gebündelt und durch bewegliche Spiegel gelenkt. Spiegel und Linsen richten den gebündelten Laserstrahl auf die Oberfläche des Bauteils und sorgen dafür, daß die Zeichen richtig eingraviert werden. Der Strahl selbst nimmt den vom Programm vorgeschriebenen Weg. Diesen Aufbau kann man natürlich auch benutzen, um Bilder oder bestimmte Formen einzugravieren.

Steuercomputer

Laserstrahl

Elektronisches Bauteil

Schweißen

Dieses Bild zeigt einen Laserstrahl, der zwei Stahlteile zusammenschweißt. Der Laserstrahl schmilzt einen kegelförmigen Bereich des Metalls, wenn er sich über die Verbindungsfuge zwischen den beiden Teilen bewegt; in diesem Fall verdampft er das Metall jedoch nicht. Das geschmolzene Metall beider Teile verbindet sich und wird sehr schnell hart, während sich der Strahl weiterbewegt.

Laserschweißen geht sehr schnell vor sich. Große, leistungsfähige CO_2-Laser können Stahl bis zu 2,5 cm Dicke mit einer Geschwindigkeit von zwei Meter je Sekunde schweißen. Sie arbeiten dabei sehr genau und sauber, da die Schweißfläche sehr klein ist.

Laserstrahl

Das geschmolzene Metall mischt sich und erstarrt zu einer festen Schweißnaht.

Kegelförmiger Bereich aus angeschmolzenem Metall

Das abseits vom Laserstrahl liegende Metall wird vom Strahl nicht geschmolzen oder verformt.

Punktschweißen

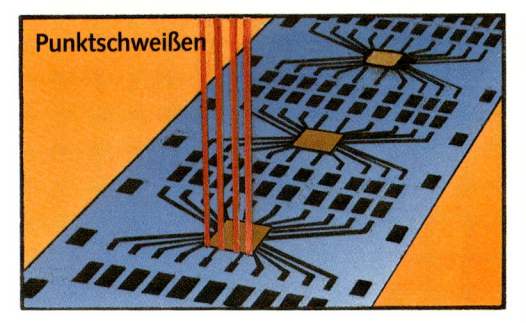

Dieser Laserstrahl ist in vier Einzelstrahlen aufgeteilt und schweißt Mikrochips auf ihre Grundplatten. Laser sind dafür besonders geeignet, da sie auch bei solchen Größenverhältnissen genau und zuverlässig arbeiten. Außerdem verunreinigt der Laserstrahl den Chip nicht, da er ihn gar nicht berührt.

Impulsschweißen

Jede Kerbe ist von einem Laserimpuls gezogen.

Diese Metallhülse enthält Sprengstoff. Der Deckel wird mit einem Impulslaser auf die Hülse geschweißt. Dabei schneiden die Laserimpulse Kerben in den Deckelrand. Die Hitze und die Eindringtiefe des Laserstrahls können so genau gesteuert werden, daß die Sprengstoffe, die nur einen Millimeter unter der Schweißnaht liegen, nicht entzündet werden.

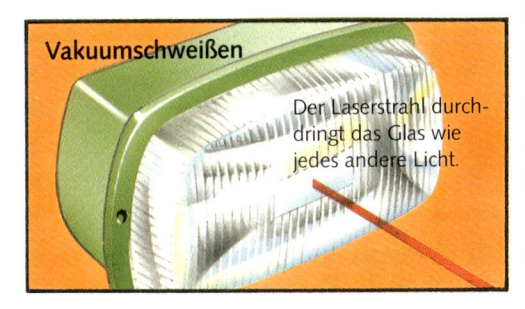

Vakuumschweißen

Der Laserstrahl durchdringt das Glas wie jedes andere Licht.

Mit Laserstrahlen kann man auch Arbeiten ausführen, die mit herkömmlichem Werkzeug unmöglich sind. Dieser Strahl schweißt die Glühfäden in einem Autoscheinwerfer fest. Der Strahl geht durch das Glas hindurch und wird durch das Vakuum (oder die Gasfüllung) im Inneren des Scheinwerfers nicht beeinträchtigt.

Oberflächenbehandlungen

Viele Materialien können veredelt werden, wenn sie erhitzt werden, und sehr oft ist eine solche Behandlung nur auf der Oberfläche nötig. Stahl z. B. kann wesentlich langlebiger werden, wenn man ihn schnell erhitzt und ebensorasch wieder abkühlt. Dieser Vorgang verändert die Zusammensetzung einer sehr dünnen Schicht auf der Metalloberfläche. Das Bild unten zeigt, wie eine Messerschneide auf diese Art mit einem Laser gehärtet wird. Der gleichen Behandlung werden auch Maschinenteile für Autos und Flugzeuge unterzogen, damit sie gegen vorzeitige Abnutzung geschützt sind.

Schnelles Erhitzen, wo der Laserstrahl auf Stahl trifft.

Schnelles Abkühlen, während der Laserstrahl sich weiterbewegt.

Eine andere Art der Behandlung ist das Ausglühen. Dabei wird ein Gegenstand erhitzt und dann langsam abgekühlt. Dieser Prozeß wird bei Halbleiterkristallen angewendet, aus denen man Mikrochips herstellt. Diese Kristalle müssen besonders rein und ohne Mängel sein. Unglücklicherweise befinden sich oft natürliche Verwerfungen und Bruchstellen in dem Material, aus dem der Kristall aufgebaut ist. Indem man seine Oberfläche erhitzt und sie ganz langsam abkühlen läßt, können diese mangelhaften Stellen ausgeglichen oder beseitigt werden.
Dieses Bild zeigt, wie durch das Ausglühen Unterschiede in der Kristallstruktur ausgeglichen werden und wie die Oberfläche des Materials geglättet wird.

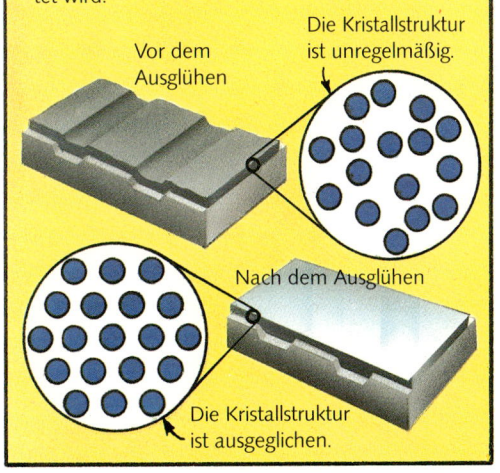

Vor dem Ausglühen

Die Kristallstruktur ist unregelmäßig.

Nach dem Ausglühen

Die Kristallstruktur ist ausgeglichen.

Lasertechnik für Bild und Ton

Neue Einsatzmöglichkeiten für Laserstrahlen hat die Entwicklung von Compact Discs und Bildplatten ergeben. Durch diese neue Technik können nun Töne und Bilder mit Hilfe von Laserstrahlen aufgezeichnet und wiedergegeben werden. Die Platten haben silbrigglänzende, spiegelnde Oberflächen, die das Farbspektrum des Lichts so reflektieren, wie es hier abgebildet ist. *Bildplatten* haben ungefähr die Größe einer Langspielplatte und speichern sowohl Bilder als auch Töne. *Compact Discs*, auch *Kompaktplatten* oder *Digitalplatten* genannt, speichern nur Tonaufnahmen. Sie sind noch kleiner als Single-Schallplatten. Auf diesen zwei Seiten werden Bildplatten und Compact Discs näher erklärt.

Bild- und Tonwiedergabe mit Laser

Dieses Bild zeigt, wie eine Laserplatte mit Hilfe eines Halbleiter-Laserchips abgetastet wird. (In einigen Plattenspielern werden statt dessen Helium-Neon-Laser eingesetzt.) Das Bild zeigt auch die optische Ausstattung des Abspielgeräts mit Linsen, Spiegeln usw.

Die Laserplatte hat eine stark reflektierende, metallische Oberfläche, die von einer Schicht aus durchsichtigem Kunststoff geschützt wird. Auf der ansonsten ebenen Oberfläche befinden sich mikroskopisch kleine Vertiefungen, die sogenannten *Pits*. Der stark vergrößerte Kreisausschnitt rechts zeigt die Anordnung der Pits auf der Platte.

Im Abspielgerät wird die Platte gedreht und mit einem Laserstrahl abgetastet, der sich vom Mittelpunkt aus zum Rand diagonal über die Platte bewegt. Die glänzende Oberfläche wirft den Laserstrahl zum Abspielgerät zurück, wo er von einem elektronischen Gerät empfangen wird. Dieses Gerät erzeugt ein elektrisches Signal, wenn es von Licht getroffen wird.

Pits und ebene Plattenoberfläche reflektieren den Laserstrahl unterschiedlich und erzeugen somit einen veränderlichen Strahl. Dadurch erzeugt wiederum der Empfänger ein veränderliches elektrisches Signal, das vom Abspielgerät in Bilder und Töne umgesetzt wird.

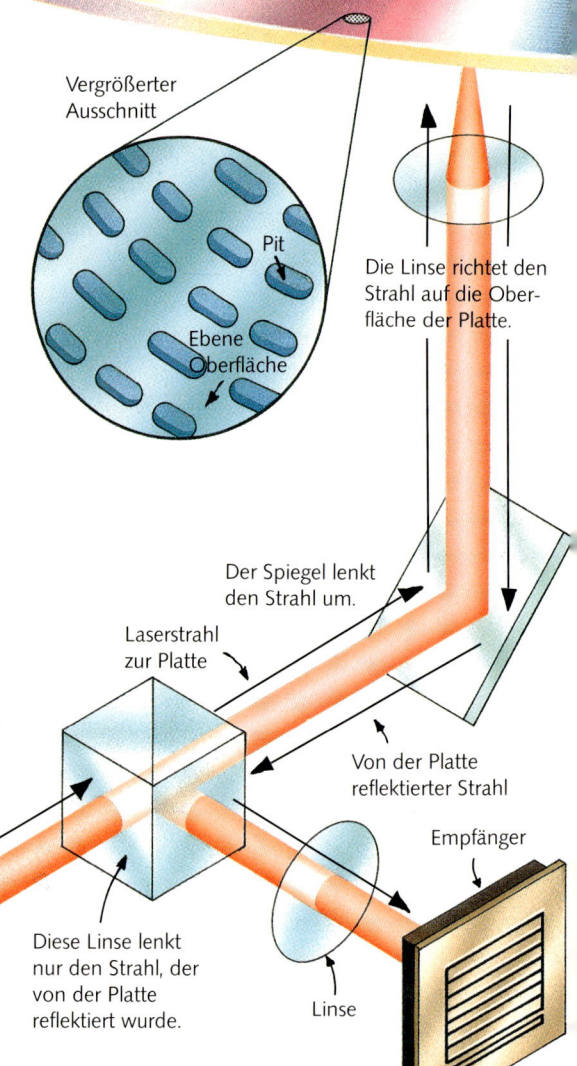

So werden Laserplatten bespielt

Die Pits auf einer Laserplatte werden von einem Laserstrahl erzeugt. Er wird durch die elektrischen Signale gesteuert, die Videokameras und Mikrofone aufzeichnen. Nur eine Platte wird auf diese Weise bespielt. Sie dient als „Mutterplatte" für Schablonen, von denen alle weiteren Kopien gepreßt werden. Selbst bespielen kann man Laserplatten nicht.

Bildplatten

Laserplatten

Fernsehgerät

Bildplattenspieler

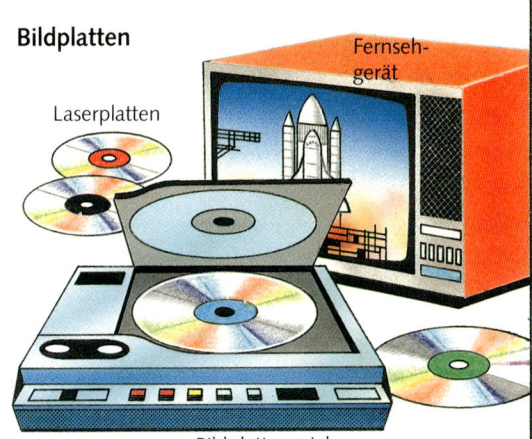

Dieses Bild zeigt einen Bildplattenspieler und Bildplatten mit einem gewöhnlichen Fernsehgerät für die Bildwiedergabe. Jede Seite der Platte hat ungefähr eine Stunde Spielzeit oder 54 000 Einzelbilder.

Das Besondere an Laserplatten

Die Art, wie Laserplatten abgespielt und aufgezeichnet werden, unterscheidet sich wesentlich von anderen Aufzeichnungsverfahren. Ihre Kunststoffhülle macht sie überdies erstaunlich widerstandsfähig; man kann sie herumwerfen – sogar darauftreten –, ohne daß sie nennenswert beschädigt würden. Laserplatten können auch abgespielt werden, wenn sie zerkratzt und schmutzig sind. Der Grund dafür liegt darin, daß der Laserstrahl genau auf die reflektierende Oberfläche gerichtet ist, wie das Bild unten zeigt. Jede Beschädigung der durchsichtigen äußeren Schicht über der Brennebene ist unerheblich.

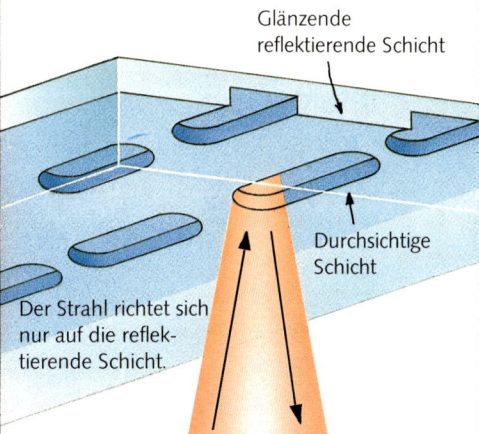

Glänzende reflektierende Schicht

Durchsichtige Schicht

Der Strahl richtet sich nur auf die reflektierende Schicht.

Ein anderer Vorteil von Laserplatten ist der, daß sie sich nicht abnutzen. Es gibt keinen direkten Kontakt zwischen Platte und Abspielgerät – nur einen Lichtstrahl, der zu schwach ist, um sie zu beschädigen. Sogar die Abspielgeräte leben länger, da sie weniger mechanische Teile haben, die kaputtgehen können.

Digitalplatten

Digitale Schallplatten sind aufgrund ihrer geringen Größe auch als Compact Discs bekannt oder als Digitalplatten, da ihre Aufzeichnung von Computern gesteuert wird. Digitale Aufzeichnungen haben eine bessere Qualität als die üblichen analogen, da sie einen wesentlich größeren Tonumfang aufnehmen können. Viele Störgeräusche, z. B. Rauschen und Knistern, wie sie zur Zeit bei üblichen Aufzeichnungsverfahren auftreten, gibt es auf Digitalplatten nicht. Bildplatten sind übrigens keine Digitalplatten.

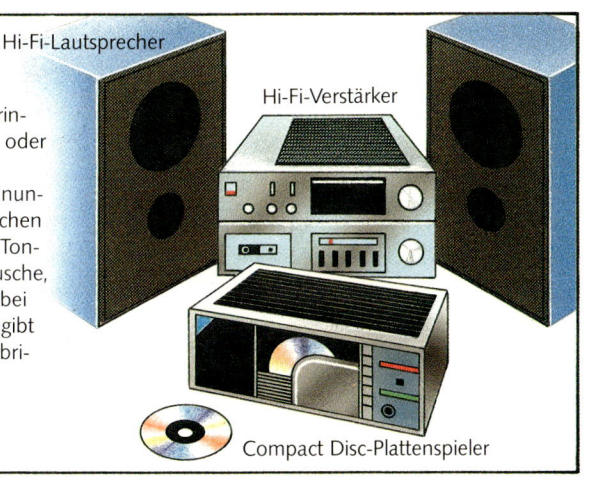

Hi-Fi-Lautsprecher

Hi-Fi-Verstärker

Compact Disc-Plattenspieler

Laser in der Medizin

Mit Laserstrahlen kann man nicht nur Metalle und Kunststoffe bohren, schneiden und schweißen, sondern auch menschliche Organe operieren. Laser werden deshalb auch bei den unterschiedlichsten Operationen eingesetzt und haben sich als sehr wirkungsvoll erwiesen; sie ersetzen oft das Skalpell des Chirurgen. Man spricht deshalb auch gern von „unblutiger Chirurgie", denn die Hitze des Laserstrahls verschließt die Blutgefäße rund um den Schnitt und verhindert Blutungen. Laserstrahlen werden auch eingesetzt, um Tumore zu zerstören. Man empfindet dabei wenig oder gar keine Schmerzen, und die Heilung geht schneller vonstatten als bei normalen Operationen. Auf diesen beiden Seiten werden die vielfältigen medizinischen Einsatzbereiche für Laserstrahlen vorgestellt.

Diagnose: Magengeschwür

Das Bild rechts zeigt einen Laserstrahl, mit dem ein Geschwür im Magen eines Patienten operiert wird. Der Strahl verläuft durch Lichtleitfasern in einem sogenannten Endoskop.

Das Endoskop

Ein Endoskop ist ein etwa fingerdickes Kabel, das ein Bündel von Lichtleitern und dünnen Röhren enthält. Dieses Kabel ist so dünn, daß es durch den Hals des Patienten paßt, ohne daß es dabei allzu viele Schmerzen verursacht. Die zusätzlichen Röhren sind Versorgungsleitungen für Luft und Wasser sowie eine Absaugleitung, mit der der Bereich gesäubert werden kann, in dem der Laserstrahl arbeitet.

Der Laser

Die Operation wird mit einem Argon-Laser ausgeführt, der einen grünen Lichtstrahl erzeugt. Auch Neodym-YAG-Laser werden für Operationen eingesetzt. Da sie jedoch unsichtbare Infrarotstrahlen erzeugen, müssen sie mit rotem Helium-Neon-Laserlicht gemischt werden, damit der Chirurg sehen kann, wo der Strahl auftrifft.

Das Magengeschwür

Magengeschwüre können erfolgreich mit Laserstrahlen behandelt werden. Dabei wird das Geschwür weggebrannt und die offene Stelle zugeschweißt. Die Schweißnaht legt sich als feine Narbe über die Brandstelle. Das Gewebe in der Umgebung des Geschwürs wird vom Laser nicht berührt, da der Strahl genau auf die erkrankte Stelle gerichtet ist. Laser können auch eingesetzt werden, um unerwünschte Geschwülste wie Tumore und Zysten oder Steine zu entfernen, die sich in inneren Organen gebildet haben.

Diese Abbildung zeigt die Steuerung des Endoskops und des Lasers durch den Chirurgen. Der Arzt kann mit Hilfe der Lichtleiter im Endoskop ins Mageninnere sehen.

Hautbehandlung

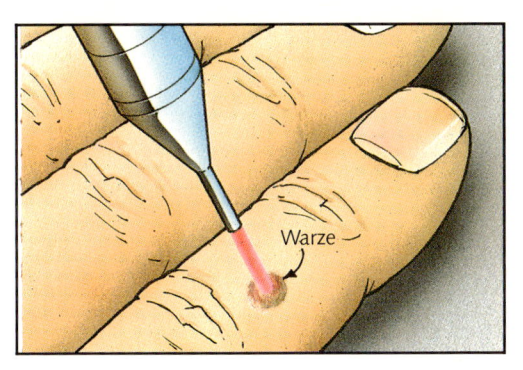

Die Genauigkeit des Lasers wird auch bei äußerlichen Behandlungen geschätzt: Mit Laserstrahlen kann man Warzen und andere Geschwülste entfernen, ohne daß die umgebende Haut dabei in Mitleidenschaft gezogen wird. Laserstrahlen lassen sich so genau einstellen, daß sie die Haut in sehr dünnen Schichten abschälen können.

Kariesbehandlung

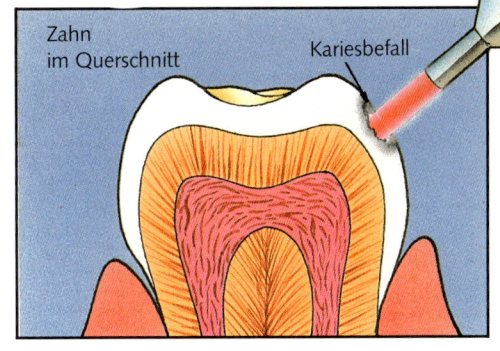

Zahnärzte versuchen zur Zeit, von Karies befallene Zähne mit Hilfe von Laserstrahlen auszubohren. Dabei lassen nur die dunklen, angefaulten Bereiche den Laserstrahl eindringen. Die weißen, gesunden Teile des Zahns reflektieren ihn und werden nicht behandelt.

Augenoperationen

Am häufigsten werden Laser in der Augenchirurgie eingesetzt. Einige Augenstörungen kommen dann vor, wenn sich die Netzhaut vom rückwärtigen Augapfel gelöst hat. Mit dem Laser kann man die Netzhaut wieder festschweißen, ohne daß man dazu das Auge öffnen muß. Der Laserstrahl geht wie gewöhnliches Licht geradewegs durch den Augapfel hindurch, ohne ihn zu verletzen. Der Strahl wird durch die Augenlinse gebündelt und auf die Netzhaut gerichtet. Eine kleine heiße Narbe ist das Ergebnis; sie bildet die „Schweißnaht".

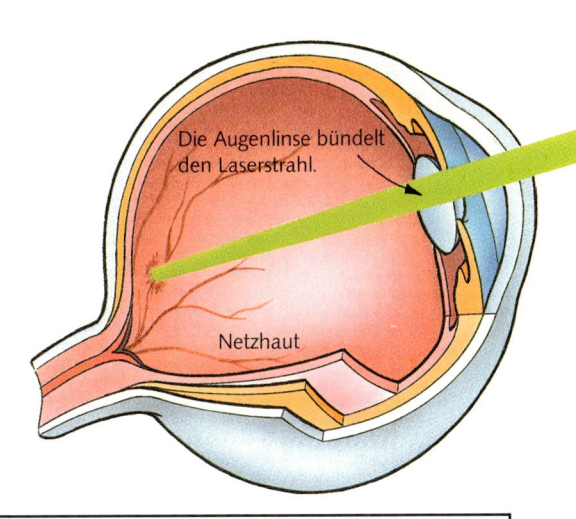

„Schönheitsoperationen"

Mit Strahlen kann man Markierungen wie Tätowierungen und bestimmte Muttermale entfernen. Die großen roten Muttermale, die man als „Portweinflecken" kennt, sind am leichtesten zu behandeln: Dazu wird ein grüner Argonlaser eingesetzt, da die rotgefärbten Bereiche des Geburtsmals mehr vom Strahl aufnehmen als normal gefärbte Haut. Dieses Bild zeigt einen roten Strahl, der bei einer grünen Tätowierung eingesetzt wird. Der Laser brennt kleine Stücke von der Tätowierung ab, so daß neue, ungefärbte Haut an ihrer Stelle nachwachsen kann. Die Behandlung ist beinahe schmerzlos, dauert jedoch lange, da bei einer Sitzung immer nur ein kleiner Bereich behandelt werden kann.

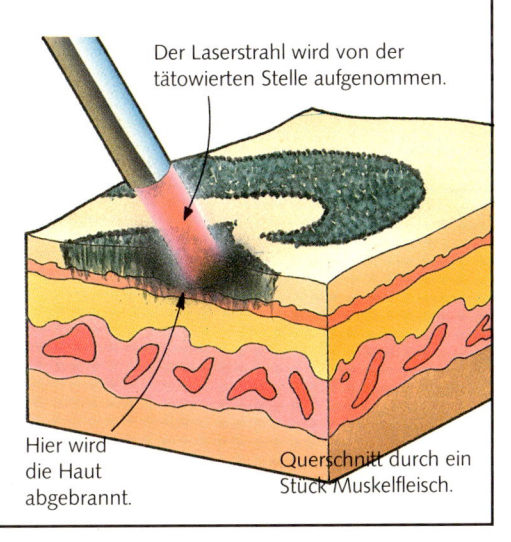

Hologramme

Ein Hologramm ist eine Art Fotografie, die mit Hilfe von Laserstrahlen angefertigt wird und auf einem Film oder einer flachen Glasplatte aufgezeichnet wird. Das Einzigartige an Hologrammen ist, daß sie ein dreidimensionales (3D-)Bild erzeugen, das „wie echt" aussieht. Das Bild scheint im Raum zu schweben, entweder vor der Platte oder dahinter oder sogar gegenüber. Wenn man sich auf das Hologramm zubewegt, hat man immer wieder einen anderen Anblick davon; es ist genauso, wie wenn man auf einen tatsächlich vorhandenen Gegenstand blicken würde.

Dies ist das Foto von einem Hologramm. Es ist sehr schwierig, die räumliche Wirkung eines Hologramms in einem Buch zu zeigen, das nur zweidimensional ist.

Die dritte Dimension

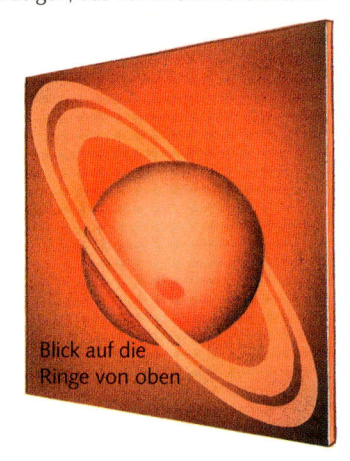

Blick auf die Ringe von unten

Blick auf die Ringe von der Seite

Blick auf die Ringe von oben

Diese Bilder zeigen drei Ansichten eines Hologramms von einem Modell des Saturn. Der Anblick des Planeten und seiner Ringe wechselt, je nachdem wie sich die Blickrichtung auf das Hologramm verändert. Man kann die Ringe von unten, von der Seite und von oben betrachten. Das ganze Bild ändert sich, wenn man sich bewegt, im Gegensatz zu einem Foto, das immer gleich aussieht, unabhängig davon, wo man steht. Diese wirklichkeitsnahe Veränderung des Aussehens von Bildern nennt man *Parallaxe*.

Warum Hologramme „wie echt" aussehen

Man kann Gegenstände nur deshalb sehen, weil sie Licht reflektieren, das von den Augen aufgenommen wird. Ein Hologramm sieht so „echt" aus, weil es die genaue Aufzeichnung der Lichtwellen ist, die von einem Gegenstand reflektiert werden. Wenn das Bild rekonstruiert (d. h. durch Lichtbestrahlung sichtbar gemacht) wird, reflektiert es das Licht genauso, wie es der Gegenstand in Wirklichkeit auch tat. Diese Tatsache gibt dem Hologramm den Anschein von Wirklichkeit. Das Licht, das die Augen vom Hologramm erreicht, ist das gleiche wie das Licht, das vom tatsächlichen Gegenstand reflektiert wird.

Wirklicher Gegenstand

Hologramm

Rundum-Blick

Die ganze Kamera ist aus verschiedenen Blickwinkeln zu sehen.

Zylinderförmige Platte

Mit einer flachen Platte kann man den Blickwinkel nur in begrenztem Maße verschieben. Wenn man Hologramme aus allen Winkeln einer zylinderförmigen Platte aufzeichnet, ist es möglich, ein Hologrammbild von 360 Grad zu erzeugen. Das Bild scheint dann in einem Zylinder zu stehen.

Das ganze Bild

Das Wort „Hologramm" bedeutet „das ganze Bild". Wenn eine Hologrammplatte zerbrochen wird, trägt jedes Stück das vollständige Bild, nicht nur den Teil, den es ursprünglich abgebildet hat. Nur der Blickwinkel ist etwas eingeschränkt.

Wie man Hologramme sehen kann

Reflexionshologramm

Transmissionshologramm

Nicht rekonstruiertes Hologramm

Ein Hologramm sieht aus wie ein verschwommenes Bild, bis es durch Licht erhellt wird. Diesen Vorgang, durch den das Bild sichtbar gemacht wird, nennen man *Rekonstruktion*. Manche Hologramme kann man nur bei Laserlicht betrachten, für die meisten braucht man jedoch nur einen Suchscheinwerfer; dessen Licht muß allerdings in einem bestimmten Winkel einfallen. Es gibt zwei verschiedene Arten von Hologrammen und sie unterscheiden sich durch die Art ihrer Rekonstruktion. *Reflexionshologramme* werden von Licht erhellt, das auf die Plattenoberseite scheint. *Transmissionshologramme* erscheinen dann beleuchtet, wenn Licht durch die Platte hindurchscheint. In beiden Fällen sorgt das Licht von der Plattenoberfläche dafür, daß man das Bild sehen kann.

Hologramme in Farbe

Hologramme erlauben keine echte Farbwiedergabe. Ihre Farbe hängt von der Farbe des Lasers ab, der benutzt wird, um das Hologramm hervorzubringen. Mehrfarbige Bilder lassen sich dadurch erzeugen, daß man verschiedene Laser benutzt, um die verschiedenen Teile des Gegenstands anzustrahlen, der abgebildet werden soll. Eine andere Art von mehrfarbigem Hologramm, das sogenannte Regenbogen-Hologramm, ändert die Farbe, je nachdem wie man sich bewegt. Es umfaßt das gesamte Lichtspektrum von Rot bis Violett.

Dieses Bild zeigt, wie ein Regenbogen-Hologramm seine Farbe ändert. Die Farben von Hologrammen sind sehr hell und leuchtend, da sie aus reinem Licht einer einzigen Wellenlänge bestehen.

Wie Hologramme entstehen

Holographie ist ein fotografisches Verfahren, bei dem ein Laserstrahl mit Hilfe von Linsen und Spiegeln gebündelt und gelenkt wird. Das Bild eines Gegenstandes wird auf eine Platte oder einen Film übertragen, der mit einer Schicht von lichtempfindlichen Chemikalien überzogen ist. Die Platte wird sowohl von direktem Laserlicht als auch von Laserlicht getroffen, das vom Gegenstand reflektiert wird. Wenn die beiden Strahlen auf der Platte zusammentreffen, finden in der Chemikalienschicht Veränderungen statt, die ein räumliches Abbild des Gegenstandes entstehen lassen. Die große Abbildung zeigt die Herstellung eines Hologramms.

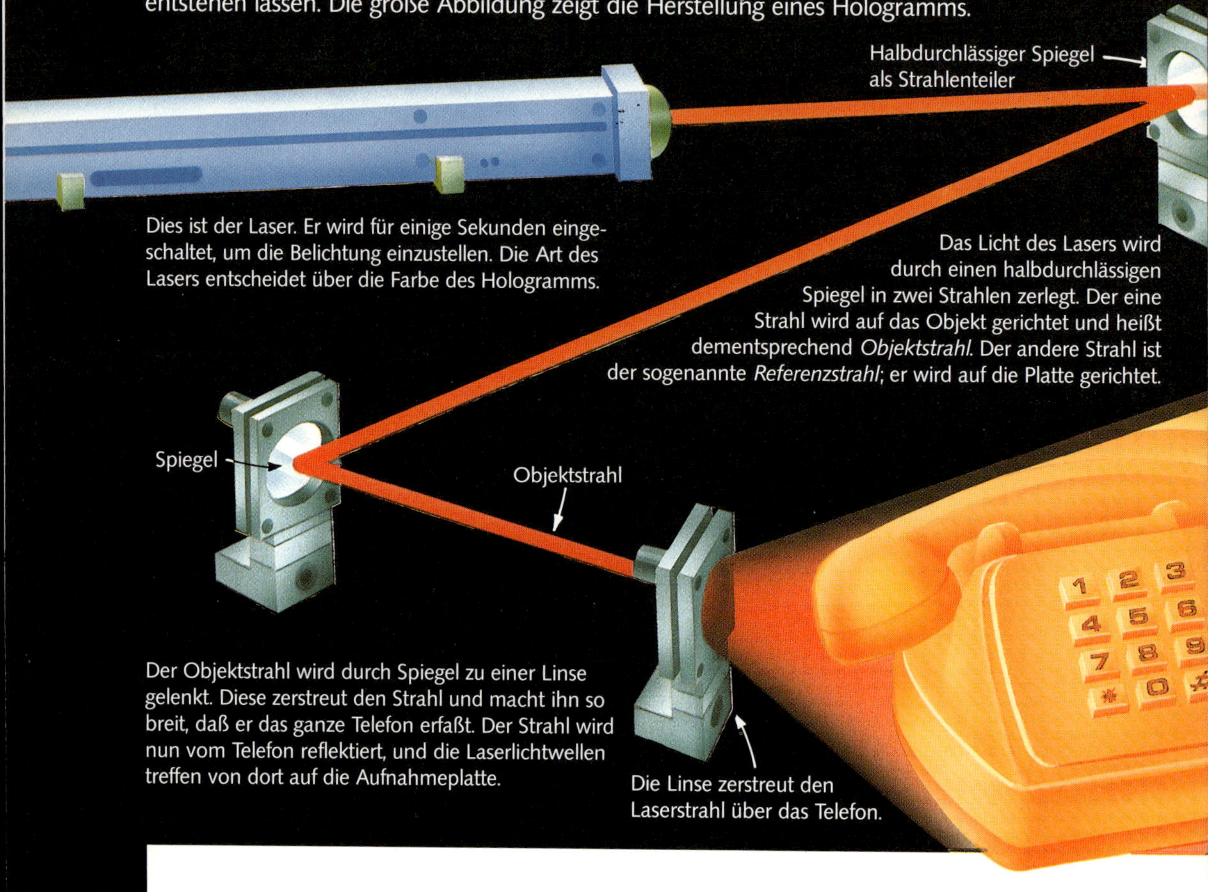

Halbdurchlässiger Spiegel als Strahlenteiler

Dies ist der Laser. Er wird für einige Sekunden eingeschaltet, um die Belichtung einzustellen. Die Art des Lasers entscheidet über die Farbe des Hologramms.

Das Licht des Lasers wird durch einen halbdurchlässigen Spiegel in zwei Strahlen zerlegt. Der eine Strahl wird auf das Objekt gerichtet und heißt dementsprechend *Objektstrahl*. Der andere Strahl ist der sogenannte *Referenzstrahl*; er wird auf die Platte gerichtet.

Spiegel

Objektstrahl

Der Objektstrahl wird durch Spiegel zu einer Linse gelenkt. Diese zerstreut den Strahl und macht ihn so breit, daß er das ganze Telefon erfaßt. Der Strahl wird nun vom Telefon reflektiert, und die Laserlichtwellen treffen von dort auf die Aufnahmeplatte.

Die Linse zerstreut den Laserstrahl über das Telefon.

Interferenzmuster

Das Interferenzmuster, das von den Laserstrahlen auf der Platte erzeugt wird, ist eine Aufzeichnung des Gegenstandes. Die Lichtwellen des Strahls, der vom Gegenstand reflektiert wird, überlagern die nicht gestörten Wellen des Referenzstrahls. Die Phasenunterschiede zwischen beiden Strahlen sind „Messungen" des Objekts in Lichtwelleneinheiten. Man kann selbst so eine Art Interferenzmuster erzeugen, wenn man zwei Steine ins Wasser wirft. Die Wellenringe um die beiden Steine stören sich gegenseitig und erzeugen dort, wo sie sich treffen, ein Interferenzmuster.

Wellen überlagern sich, wenn sie aufeinanderstoßen.

Ins Wasser geworfene Steine erzeugen Wellenringe.

Der Holographietisch

Zur Herstellung von Hologrammen braucht man einen Tisch, der absolut ruhig steht. Jede Erschütterung, sogar Schallwellen, hätten ein verschwommenes Hologramm zur Folge. Die Geräte werden normalerweise auf einem Spezialtisch aus Sand und einem aufgeblasenen Reifenschlauch aufgebaut. Dieser Tisch steht auf einem Betonboden, der unerwünschte Schwingungen dämpft.

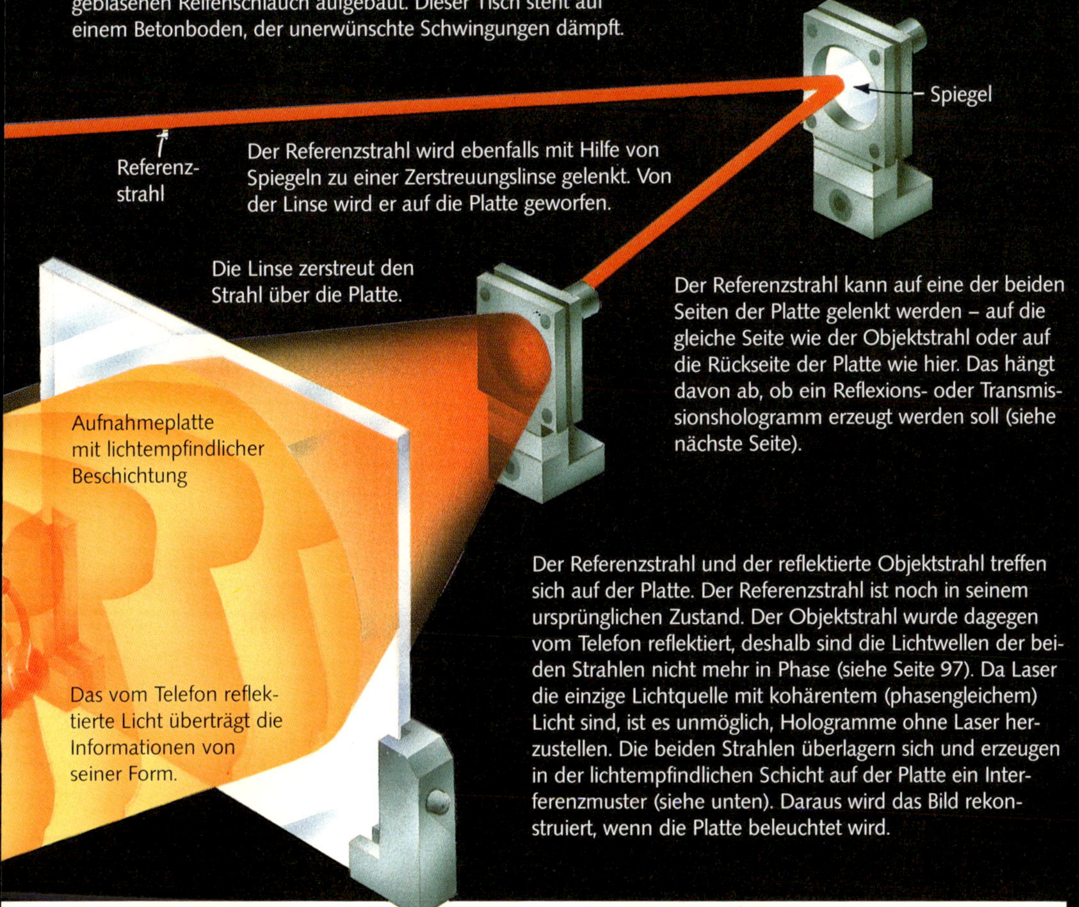

Spiegel

Referenzstrahl

Der Referenzstrahl wird ebenfalls mit Hilfe von Spiegeln zu einer Zerstreuungslinse gelenkt. Von der Linse wird er auf die Platte geworfen.

Die Linse zerstreut den Strahl über die Platte.

Der Referenzstrahl kann auf eine der beiden Seiten der Platte gelenkt werden – auf die gleiche Seite wie der Objektstrahl oder auf die Rückseite der Platte wie hier. Das hängt davon ab, ob ein Reflexions- oder Transmissionshologramm erzeugt werden soll (siehe nächste Seite).

Aufnahmeplatte mit lichtempfindlicher Beschichtung

Das vom Telefon reflektierte Licht überträgt die Informationen von seiner Form.

Der Referenzstrahl und der reflektierte Objektstrahl treffen sich auf der Platte. Der Referenzstrahl ist noch in seinem ursprünglichen Zustand. Der Objektstrahl wurde dagegen vom Telefon reflektiert, deshalb sind die Lichtwellen der beiden Strahlen nicht mehr in Phase (siehe Seite 97). Da Laser die einzige Lichtquelle mit kohärentem (phasengleichem) Licht sind, ist es unmöglich, Hologramme ohne Laser herzustellen. Die beiden Strahlen überlagern sich und erzeugen in der lichtempfindlichen Schicht auf der Platte ein Interferenzmuster (siehe unten). Daraus wird das Bild rekonstruiert, wenn die Platte beleuchtet wird.

Konstruktive Interferenz

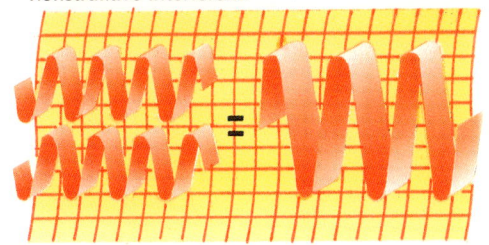

Destruktive Interferenz

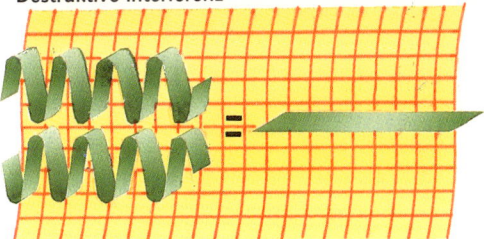

Die zwei Bilder oben zeigen, was geschieht, wenn unterschiedliche Lichtwellen aufeinandertreffen: Wenn zwei Wellenberge zusammenkommen, wird daraus eine Welle, die doppelt so hoch ist wie die Ausgangswelle. Dies nennt man *konstruktive Interferenz*. Wenn Wellenberge und Wellentäler aufeinandertreffen, heben sie sich gegenseitig auf. Das nennt man *destruktive Interferenz*. Die Zwischenstufen erzeugen Wellen von unterschiedlicher Größe. Die Kombination dieser Wellen erzeugt die krausen, kleinen Wellen des Interferenzmusters, das man auf der Platte sieht.

Wie Hologramme entstehen (Fortsetzung)

Wenn die holographische Platte belichtet worden ist, wird sie ähnlich behandelt wie ein fotografischer Film. Das Bild muß dann durch einen Strahl rekonstruiert werden, der aus der gleichen Richtung kommt wie der Referenzstrahl, der das Hologramm erzeugt hat. Die zwei Bilder unten zeigen die Unterschiede zwischen Transmissions- und Reflexionshologrammen.

Reflexionshologramme

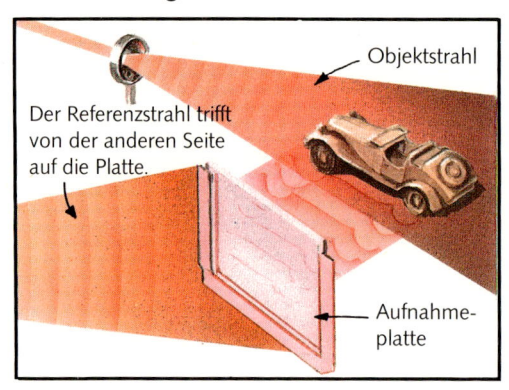

Der Referenzstrahl trifft von der anderen Seite auf die Platte.

Objektstrahl

Aufnahmeplatte

Wenn der Referenzstrahl auf der Seite der Platte auftrifft, die vom Gegenstand abgewandt ist, spricht man von einem Reflexionshologramm. Es wird sichtbar durch das Licht, das vom Gegenstand reflektiert wird.

Transmissionshologramme

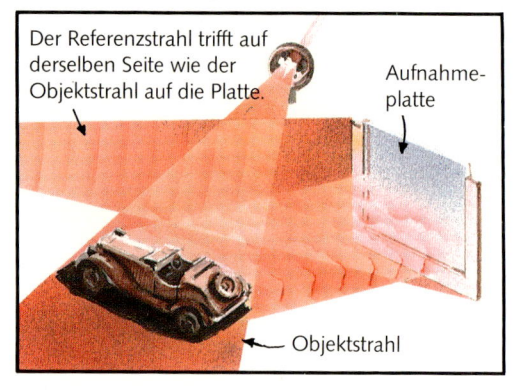

Der Referenzstrahl trifft auf derselben Seite wie der Objektstrahl auf die Platte.

Aufnahmeplatte

Objektstrahl

Wenn der Referenzstrahl auf derselben Seite auftrifft, auf der das Objekt steht, muß die Platte von dieser Seite beleuchtet werden. Das ergibt ein Transmissionshologramm.

Holographische Filme

Zur Zeit kann man Holographie noch nicht einsetzen, um damit richtige Filme zu drehen. Man kann jedoch Hologramme in „Bewegung" bringen, indem man eine Folge von Hologrammen nebeneinander auf die Platte aufzeichnet. Wenn man daran entlanggeht, sieht man, wie sich das Bild „bewegt". Diese Art von Hologrammen wird in der Regel dadurch hervorgebracht, daß man Laser durch einen aufgezeichneten Kinofilm hindurchleuchten läßt, da man Hunderte von Bildern braucht, um so einfache Bewegungen wie einen Fußtritt oder ein Winken mit der Hand darzustellen.

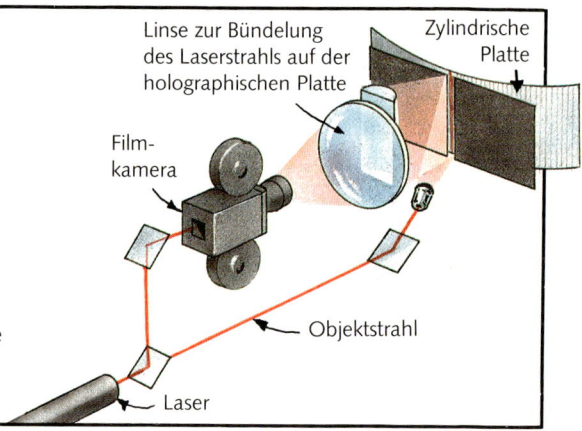

Linse zur Bündelung des Laserstrahls auf der holographischen Platte

Zylindrische Platte

Filmkamera

Objektstrahl

Laser

Mehrfachbilder

Mehrere Bilder können auf einer einzigen Platte übereinander aufgezeichnet werden, indem man den Winkel des Referenzstrahls für jedes Bild ändert. Die verschiedenen Bilder werden sichtbar, wenn sich der Winkel des Sehstrahls ändert. Das geschieht, wenn sich der Betrachter vor der Platte bewegt. Auf diese Weise läßt sich ein einfaches „bewegtes" Hologramm herstellen, das allerdings eher wie ein Amateurfilm aussieht.

Auf der holographischen Platte sieht man verschiedene Bilder.

Dreimal 3D

Reales Hologramm    Ebenes Hologramm    Virtuelles Hologramm

Eine Holographieplatte ist eine Fläche; das Bild kann an verschiedenen Stellen dieser Fläche erscheinen. Wenn das Hologramm nach hinten abzusinken scheint, spricht man von einem *virtuellen Bild*. Spannender ist es, wenn das Bild vor die Platte projiziert wird: Das sieht dann so aus, als spränge es einem entgegen. In diesem Fall spricht man von einem *realen Bild*. Das Bild kann auch rittlings auf der Platte „sitzen" – halb zurücksinkend, halb hervortretend; das bezeichnet man als *ebenes Bild*. Die Abbildungen oben versuchen, diese drei Arten von Hologrammen wiederzugeben.

Wie man ein reales Hologramm erzeugt

Mit der Holographie-Ausrüstung, die auf den vorigen Seiten abgebildet ist, kommt man zu Hologrammen mit virtuellen Bildern. Hologramme mit realen Bildern und ebenen Bildern werden nicht direkt von einem tatsächlichen Gegenstand erzeugt, sondern von einem Hologramm mit virtuellem Bild.

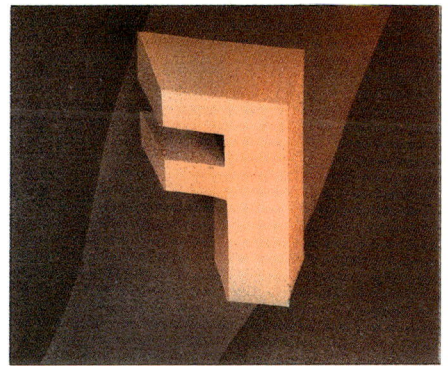

Um ein solches Hologramm herzustellen, wird das Bild rekonstruiert, aber von der „falschen" Seite beleuchtet; ein Transmissionshologramm wird also von vorn, ein Reflexionshologramm von hinten beleuchtet. Das Bild sieht aus, als stände es vor der Platte – wie ein echtes Bild –, aber es ist umgedreht und seitenverkehrt. Dies bezeichnet man als *pseudoskopisches Bild*. Die beiden Abbildungen oben zeigen, wie sich ein Hologramm des Buchstaben F verändert, wenn es pseudoskopisch wird. Das Hologramm, das man von diesem pseudoskopischen Bild herstellt, ist auch ein virtuelles Bild. Wenn es jedoch von der falschen Seite beleuchtet wird, wird daraus ein Hologramm mit realem Bild, bei dem das F richtig herum dasteht. Das liegt daran, daß ein umgekehrter Gegenstand wieder in der richtigen Weise erscheint, wenn er nochmals umgekehrt wird.

Wozu man Hologramme benutzt

Die Holographie befindet sich zur Zeit in einem Entwicklungszustand wie die Fotografie um die Jahrhundertwende. Vielleicht kann man im nächsten Jahrhundert holographische Schnappschüsse machen, holographische Zeitschriften lesen und dreidimensionales Laser-Fernsehen anschauen. Hologramme sind aber schon jetzt in Galerien, Museen und Ausstellungen zu sehen. Man kann sie kaufen, findet sie in Schmuckstücke eingelassen und sogar als Abdrucke in Büchern und Zeitschriften. Auf diesen beiden Seiten sind einige Verwendungsmöglichkeiten für Hologramme dargestellt.

Mit Hologrammen kann man sehr eindrucksvolle Werbedarbietungen gestalten. Dieses naturgetreue Abbild einer Hand und eines Diamant-Armbandes hat ein Juwelier in New York benutzt. Das Bild scheint einen Meter vor dem Fenster zu hängen.

Hologramme können mit einem speziellen Verfahren auf silbrigglänzenden Kunststoff gedruckt werden. Sie werden für Bücher, Schallplattenhüllen und sogar für Verpackungen von Süßwaren benutzt. Gedruckte Hologramme geben Einzelheiten allerdings nicht so deutlich wieder wie Hologramme auf Filmen.

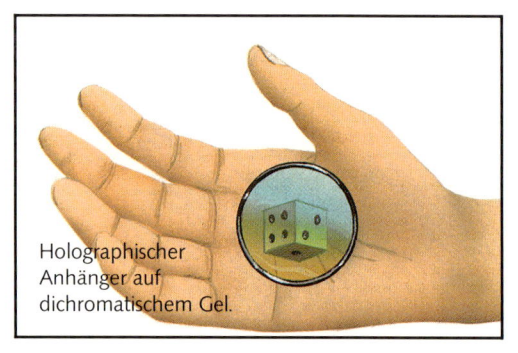

Holographischer Anhänger auf dichromatischem Gel.

Hologramme können auf ein lichtempfindliches Gel, sogenanntes dichromatisches Gel, aufgezeichnet werden. Das Hologramm wird in Glas eingegossen und dient dann z. B. als Schmuckstück. Man kann es auch in andere klare Behältnisse wie Gläser oder Krüge einsetzen.

Telefonscheckkarte mit Hologramm

Mit dieser Scheckkarte kann man moderne, computergesteuerte Telefonautomaten benutzen. Die Karte enthält auf der Rückseite einen Streifen mit einem gedruckten Hologramm. Das Hologramm ist kein Bild, sondern ein fälschungssicheres Muster. Der Streifen wird von einem Infrarotgerät im Telefonautomaten gelesen. Während des Anrufs macht das Lesegerät den Streifen nach und nach unbrauchbar, so wie der Kredit aufgebraucht wird. Der Automat steuert die Geschwindigkeit des Lesegeräts entsprechend den Kosten des Gesprächs und zeigt an, wieviel Kredit die Karte am Ende des Gesprächs noch enthält.

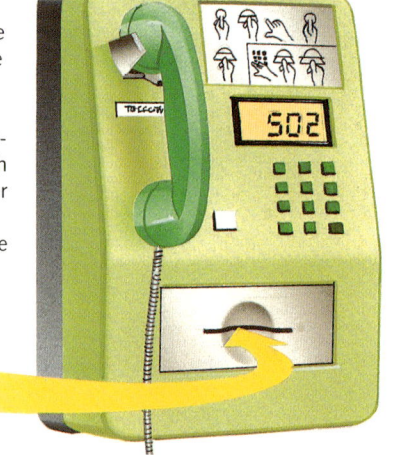

Hologramme für die Reaktorsicherheit

Dieses Bild zeigt das Hologramm vom Kern eines Atomreaktors, der Elektrizität erzeugen soll. Fachleute müssen am Reaktorkern Sicherheitsprüfungen durchführen, also z. B. nach Rissen und anderen Fehlern suchen. Sie können sich dazu aber nicht in die Nähe des Kerns begeben, da dessen radioaktive Strahlung viel zu gefährlich ist. Ein Hologramm liefert genau die gleichen Informationen wie der tatsächliche Gegenstand, und es ist so genau, daß das Bild sogar unter dem Mikroskop untersucht werden kann.

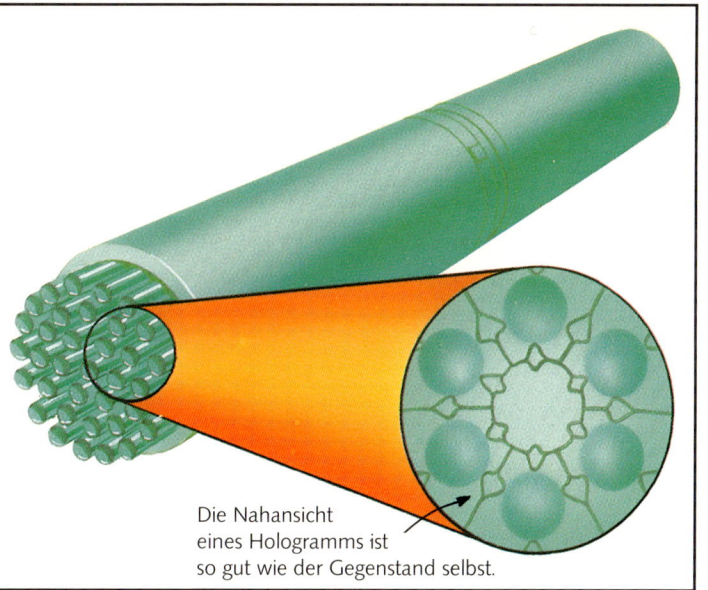

Die Nahansicht eines Hologramms ist so gut wie der Gegenstand selbst.

Spannungstest

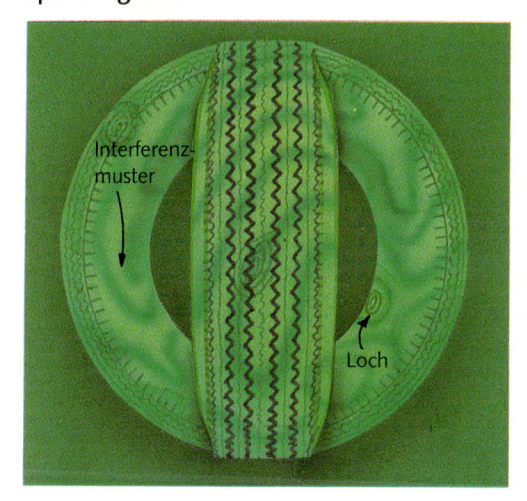

Interferenzmuster

Loch

Dieses Bild zeigt das Hologramm eines Autoreifens. Die Wirbelmuster zeigen die Spannungen, die im Reifen entstehen, wenn er sich bewegt. Sie werden aufgezeichnet, indem man mit einem Impulslaser zwei Hologramme auf eine Platte belichtet. Das eine Hologramm wird gemacht, wenn das Rad stillsteht, das andere, wenn es sich bewegt. Die zwei Bilder decken sich nicht ganz genau, und das erzeugt ein Interferenzmuster auf dem Hologramm. Das Muster zeigt Spannungsstellen an und kann Löcher oder Schwachstellen sichtbar werden lassen. Nicht nur Reifen werden mit dieser Technik geprüft. Alle Gegenstände, die auf Spannung untersucht werden, können auf diese Art überprüft werden, von Bierdosen bis zu Triebwerksturbinen.

Fälschungssichere Scheckkarte

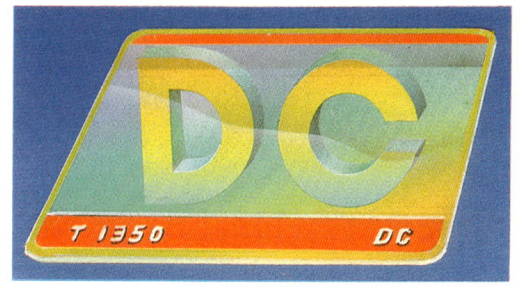

In Scheckkarten werden Hologramme eingeprägt, um sie fälschungssicher zu machen. Da es schwierig ist, Hologramme herzustellen, können Fälscher eine Karte praktisch nicht kopieren, die ein Hologramm des Firmensymbols trägt.

Vermessen mit Hologrammen

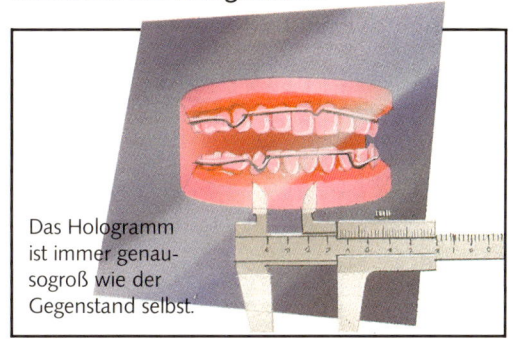

Das Hologramm ist immer genausogroß wie der Gegenstand selbst.

Hologramme liefern genauso viele Informationen wie feste Gegenstände, brauchen jedoch wesentlich weniger Platz, da sie aus dünnen, flachen Plättchen oder Filmen bestehen. Sie werden zur Vermessung der unterschiedlichsten Gegenstände eingesetzt.

Effekte mit Laserlicht

Obwohl Laserstrahlen auf so verschiedenartigen Gebieten wie Technik und Medizin Bedeutung gewonnen haben, fällt ihr Einsatz dort meist nicht sonderlich ins Auge. Laserlicht kennst du wahrscheinlich am ehesten aus Popkonzerten, vom Fernsehen, aus Filmen, Diskotheken oder Shows. Es wird dort eingesetzt, weil es schön aussieht und tolle Effekte hervorrufen kann. Auf diesen beiden Seiten werden einige Laserlichteffekte beschrieben und erklärt.

Lichtwände
Wände und Tunnel aus Licht lassen sich dadurch erzeugen, daß man Laserstrahlen auf Wolken und Nebel richtet, die von Rauchmaschinen ausgestoßen werden. Der Effekt wird von festen Teilchen in den Wolken hervorgerufen, die das Licht reflektieren.

Rhythmischer Laser

Laserlicht kann im Gleichtakt mit Musik ausgestrahlt werden, was man z. B. bei Popkonzerten sieht. Das geschieht mit Hilfe eines elektronischen Geräts, das die elektrischen Signale der Musik zur Steuerung der Laserstrahlen benutzt.

Lichtfächer

Riesige Fächer aus Licht werden mit Hilfe von Linsen erzeugt, die die Strahlen zerstreuen und teilen. Sie können auf und ab bewegt und von einer Seite zur anderen gedreht werden, so daß ineinander verwobene Lichtmuster entstehen.

Computersteuerung für Laser
Laser und andere Beleuchtungsanlagen werden in der Regel von einem Computer gesteuert, der von einem Steuerpult aus bedient wird. Die Bedienung kann zwar von Hand erfolgen, aber die meisten Vorführungen sind so kompliziert, daß die Effekte vorprogrammiert werden. Die Effekte erzielt man, indem man Spiegel und Linsen benutzt, um die Laserstrahlen zu teilen, zu zerstreuen, zu bewegen und zu lenken. Es gibt riesige Projektoren, in denen alle Laser und Beleuchtungseinrichtungen untergebracht sind. Die Laser, die bei Lichtshows eingesetzt werden, sind ungefährlich, wenn man sie richtig anwendet. Sie können allerdings die Augen verletzen, wenn sie Menschen direkt anstrahlen, und sie können auch Brände verursachen.

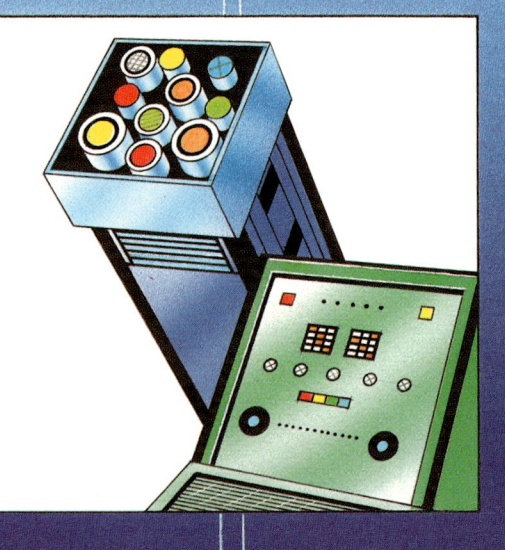

Muster aus Laserlicht

Diese Bilder zeigen Muster, die man mit Laserstrahlen erzeugen kann.

Laserstrahlen können auf solchen verschlungenen Bahnen gelenkt werden. Dies geschieht mit Hilfe von speziellen Linsen, Prismen und Spiegeln, die sich drehen und schwingen, um dadurch den Laserstrahl zu lenken und zu „formen".

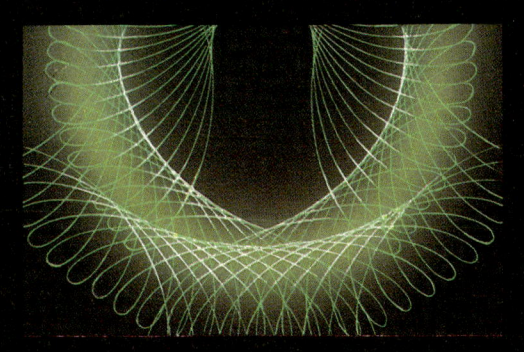

Diese Formen werden so eigentlich nicht von Laserstrahlen erzeugt. Die Strahlen ziehen ihre Bahn lediglich so schnell, daß das Auge getäuscht wird und man die Formen frei schwebend zu sehen glaubt.

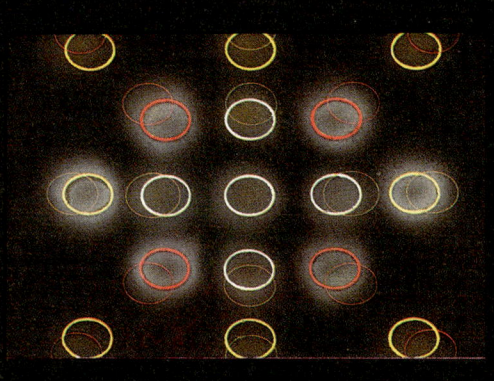

Diese Technik kann auch dazu verwendet werden, um Leuchtschrift und Bilder zu erzeugen. Vielleicht benutzt man Laser in Zukunft auch zur Verkehrslenkung und zur Lichtwerbung.

Farbeffekte

Kryptonlaser können Strahlen mit vier Farben erzeugen – rot, gold, grün und blau – und werden deswegen oft in Lichtshows eingesetzt. Man kann die Farben trennen und mischen, indem man den Strahl durch ein Prisma leitet, das das Licht in verschiedene Wellenlängen zerlegt. Farblaser sind beliebt, weil man sie einstellen und so verschiedene Wellenlängen und damit fast alle Farben erzeugen kann.

Silhouetten

Licht dringt nicht durch feste Gegenstände hindurch. Wenn man dem Strahl etwas in den Weg legt, kann das eine dramatische Wirkung hervorrufen.

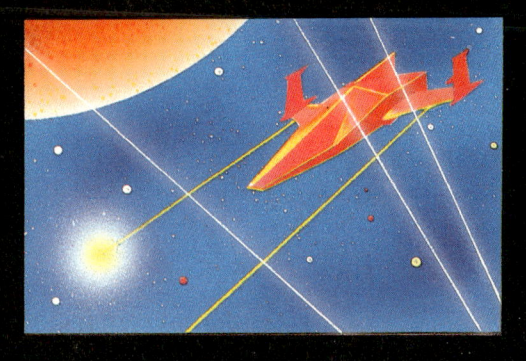

Laser werden oft in Filmen benutzt, um die Wirkungen zu erzielen, die auf diesen Seiten gezeigt werden. Die Geschoßbahnen von „Laserkanonen" in Sciencefiction-Filmen werden jedoch in der Regel von Hand auf den Film gezeichnet.

Informationsfluß auf Laserwellen

Das Speichern, Verarbeiten und Übertragen von Informationen ist ein wichtiges und schnell wachsendes Anwendungsgebiet für die Lasertechnik. Mit Hilfe von Laserstrahlen werden heutzutage bereits Telefongespräche und Fernsehsendungen übertragen sowie Computerdaten an Satelliten oder Unterseeboote übermittelt. Laserstrahlen speichern und lesen auch Informationen auf Bild- und Kompaktplatten, Strichcodes und Kreditkarten, und sie werden zum Druck von Büchern, Zeitungen und Zeitschriften eingesetzt.

Lasersignale im Weltraum

Laserstrahlen, die direkt durch die Luft gesandt werden, lassen sich schlecht zur Nachrichtenübermittlung benutzen, da sie von Wolken und Nebel beeinträchtigt werden. Laserverbindungen sind jedoch wichtig, um im Weltraum Signale an Satelliten oder zwischen Satelliten untereinander zu übermitteln, denn im Weltraum gibt es kein Wettergeschehen. Da es fast unmöglich ist, einen Laserstrahl abzufangen, spielen Laserverbindungen auch im militärischen Bereich eine wichtige Rolle.

Informationen übertragen mit Laserstrahlen

Will man Informationen – Töne, Texte, Bilder oder Computerdaten – speichern oder übertragen, muß man sie zunächst in elektrische Signale umwandeln. Ein solches Signal ist die elektrische Nachbildung des Originals. Ein Mikrofon wandelt z. B. die unterschiedlichen Töne einer Stimme in eine Folge wechselnder elektrischer Impulse um, die sich durch eine Leitung bewegen oder aufgezeichnet werden können. Wenn ein Laser von diesen elektrischen Impulsen angeregt wird, erzeugt er einen Strahl, der in seinen Schwankungen genau dem Stromfluß folgt und damit auch der Form der ursprünglichen Information. Der Laserstrahl kann also benutzt werden, um Informationen zu übertragen oder sie auf laserlesbaren Platten zu speichern.

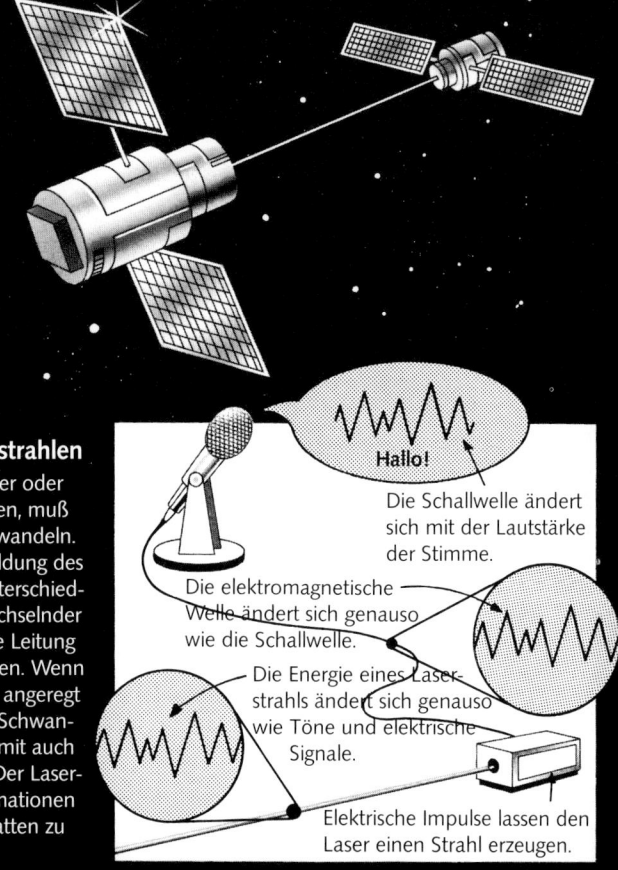

Hallo!
Die Schallwelle ändert sich mit der Lautstärke der Stimme.
Die elektromagnetische Welle ändert sich genauso wie die Schallwelle.
Die Energie eines Laserstrahls ändert sich genauso wie Töne und elektrische Signale.
Elektrische Impulse lassen den Laser einen Strahl erzeugen.

Lichtleiter

Die Benutzung von Licht zum Transport von Informationen konnte erst mit der Erfindung von Lichtleitern praktisch angewandt werden. Lichtleiter sind haarfeine, biegsame Glasdrähte, die als „Kabel" für Licht dienen. Sie reflektieren das Licht im Inneren vollständig, so daß kein Licht austreten kann. Lichtleiter sind viel dünner als gewöhnliche Kabel, dennoch kann man mit Licht weitaus mehr Informationen transportieren als mit Radiowellen und elektrischen Signalen. Lichtleiter können daher wesentlich mehr Telefonleitungen und Fernsehkanäle aufnehmen und sie haben darüber hinaus den Vorteil, daß man sie nicht abhören oder anzapfen kann.

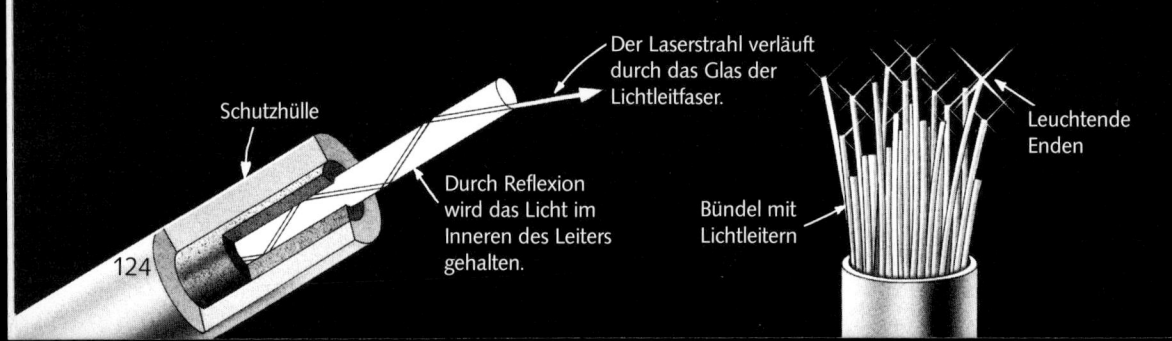

Schutzhülle
Der Laserstrahl verläuft durch das Glas der Lichtleitfaser.
Durch Reflexion wird das Licht im Inneren des Leiters gehalten.
Bündel mit Lichtleitern
Leuchtende Enden

Optische Speicher

Die Technik zum Speichern von Bildern und Tönen auf Laserplatten (siehe Seite 110/111) kann auch für andere Informationsarten eingesetzt werden: Kleine, von Lasern lesbare optische Platten wie die hier abgebildeten werden in Zukunft zum Speichern von Computerdaten und Software Verbreitung finden. Sie sind strapazierfähiger als die heute üblichen magnetischen Platten und Bänder und können mehr Informationen aufnehmen.

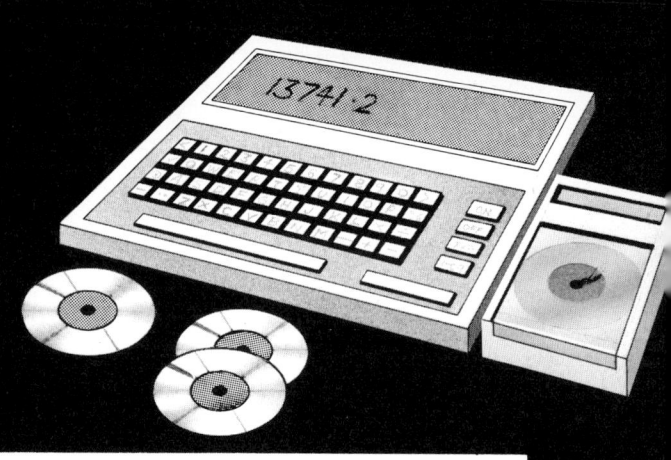

Laserdruck

Laser werden auf verschiedene Arten zum Drucken benutzt. Dieses Buch wurde von Druckplatten aus Metall gedruckt. Auf der Oberfläche dieser Platten sind die Texte und Bilder eingeätzt worden, die gedruckt werden sollen. Um die Druckplatten zu gravieren, kann man auch Laser benutzen (siehe Seite 108). Gedruckte Schrift kann man auch mit einer Technik erzeugen, die diesem Laser-Gravieren sehr ähnelt: Der Laserstrahl wird genauso gesteuert, um die Buchstaben zu bilden, aber man schneidet damit nicht in eine Platte ein, sondern belichtet fotografisches Papier. Wo der Strahl das Papier belichtet hat, erscheint die Schrift als dunkle Spur, wenn das Papier entwickelt wird.

Eine andere Aufgabe für Laser ist das Abtasten oder „Lesen" von Seiten und das Umwandeln der Informationen in elektrische Signale (siehe Strichcodes unten). Diese Signale können dann zu einem weit entfernt liegenden Druckbetrieb übermittelt werden.

Strichcodes

Laser sind vielleicht schon in eurem Supermarkt, in eurem Kaufhaus oder in eurer Bücherei im Einsatz: Sie „lesen" dort Strichcodes. Ein Strichcode ist eine computergerechte Information, die in Form eines Musters aus verschieden breiten, hellen und dunklen Streifen dargestellt ist. Ein Laser „liest" diese Streifen, indem ein Laserstrahl von dem Streifenmuster zu einem Empfänger im Lesegerät zurückgeworfen wird. Die hellen und dunklen Streifen erzeugen unterschiedliche Reflexionen. Die dadurch übermittelten Informationen werden dann vom Computer entschlüsselt. Mit solchen Strichcodes kann man die unterschiedlichsten Daten speichern, von Musik bis zu Lebensmittelpreisen.

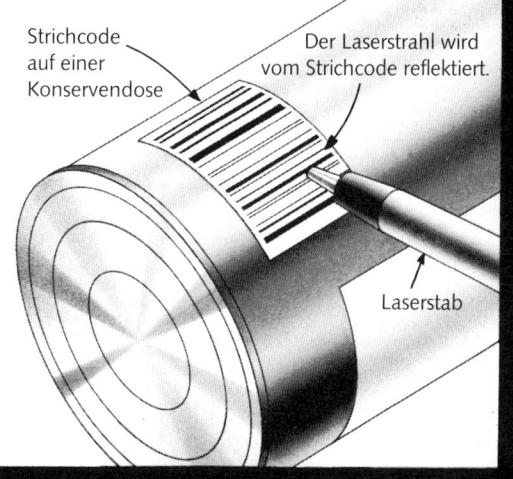

Vermessung mit Laserstrahlen

Mit Hilfe von Lasern kann man Karten ausarbeiten, Wolkenkratzer bauen und Entfernungen messen, sowohl sehr große als auch sehr kleine. Die Eigenschaften von Laserlicht sind für die Aufgaben von Vorteil, die auf diesen Seiten beschrieben und erläutert werden.

Hochhaus

Der Laserstrahl ist parallel und völlig senkrecht.

Laserlot

Da ein Laserstrahl auch über einige Entfernung parallel und gerade bleibt, kann er wie ein Lot oder eine Wasserwaage benutzt werden, um festzustellen, ob etwas genau senkrecht oder waagerecht ist. Das Bild rechts zeigt ein großes Bürohochhaus, das mit einem Laserstrahl während des Baues auf senkrechten Stand vermessen wird. Der Winkel des Strahls wird durch spezielle elektronische Geräte überwacht.

Lasermaßband

Berechnung der Entfernung von A nach B: Benötigte Zeit mal 300 Millionen Meter.

Ein Laser erzeugt einen Lichtstrahl, und Licht bewegt sich in der Luft mit einer gleichbleibenden Geschwindigkeit von 300 Millionen Meter pro Sekunde. Deshalb kann eine Entfernung genau gemessen werden, wenn man die Zeit mißt, die der Laserstrahl von einem Punkt zum anderen braucht. Die benötigte Zeit wird mit ganz genau arbeitenden elektronischen Geräten gemessen, die auch gleich die Entfernung ausrechnen.

Mit Laserlicht zum Mond

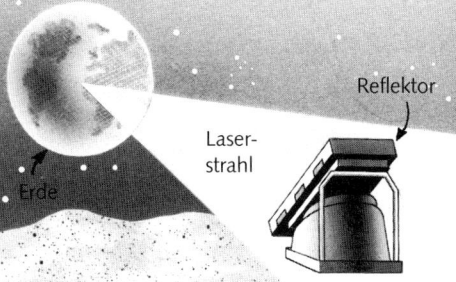

Reflektor
Laserstrahl
Erde

Die Entfernung zwischen der Erde und dem Mond wird mit Hilfe eines Laserstrahls gemessen, der von einem auf dem Mond zurückgelassenen Reflektor zurückgeworfen wird. Obwohl der Laserstrahl über eine gewisse Entfernung parallel bleibt, breitet er sich bei dieser riesigen Entfernung auf etwa einen Kilometer aus.

Mit Laserlicht zum Meeresgrund

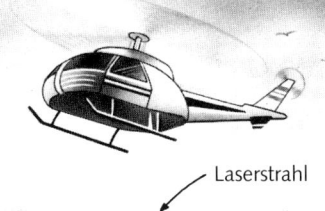

Laserstrahl

Grüne Lichtlaser werden benutzt, um die Wassertiefe zu messen und den Meeresboden kartographisch aufzunehmen. Licht dieser Wellenlänge kann Wasser bis zu einer Tiefe von mehreren hundert Metern durchdringen. Der Laser wird von einem Hubschrauber befördert, der genau über der Oberfläche fliegt. Der Strahl wird zu elektronischen Zeitmeßgeräten reflektiert.

Rohrleitungen ausrichten

Unter unseren Städten, Dörfern und auf dem Meeresgrund befindet sich ein Netz von Versorgungsleitungen, beispielsweise für Öl, Gas und Wasser, für die Kanalisation und für Nachrichtenverbindungen. Ingenieure benutzen die geradlinige Ausbreitung der Laserstrahlen, um alle diese Leitungen genau zu verlegen und auszurichten. Das Bild rechts zeigt einen Laserstrahl, der durch einen Abwasserkanal geschickt wird.

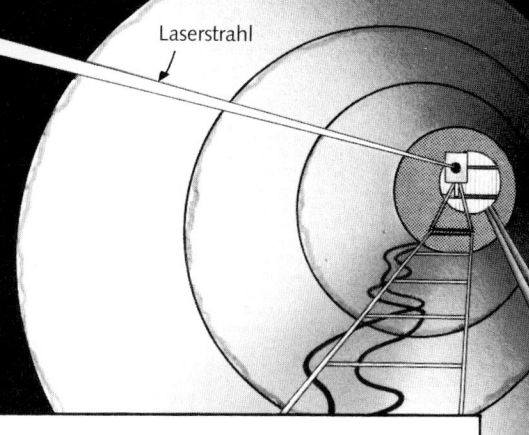

Mikroskopische Messungen

Eine wichtige Eigenschaft von Laserlicht ist die, daß es nur aus einer Wellenlänge besteht. Dadurch kann man auch mikroskopisch kleine Entfernungen messen, indem man die Anzahl der Wellenlängen zwischen zwei Punkten zählt. Dazu benutzt man einen Interferometer. Der Interferometer teilt einen Laserstrahl in zwei Strahlen auf, von denen jeder auf einen anderen Spiegel reflektiert wird, und vereinigt dann beide Teile wieder zu einem Strahl. Die beiden Teile des wieder zusammengefügten Strahls sind nicht phasengleich, es sei denn, der Unterschied zwischen ihnen beträgt eine ganze Zahl von Wellenlängen. Das bedeutet, daß bei Bewegung eines Spiegels ein Muster von hellen und dunklen Interferenzlinien erzeugt wird (siehe Seite 116/117). Ein Detektor im Interferometer zählt diese Linien, um den Unterschied zwischen den beiden Strahlen zu berechnen. Die Entfernung ergibt sich, wenn man die Anzahl der Linien mit der Wellenlänge multipliziert.

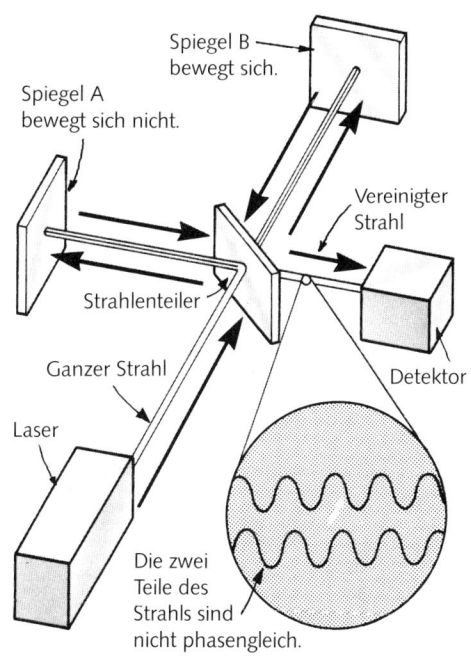

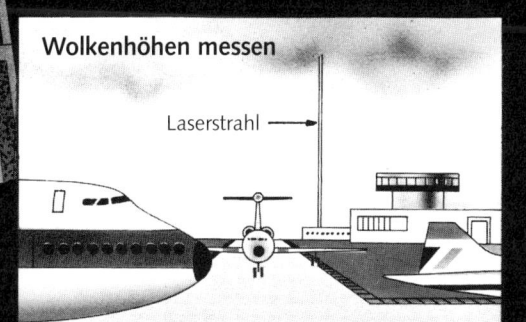

Wolkenhöhen messen

Wolkenhöhen lassen sich schlecht messen, besonders bei Nacht; für Piloten sind diese Angaben jedoch sehr wichtig. Bestimmte Lichtwellen werden von Wassertröpfchen in den Wolken besonders gut reflektiert. Diese Tatsache benutzt man auf einigen Flughäfen zur Messung der Wolkenhöhe bei nebligem oder wolkigem Wetter.

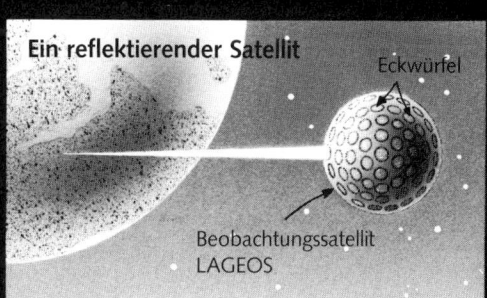

Ein reflektierender Satellit

Dieser Satellit namens LAGEOS reflektiert Laserstrahlen zur Erde. Er ist mit speziellen Linsen bedeckt, sogenannten Eckwürfeln, die Strahlen genau zu ihrem Ausgangsort zurückwerfen. Mit Hilfe dieser Satelliten will man winzige Bewegungen in der Erdkruste und die langsame Verschiebung der Erdteile untersuchen.

Laser in der Chemie

Für Laser hat man in den unterschiedlichsten naturwissenschaftlichen Bereichen Einsatzmöglichkeiten gefunden, besonders in der Chemie. Hier werden Laser eingesetzt, um chemische Elemente und Verbindungen zu entdecken und zu identifizieren sowie um chemische Reaktionen zu überwachen und aufzuzeichnen.

Analyse mit Laserlicht

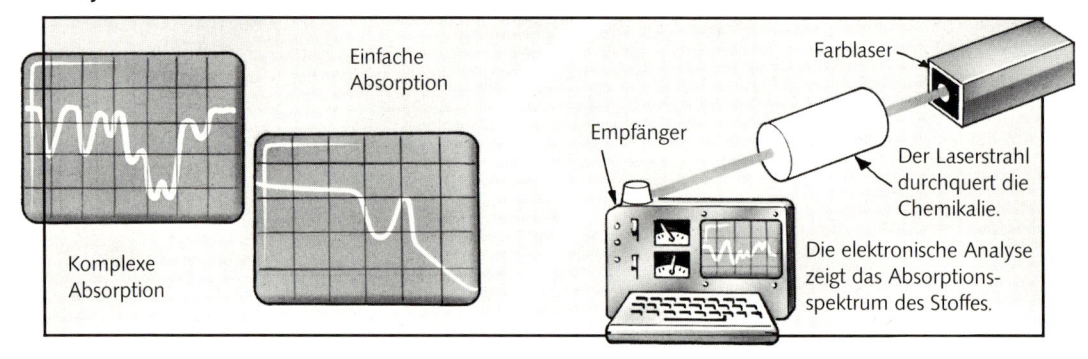

Einfache Absorption

Komplexe Absorption

Farblaser

Empfänger

Der Laserstrahl durchquert die Chemikalie.

Die elektronische Analyse zeigt das Absorptionsspektrum des Stoffes.

Chemiker können viel über chemische Verbindungen feststellen, wenn sie untersuchen, wie diese Stoffe Licht unterschiedlicher Wellenlänge absorbieren (in sich aufnehmen). Die Chemikalien in einem bestimmten Stoff lassen sich mit Hilfe eines Musters erkennen, das entsteht, wenn dieser Stoff Licht absorbiert. Einige Stoffe zeigen nur eine geringe Absorption, bei anderen ist das Absorptionsmuster sehr vielfältig. Diese Analyse mit Hilfe von Licht nennt man *Spektroskopie*. Oft wird dazu ein einstellbarer Farblaser eingesetzt, da dieser verschiedene Wellenlängen erzeugen kann.

Chemische Reaktionen

Die Energie eines Laserstrahls kann chemische Veränderungen in Stoffen hervorrufen, die Licht absorbieren. Der Stoff kann z. B. in verschiedene Chemikalien zerlegt werden. Mit diesem Verfahren kann man Stoffe reinigen. Wenn man den Laser so einstellt, daß die Wellenlänge nur von einer bestimmten Chemikalie absorbiert wird, spaltet der Strahl nur deren Atome oder Moleküle, ohne die anderen zu beeinträchtigen.

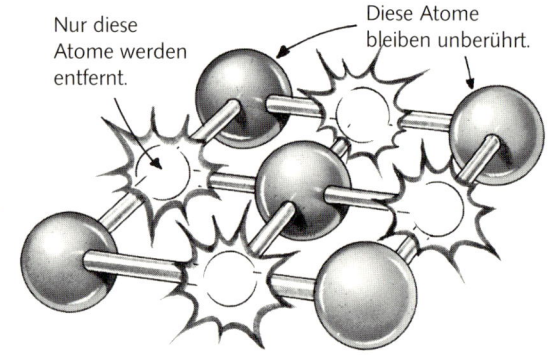

Nur diese Atome werden entfernt.

Diese Atome bleiben unberührt.

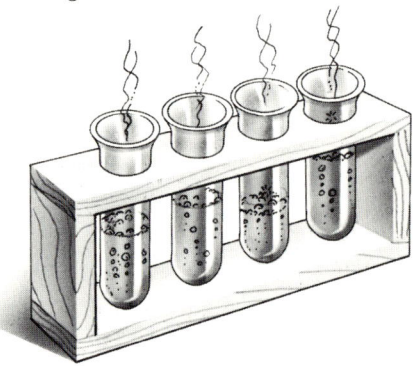

Chemische Reaktion

Pulsierender Laserstrahl

Laser

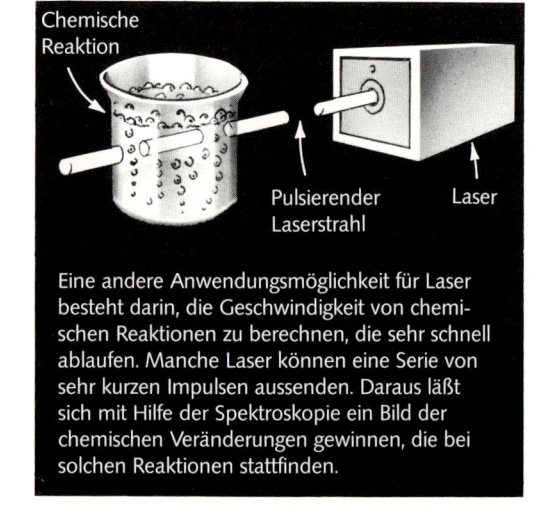

Eine andere Anwendungsmöglichkeit für Laser besteht darin, die Geschwindigkeit von chemischen Reaktionen zu berechnen, die sehr schnell ablaufen. Manche Laser können eine Serie von sehr kurzen Impulsen aussenden. Daraus läßt sich mit Hilfe der Spektroskopie ein Bild der chemischen Veränderungen gewinnen, die bei solchen Reaktionen stattfinden.

Hochleistungslaser können auch eingesetzt werden, um chemische Reaktionen auszulösen. Das erreicht man z. B., wenn man mit einem intensiven Lichtblitz die Moleküle spaltet. Wenn die Reaktion einmal begonnen hat, läuft sie von allein weiter.

Laser im Umweltschutz

Die verstreuten Strahlen erlauben Rückschlüsse auf Schadstoffe in einer Dampfwolke.

Laser

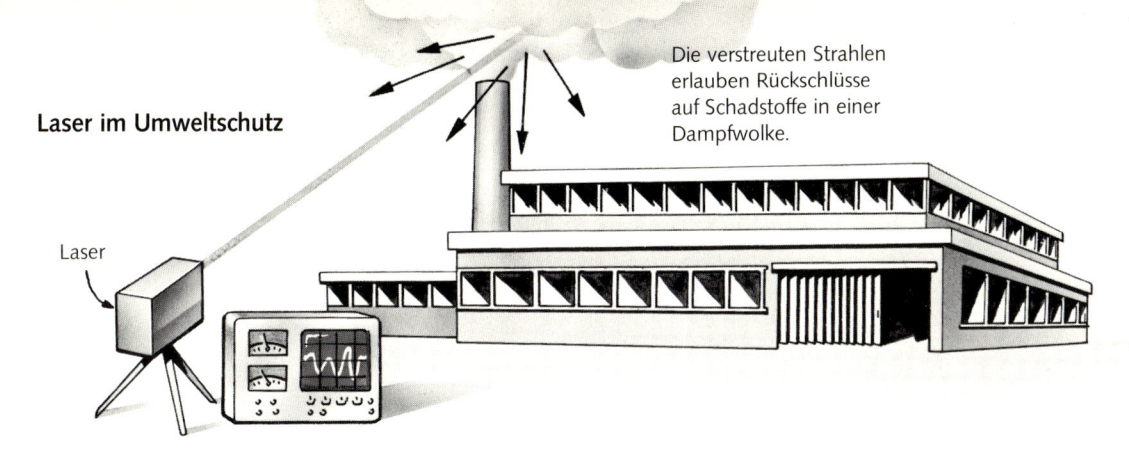

Laser-Spektroskopie kann nützlich sein, um Abgase oder das Austreten von Schadstoffen zu überwachen. Dieses Bild zeigt die Laseranalyse einer Dampfwolke aus einem Fabrikschornstein. Die Dampfwolke soll auf ihren Gehalt an umweltschädigenden Stoffen untersucht werden. Laserdetektoren sind dafür geeignet, denn sie sind sehr empfindlich und können selbst kleine Steigerungen im Abgasausstoß feststellen. Sie können auch im Dauerbetrieb eingesetzt werden und lassen sich mit einem Alarmsystem verbinden.

Kernfusion durch Laserstrahlen?

Bei grundlegenden chemischen Reaktionen wird ein Element in ein anderes umgewandelt. Die Alchimisten des Mittelalters versuchten z. B., gewöhnliche Metalle in Gold zu verwandeln, was ihnen jedoch nicht gelang. Eine solche grundlegende Umwandlung findet heute bei der Kernreaktion statt. Die Sonne ist so ein Reaktor, da sie Wasserstoff in Helium umwandelt und dadurch Energie erzeugt, die uns als Licht und Hitze erreicht. Der gleiche Vorgang ist Ursache für die zerstörende Kraft der Wasserstoffbombe. Er erfordert einen enormen Druck und gewaltige Temperaturen.

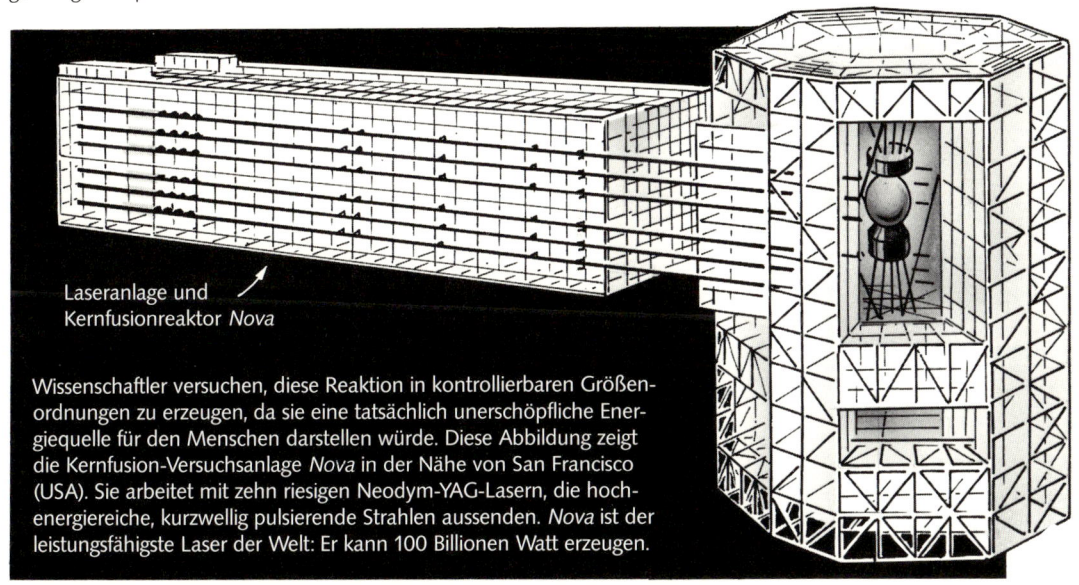

Laseranlage und Kernfusionreaktor *Nova*

Wissenschaftler versuchen, diese Reaktion in kontrollierbaren Größenordnungen zu erzeugen, da sie eine tatsächlich unerschöpfliche Energiequelle für den Menschen darstellen würde. Diese Abbildung zeigt die Kernfusion-Versuchsanlage *Nova* in der Nähe von San Francisco (USA). Sie arbeitet mit zehn riesigen Neodym-YAG-Lasern, die hochenergiereiche, kurzwellig pulsierende Strahlen aussenden. *Nova* ist der leistungsfähigste Laser der Welt: Er kann 100 Billionen Watt erzeugen.

Die äußeren Schichten des Wasserstoffisotops werden heiß und dehnen sich aus.

Der Kern wird stark zusammengedrückt.

Mit diesen pulsierenden Strahlen werden tiefgefrorene Wasserstoffkügelchen beschossen. Die äußeren Schichten des Kügelchens heizen sich sehr schnell auf und dehnen sich aus, der Kern des Wasserstoffisotops wird zusammengedrückt. Dies sollte zu einer explosionsartigen Kernreaktion und damit zu einer ungeheuren Energieproduktion führen. *Nova* ist allerdings noch Versuchsanlage. Es ist sicherlich noch ein weiter Weg, bis Häuser mit Hilfe von Kernfusionsenergie beheizt und beleuchtet werden können.

Datenverarbeitung mit Lasern

Die Lichtgeschwindigkeit ist die schnellste Geschwindigkeit im Universum. Wissenschaftler und Ingenieure versuchen daher, die Geschwindigkeit von Laserstrahlen zur Konstruktion von schnelleren Computern zu nutzen. Auf diesen beiden Seiten werden die Forschungen erläutert, die zur Zeit unternommen werden, um Laser für die Grundfunktionen von Computersystemen einzusetzen.

So funktionieren Computer

Computer sind Maschinen, die Informationen verarbeiten, indem sie diese in einen sehr einfachen Code umwandeln. Dieser Code besteht nur aus zwei Signalen – ein und aus –, die als 1 und 0 geschrieben werden. Man nennt ihn daher auch *binären Digitalcode* oder einfach *Binärcode*. Im Computer wird dieser Code durch elektronische Schalter, sogenannte *Transistoren*, dargestellt, die entweder ein- oder ausgeschaltet sind.

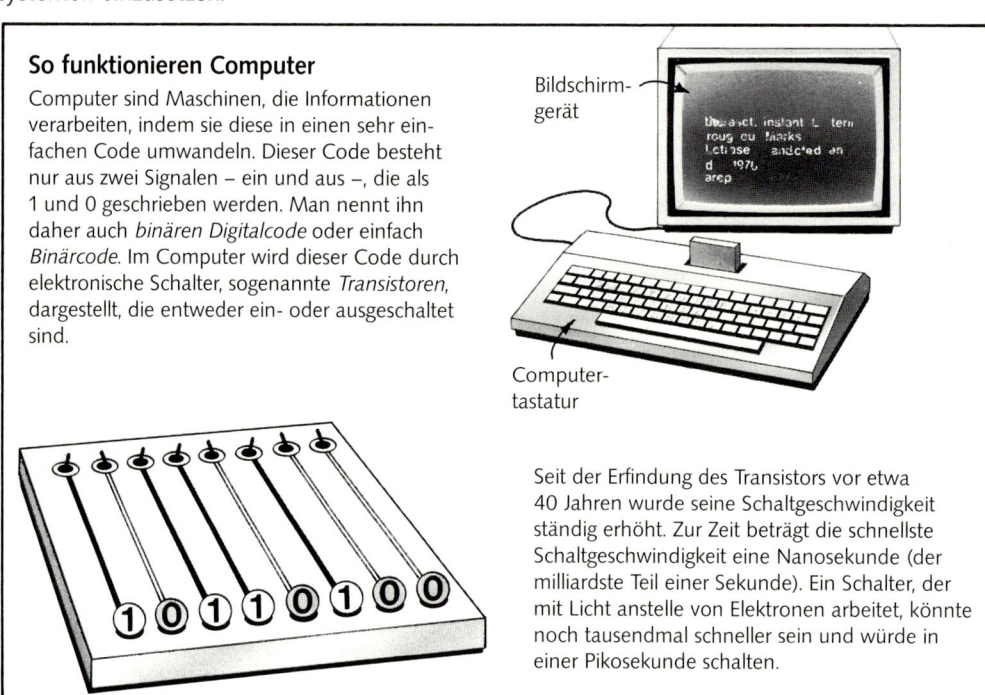

Bildschirmgerät

Computertastatur

Seit der Erfindung des Transistors vor etwa 40 Jahren wurde seine Schaltgeschwindigkeit ständig erhöht. Zur Zeit beträgt die schnellste Schaltgeschwindigkeit eine Nanosekunde (der milliardste Teil einer Sekunde). Ein Schalter, der mit Licht anstelle von Elektronen arbeitet, könnte noch tausendmal schneller sein und würde in einer Pikosekunde schalten.

Optische „Transistoren"

Spiegel A läßt 10 % des Strahls durch.

Spiegel A

Strahl (100 %)

Spiegel B

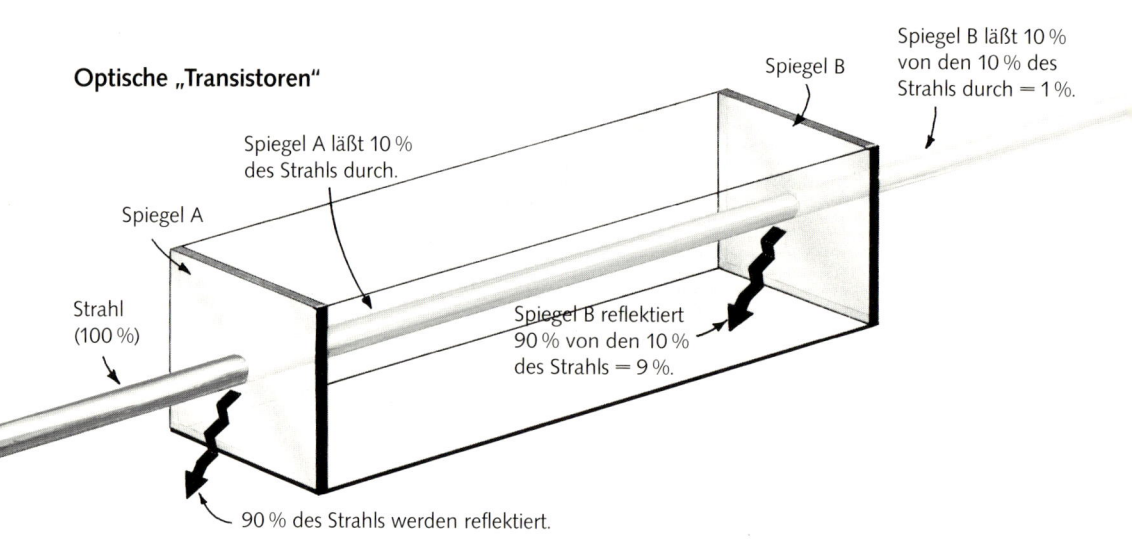

Spiegel B läßt 10 % von den 10 % des Strahls durch = 1 %.

Spiegel B reflektiert 90 % von den 10 % des Strahls = 9 %.

90 % des Strahls werden reflektiert.

Optische Transistoren, sogenannte *Transphasoren*, sind zu Versuchszwecken bereits entwickelt worden. Sie benutzen Interferenzprinzipien (siehe Seite 116/117) für Schaltaufgaben und benötigen deshalb Laserlicht. Ein Transphasor besteht aus zwei Spiegeln, die durch einen Hohlraum voneinander getrennt sind. Beide Spiegel sind teilweise versilbert, so daß sie 90 % des Laserlichts reflektieren und nur 10 % durchlassen, wie es hier dargestellt ist.

So arbeitet ein Transphasor

Da Laserlicht kohärent ist, findet zwischen den Lichtwellen Interferenz statt, die durch Spiegel A in den Hohlraum gelangen, und denen, die von Spiegel B reflektiert werden. Wenn beide Lichtwellen nicht phasengleich sind, heben sie sich gegenseitig auf (destruktive Interferenz). Wenn sie in Phase sind, verstärken sie sich (konstruktive Interferenz). Die Art der Interferenz hängt vom Abstand zwischen den Spiegeln ab.

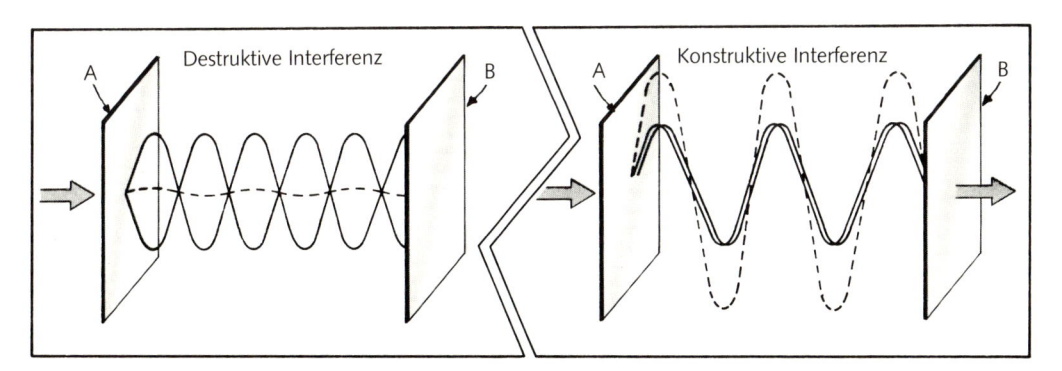

Wenn im Hohlraum destruktive Interferenz stattfindet, geht praktisch kein Licht mehr durch Spiegel B, da sich die Lichtwellen gegenseitig löschen. Der Transphasor ist ausgeschaltet.

Bei konstruktiver Interferenz bauen sich innerhalb des Hohlraums Lichtwellen auf, und Spiegel B läßt einen Lichtstrahl durch, der beinahe so hell ist wie der Eingangsstrahl. Der Transphasor ist eingeschaltet.

Schalten mit Licht

Der nächste Schritt besteht darin, den Transphasor ein- und auszuschalten. Das läßt sich erreichen, indem man die Fähigkeit bestimmter Materialien benutzt, um die Durchlaufgeschwindigkeit des Lichts zu verringern. Wenn man die Lichtgeschwindigkeit verringert, hat dies die gleiche Wirkung, wie wenn man die Spiegel bewegt. Licht breitet sich mit 300 Millionen Meter pro Sekunde sowohl in der Luft wie im luftleeren Raum aus. Bestimmte Materialien wie Wasser und Gas bremsen das Licht jedoch. Der Hohlraum des Transphasors ist mit einem speziellen Material gefüllt, das das Licht nicht nur einfach abbremst, sondern es entsprechend der Helligkeit drosselt. Je heller der Strahl ist, desto langsamer bewegt er sich.

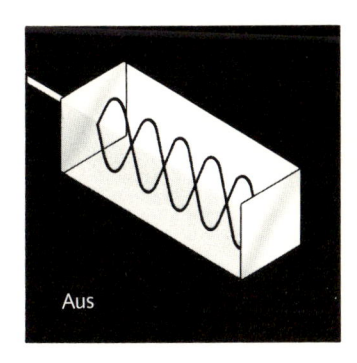

Die Bilder oben zeigen, wie optisches Schalten funktioniert. Der Transphasor ist aus, da die Spiegel auf destruktive Interferenz eingestellt sind.

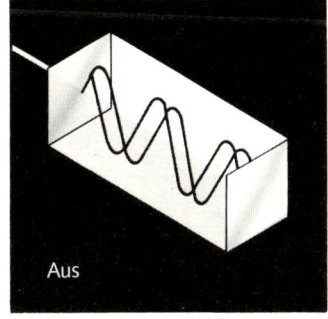

Sobald die Helligkeit des Lichtstrahls zunimmt, bremst das Material im Hohlraum das Licht. Dadurch wird ein Wechsel zur konstruktiven Interferenz ausgelöst.

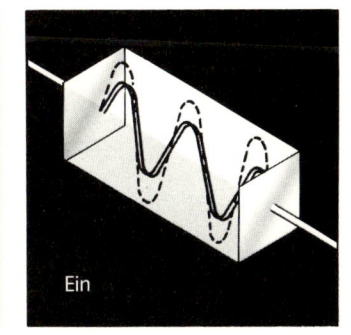

Wenn die Lichtstärke weiter zunimmt, wird der Punkt der konstruktiven Interferenz erreicht, und der Transphasor schaltet sich ein.

Laser im Einsatz

Als der Laser vor etwa 25 Jahren entwickelt wurde, gab es nur wenige Einsatzmöglichkeiten dafür. Inzwischen wurde jedoch ein überraschend großer Anwendungsbereich für ihn gefunden.

Laser eignen sich für den Einsatz in einer modernen hochtechnisierten Industrie, da sie zuverlässige, genaue und steuerbare Werkzeuge sind und sich mit anderen neuen Maschinen wie Robotern und Computern verbinden lassen. Auf den nächsten Seiten zeigen wir die unterschiedlichsten Anwendungen für Laser – solche, die es bereits gibt, und auch solche, die es vielleicht bald geben wird.

Straßenabtastfahrzeug

Die Strahlen werden von der Fahrbahn reflektiert.

Dieses Fahrzeug kontrolliert die Fahrbahn, auf der es fährt, mit Laserstrahlen. Die Messungen, die sich aus der Reflexion der Strahlen ergeben, werden von einem Mikroprozessor im Wagen ausgewertet. Auf diese Weise erhält man genaue Daten über den Zustand der Straße.

Laser für Leser

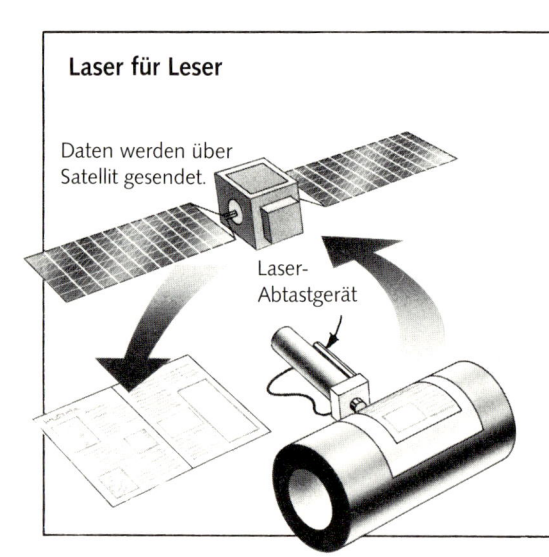

Daten werden über Satellit gesendet.

Laser-Abtastgerät

Die Tageszeitung *USA Today* ist über die ganzen Vereinigten Staaten verbreitet. Dies ist nur durch den Einsatz neuer technischer Mittel wie Laser und Satelliten möglich, da die Vereinigten Staaten zu groß sind, als daß man dort eine Tageszeitung auf herkömmlichen Verbreitungswegen flächendeckend vertreiben könnte.

Laser-Abtastgeräte verwandeln die Texte und Bilder jeder Seite in Computerdaten. Diese werden in Bruchteilen von Sekunden mit Hilfe von Satelliten an die Druckorte gesendet, die über das ganze Land verstreut sind. In den Empfangsstationen werden die Seiten dann mit Hilfe von Lasertechnik umbrochen und gedruckt. So kann eine einzige Ausgabe gleichzeitig über das ganze Land verbreitet werden.

Lasersehtest

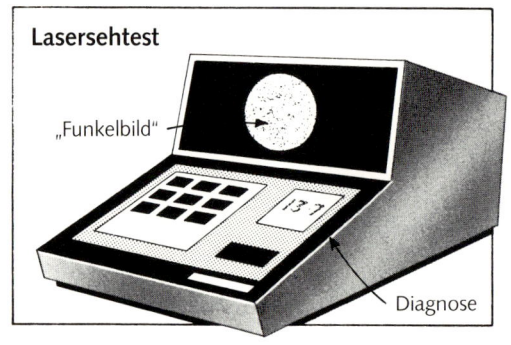

„Funkelbild"

Diagnose

Mit diesem Gerät benutzt man das Funkeln von Laserlicht (siehe Seite 97), um Augen zu testen. Wenn dein Sehvermögen mangelhaft ist, bewegen sich die Flecken – für Weitsichtige nach oben, für Kurzsichtige nach unten. Die Geschwindigkeit dieser Bewegung zeigt das Ausmaß deiner Sehschwäche.

Auf Satellitensuche

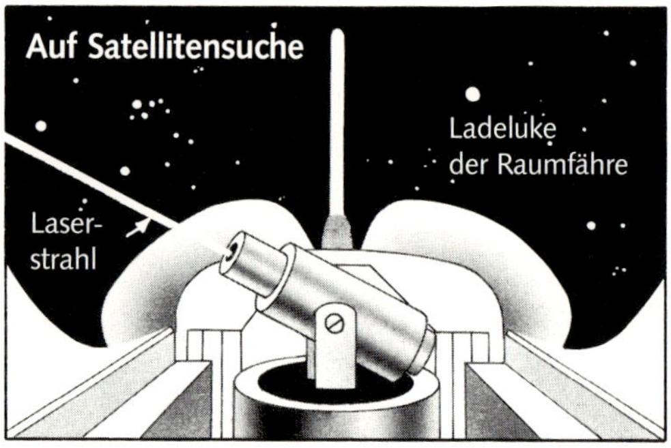

Ladeluke der Raumfähre

Laserstrahl

Laser können einer Raumfähre helfen, Satelliten bei Reparatureinsätzen anzusteuern. Reflektierende Segel am Satelliten werfen den Laserstrahl zurück und geben den Computern in der Raumfähre genaue Meßdaten, damit sie zum Satelliten gesteuert werden kann.

Edelsteine mit Kennzeichen

MN 05735 700

Das Kennzeichen ist nur unter dem Mikroskop sichtbar.

Dieses Bild zeigt vergrößert den Teil eines Diamanten. Die mikroskopisch kleinen Zeichen wurden mit Hilfe eines Lasers am Rand des Edelsteins eingraviert. Anhand dieses Kennzeichens kann man einen gestohlenen Diamanten wiedererkennen, wenn er irgendwo auftaucht.

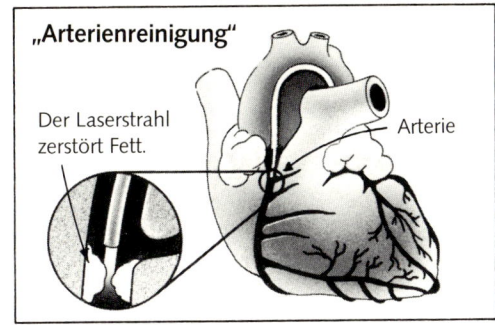

„Arterienreinigung"

Der Laserstrahl zerstört Fett.

Arterie

Herzkrankheiten werden oft durch Fetteinlagerungen in den Herzarterien verursacht. Versuche haben gezeigt, daß man Laser, die durch Lichtleitfasern geleitet werden, dazu benutzen kann, um dieses Fett zu verdampfen und die Arterien zu „reinigen".

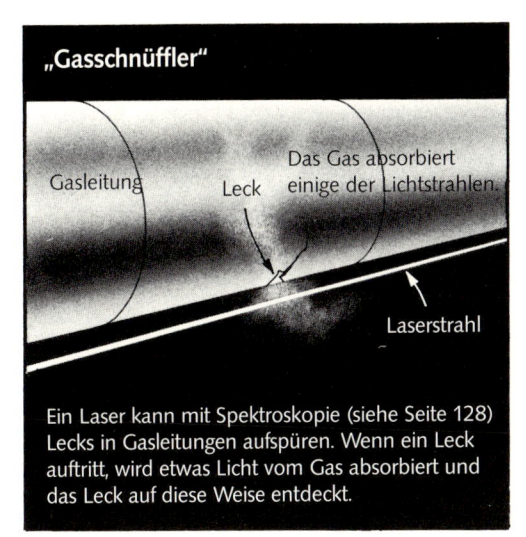

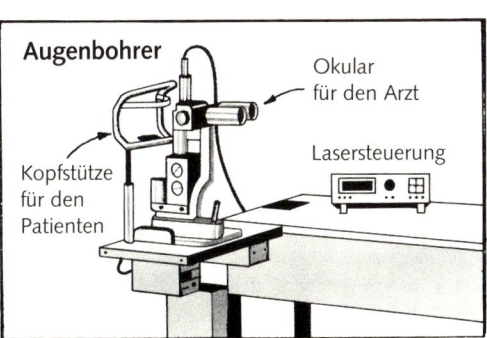

„Gasschnüffler"

Gasleitung Leck Das Gas absorbiert einige der Lichtstrahlen.

Laserstrahl

Ein Laser kann mit Spektroskopie (siehe Seite 128) Lecks in Gasleitungen aufspüren. Wenn ein Leck auftritt, wird etwas Licht vom Gas absorbiert und das Leck auf diese Weise entdeckt.

Fälschungssicherer Geldschein

Die 50-Pfund-Noten der Bank von England tragen auf dem Silberstreifen, der in das Papier eingelassen ist, ein Muster, das mit einem Laser eingraviert worden ist. Es ist fast unmöglich, solche Banknoten nachzumachen.

Augenbohrer

Okular für den Arzt

Lasersteuerung

Kopfstütze für den Patienten

Einige Augenkrankheiten werden dadurch verursacht, daß im Augapfel Druck entsteht. Dies kann man dadurch beheben, daß man mit einem Laser winzige Löcher in die Augenoberfläche bohrt, um die Spannung zu lösen.

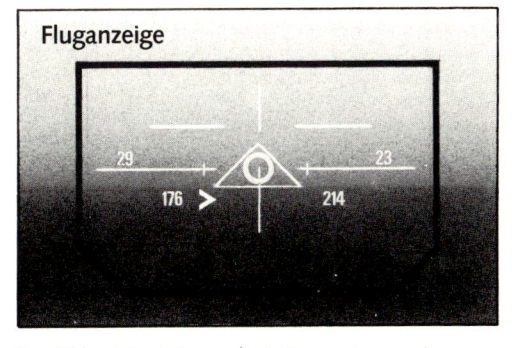

Fluganzeige

Das Bild zeigt, wie Laser die Instrumentenanzeige eines Flugzeugs auf die Windschutzscheibe projizieren, damit der Pilot nicht auf die Instrumententafel nach unten schauen muß. Dies nennt man Über-Kopf-Anzeige.

Fingerabdruckprüfer

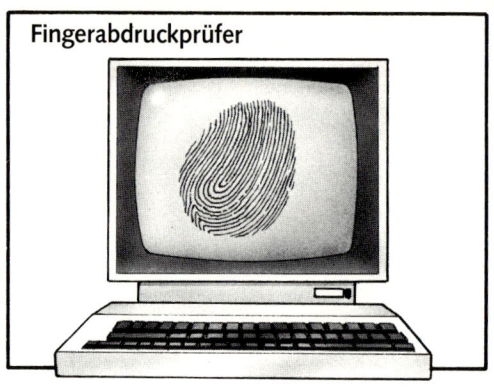

Jeder Mensch hat einen unverwechselbaren Fingerabdruck, der aus Wirbeln, Schleifen und Bogen besteht. Sie können mit Hilfe von Laserstrahlen abgetastet, als Daten im Computer gespeichert und gegebenenfalls von der Polizei verwendet werden. Mit diesem Verfahren könntest du auch deine Finger als „Schlüssel" für ein Laserschloß benutzen.

Weintester

Der Geschmack eines Weins hängt unter anderem von der Größe der Proteinmoleküle ab: Je kleiner die Proteinteilchen, desto geschmackvoller ist der Wein. Die Qualität des Weins kann mit Hilfe von Lasern gemessen werden, da größere Teilchen mehr Licht streuen als kleine.

Diamantenschliff

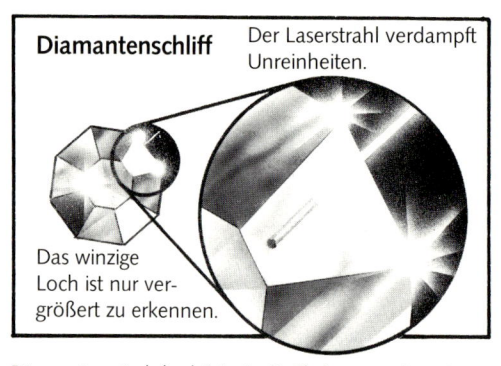

Der Laserstrahl verdampft Unreinheiten.

Das winzige Loch ist nur vergrößert zu erkennen.

Diamanten sind der härteste Stoff, den man kennt, aber sie können mit Laserstrahlen gebohrt werden. Fehler, z. B. Kohlenstoffflecken, lassen sich entfernen, indem man ein winziges, unsichtbares Loch in den Edelstein bohrt und die schwarzen Flecken verdampft.

Schlagmonitor

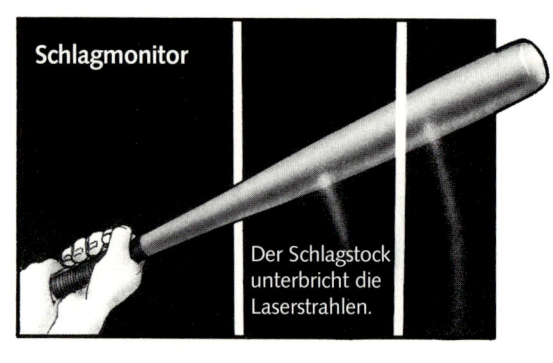

Der Schlagstock unterbricht die Laserstrahlen.

Laser werden sogar eingesetzt, um die Schlaggeschwindigkeit von Baseballspielern zu messen sowie ihre Schlagkraft, ihre Geschwindigkeit und ihren Stil festzustellen. Zur Messung schwingt der Spieler den Schlagstock durch zwei Laserstrahlen.

Krebsbehandlung

Mit Hilfe von Lasern können Ärzte Krebs feststellen und behandeln. Dazu spritzt man eine spezielle Chemikalie (HPD) in den Körper des Patienten ein. Sie wird vom lebenden Gewebe aufgenommen und durch die normale Körperfunktion wieder ausgeschieden. Das HPD bleibt aber in krebsbefallenen Zellen länger, da diese nicht normal arbeiten. Dadurch können die Ärzte eine Krebsgeschwulst feststellen; sie ist sehr lichtempfindlich und glüht rot auf, wenn sie mit einem violetten Laser angestrahlt wird. Wenn das aufleuchtende HPD dann mit einem roten Laserstrahl „beschossen" wird, findet eine photochemische Reaktion statt. Dadurch werden giftige Atome erzeugt. Dieses Gift tötet sofort das umliegende, vom Krebs befallene Gewebe; es hat jedoch keinen Einfluß auf die gesunden Zellen in der weiteren Umgebung.

Das HPD hält sich in den Krebszellen.

Krebsgeschwulst

Violettes Laserlicht läßt das HPD rot aufglühen.

HPD wird eingespritzt.

Fernsehbilder mit Laserstrahlen

Ein farbiges Fernsehbild besteht aus mehreren hundert waagerechten Zeilen winziger aufleuchtender Punkte. In den herkömmlichen Fernsehröhren werden die Punkte durch drei Elektronenkanonen erzeugt; je eine für die Farben Rot, Blau und Grün. Bei diesem System entsteht ein Bild nur auf einer Oberfläche, die mit einer speziellen Phosphorschicht belegt ist. Bei einem neueren System erzeugen rote, grüne und blaue Laserstrahlen das bewegliche Bild. Die Strahlen und Punkte werden durch eine Reihe von elektronisch gesteuerten Spiegeln gelenkt, damit sie das Bild aufbauen. Das Bild ist viel klarer als bei den bisher üblichen Fernsehgeräten und kann auf jede Oberfläche projiziert werden.

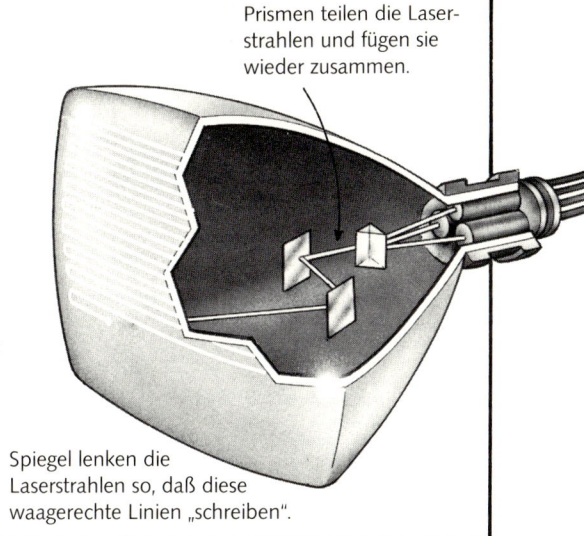

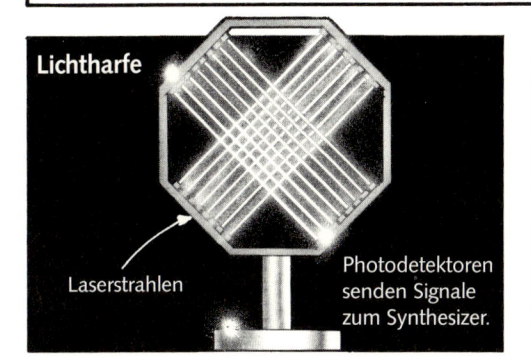

Prismen teilen die Laserstrahlen und fügen sie wieder zusammen.

Spiegel lenken die Laserstrahlen so, daß diese waagerechte Linien „schreiben".

Lichtharfe

Laserstrahlen

Photodetektoren senden Signale zum Synthesizer.

Diese Harfe hat „Lasersaiten", die dadurch „angeschlagen" werden, daß man die Strahlen mit der Hand unterbricht. Die unterbrochenen Strahlen senden Signale an einen elektronischen Musiksynthesizer, der die Töne erzeugt.

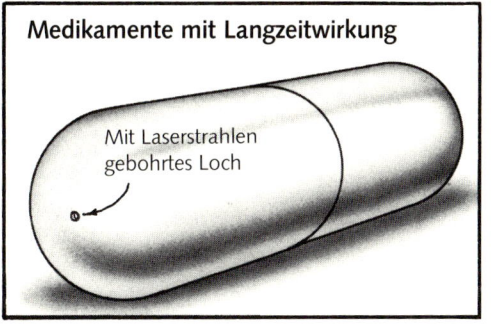

Medikamente mit Langzeitwirkung

Mit Laserstrahlen gebohrtes Loch

Manche Medikamente wirken nur dann richtig, wenn sie sich gleichmäßig im Blut verteilen. Medikamentenkapseln wie diese haben ein kleines Laserloch, durch das die Wirkstoffe ständig in gleichbleibender Menge abgegeben werden.

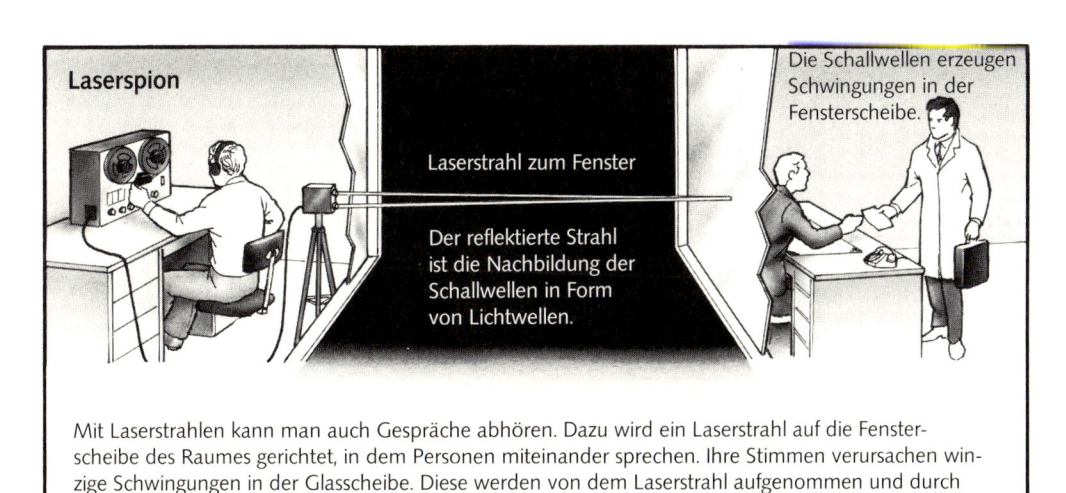

Laserspion

Die Schallwellen erzeugen Schwingungen in der Fensterscheibe.

Laserstrahl zum Fenster

Der reflektierte Strahl ist die Nachbildung der Schallwellen in Form von Lichtwellen.

Mit Laserstrahlen kann man auch Gespräche abhören. Dazu wird ein Laserstrahl auf die Fensterscheibe des Raumes gerichtet, in dem Personen miteinander sprechen. Ihre Stimmen verursachen winzige Schwingungen in der Glasscheibe. Diese werden von dem Laserstrahl aufgenommen und durch Reflexion an einen Empfänger übermittelt, der die Schwingungen wieder in Töne umwandelt.

Laser als Waffen

In den Anfängen der Lasertechnik erschienen Laser in Science-fiction-Filmen und -Büchern als tödliche Waffen. In vielen Filmen werden in Kampfhandlungen immer noch „Laserschwerter", Strahlenwaffen und Weltraumkanonen gezeigt. Tatsächlich versuchen Rüstungstechniker und -konstrukteure, Laser zu entwickeln, die Flugzeuge, Raketen und Satelliten zerstören können. Das Problem dabei ist, daß solche Laser sehr leistungsfähig und außergewöhnlich groß sein müßten und damit sehr unhandlich und schwer wären. Dennoch werden Laser schon zu militärischen Zwecken eingesetzt.

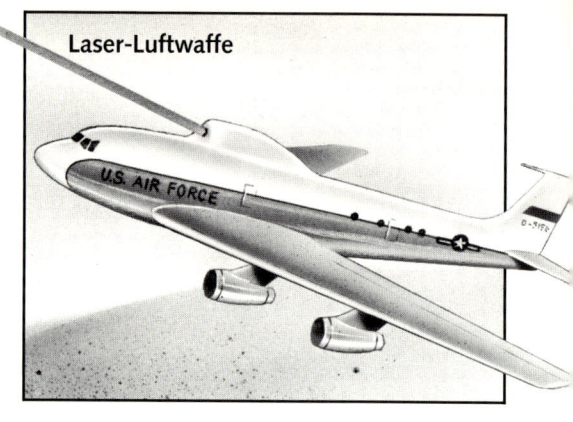

Laser-Luftwaffe

Dieses Bild zeigt eine der wenigen Laserwaffen, die tatsächlich gebaut wurden. Es ist ein umgebautes Verkehrsflugzeug der US-Luftwaffe, das mit einem riesigen Kohlendioxid-Laser ausgerüstet ist. 1983 gelang es, damit fünf Raketen abzuschießen.

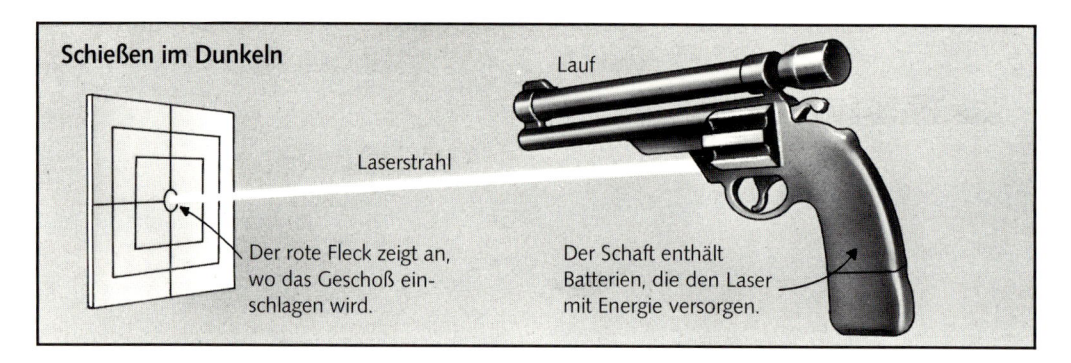

Schießen im Dunkeln

Lauf

Laserstrahl

Der rote Fleck zeigt an, wo das Geschoß einschlagen wird.

Der Schaft enthält Batterien, die den Laser mit Energie versorgen.

Dieser gewöhnlich aussehende Revolver hat einen Helium-Neon-Laser unter dem Lauf. Eine leichte Berührung des Abzugs aktiviert den Laser und wirft einen roten Laserlichtflecken auf die Zielscheibe. Der Fleck ist im Dunkeln zu sehen; man kann damit aber auch bei Tageslicht das Ziel treffen, da das Geschoß genau dort einschlägt, wo der Fleck ist. Deshalb kann der Revolver „aus der Hüfte" abgefeuert werden.

Feldstecher mit Zielmeßgerät

Dieser Feldstecher ist auf ein Panzerabwehrgeschütz montiert und mit einem Laser ausgerüstet, der die Entfernung zwischen dem Geschütz und einem Ziel mißt. Der Benutzer richtet den Feldstecher auf das Ziel und startet den Laser. Ein unsichtbarer, langwelliger Strahl trifft das Ziel und wird zum Feldstecher zurückgeworfen. Dort berechnet ein elektronisches Meßgerät, wie weit das Ziel entfernt ist. (Wie das funktioniert, steht auf Seite 126/127.) Die Entfernung wird in einem der Okulare angezeigt. Wenn sich das Zielobjekt innerhalb der Reichweite des Geschützes befindet und es sich mit dem Feldstecher verfolgen läßt, kann der Schütze mit einem Treffer rechnen.

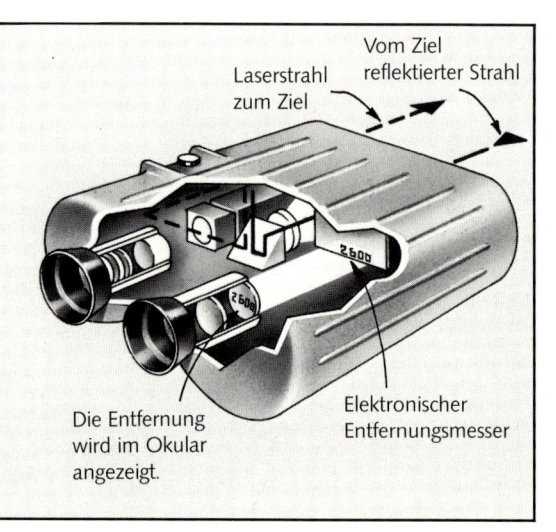

Laserstrahl zum Ziel

Vom Ziel reflektierter Strahl

Die Entfernung wird im Okular angezeigt.

Elektronischer Entfernungsmesser

Wichtige Begriffe

Akustikkoppler: Eine Art **Modem**, bei dem der Hörer des Telefons in zwei entsprechende Vertiefungen gelegt wird. Der Akustikkoppler wandelt Computerdaten in Töne um und umgekehrt.

Analog: Das Wort bedeutet eigentlich „ähnlich" oder „entsprechend"; in der Computersprache bedeutet es jedoch „allmähliche Änderung" – das Gegenteil von **digital**.

Android: Ein Roboter, der so konstruiert und verkleidet ist, daß er aussieht und sich bewegt wie ein Mensch.

Anregung: Dieser Vorgang steigert die Energie von Atomen oder Molekülen in höhere Erregungszustände. Bei Lasern kann man dies z. B. dadurch erreichen, daß man Feststoffe mit Licht anstrahlt oder einen elektrischen Stromstoß durch Gase schickt.

Arbeitsbereich: Dieser technische Ausdruck beschreibt die verschiedenen Richtungen, in die sich ein Armroboter bewegen kann. Je mehr Gelenke ein Roboter in seinem Arm hat, um so größer ist normalerweise sein Arbeitsbereich.

Argon: Ein Edelgas, mit dem Fluoreszenzlampen („selbstleuchtende" Lampen) und Glühbirnen gefüllt werden. In einem Laser erzeugt es grüne, blaue und ultraviolette Strahlen.

Automation: Ein Zustand, in dem Maschinen ihre Aufgaben weitgehend ohne die ständige Mitarbeit von Menschen ausführen. Automaten werden heutzutage oft von Computern oder Mikrochips gesteuert.

Bar Code: siehe **Strichcode**.

BASIC: Englische Abkürzung für **B**eginner's **A**ll **P**urpose **S**ymbolic **I**nstruction **C**ode (soviel wie Allzweck-Symbolsprache für Anfänger); eine verbreitete Computersprache, die zum Schreiben von Computerprogrammen eingesetzt wird.

Bildschirmtext: Ein Zweiweg-Kommunikationssystem, bei dem man Informationen von einer Datenzentrale abrufen und selbst Antworten zurücksenden kann. Bildschirmtext wird über das Telefonnetz oder über Zweiweg-Kabelfernsehen übertragen. Zum Empfang von Bildschirmtext braucht man ein **Modem** und einen Decoder.

Bit: Kurzform von **b**inary dig**it**; die kleinste Einheit zur Darstellung von Daten im Binärsystem. Im Computer werden Bits durch „Ein"- oder „Aus"-Impulse (geschrieben als 1 bzw. 0) dargestellt.

Brennpunkt (oder **Fokus**)**:** Der Punkt, an dem sich Lichtstrahlen treffen, die durch Linsen oder Spiegel gebündelt werden. Bei Laserlicht hängt die Größe des Brennpunktflecks von der Wellenlänge des Lasers ab. Sichtbare und fast infrarote Laserstrahlen können auf ungefähr 2 oder 3 Mikrometer (1 Mikrometer = 1 millionstel Meter) fokussiert werden, während Kohlendioxid-Laser sich nur auf einen Fleck von 50 Mikrometer Durchmesser bündeln lassen.

Byte: Eine Gruppe von acht **Bits**. Mit Bytes werden einzelne Daten wie Zahlen, Buchstaben oder Symbole dargestellt.

Cellular Telefon: Ein Funktelefon-System, bei dem begrenzte Bereiche, sogenannte „Zellen", von einem Umsetzer versorgt werden. Die Umsetzer bilden ein Netz sich überlappender Zellen. (Das System besteht in der Bundesrepublik noch nicht.)

Chip: Siehe **Mikrochip**.

Computer: Ein elektronischer Rechner, der Informationen verarbeiten kann und Befehle in Form eines Programms erhält.

Daten: Ein anderes Wort für Informationen; meist auf Informationen bezogen, mit denen ein Computer arbeitet.

Datenbank: Ein elektronisches Archiv, das von Computern auf die unterschiedlichste Weise benutzt werden kann.

Digital: Im Gegensatz zu „analog" bedeutet „digital" soviel wie „in Zahlen dargestellt". Computer können nur digitale Informationen verarbeiten, die in Binärzahlen übersetzt wurden.

Diode: Ein elektronisches Bauteil, das den Strom nur in einer Richtung fließen läßt.

Direktkoppler: Ein **Modem**, das den Computer unter Umgehung des Hörers direkt mit der Telefonleitung verbindet.

Diskette (oder **Floppy disk**)**:** Eine biegsame, magnetische Kunststoffscheibe zur Speicherung von Computerdaten. Diese werden mit Hilfe eines Diskettenlaufwerks aufgezeichnet oder abgespielt.

Durchführprogrammierung: Eine Möglichkeit, einen Roboter „auszubilden", indem man ihn durch die Bewegungen führt, die er später ausführen muß, um die vorgesehene Arbeit zu erledigen.

137

Elektromagnetische Strahlung: Energiewellen, deren Wellenlängen von weniger als einem billionstel Millimeter bis zu mehreren zehntausend Metern reichen können und die alle Arten von Licht, Radiowellen und Röntgenstrahlen umfassen. Alle elektromagnetischen Wellen breiten sich mit 300 Millionen Meter pro Sekunde in der Luft aus.

Fokus: siehe **Brennpunkt**.

Frequenz: Die Anzahl der vollständigen Wellen (Wellengipfel und Wellental), die in einer Sekunde erzeugt werden. Für elektromagnetische Wellen erhält man die Frequenz, indem man die Geschwindigkeit durch die Wellenlänge dividiert. Gemessen wird die Frequenz in Hertz.

Getriebe: Ein System von Zahnrädern, mit dem die Geschwindigkeit eines Motors reduziert oder erhöht werden kann. Es wird zwischen einem Motor und dem Teil eines Roboters eingebaut, das davon angetrieben wird.

Greifer: Der Mechanismus, der am Handgelenk eines Armroboters befestigt ist und mit dem der Roboter Dinge festhalten oder aufheben soll.

Hardware: Der Computer selbst sowie die zugehörigen **Peripheriegeräte**.

Helium und **Neon:** Zwei Edelgase, die Laserstrahlen aussenden, wenn sie gemischt und elektronisch angeregt werden. Helium-Neon-Laser erzeugen sowohl unsichtbares Infrarotlicht wie auch sichtbares Licht. Da sie einfach herzustellen und vergleichsweise preiswert sind, werden sie meist als rote Laserlichtquellen für Justieraufgaben u. ä. eingesetzt.

Hologramm: Die dreidimensionale Aufzeichnung eines Bildes auf einem Film oder einer fotografischen Platte, wobei Laserlicht als Lichtquelle benutzt wird.

Hydraulisches System: Ein Gerät, das bei Armrobotern häufig zum Antrieb mechanischer Teile eingesetzt wird. Dabei dienen flüssigkeitsgefüllte Rohre und Zylinder zur Erzeugung und Regulierung des benötigten Drucks.

Input: Informationen, die zur Verarbeitung in einen Computer eingegeben werden.

Integrierte Schaltung (IC): Ein anderer Name für einen **Mikrochip**.

Interferenz: Dieser Effekt entsteht, wenn sich zwei oder mehrere Wellen überlagern: Wenn sich die Gipfel von zwei gleichartigen Wellen überlagern, entsteht eine größere Welle (konstruktive Interferenz), wenn jedoch ein Wellengipfel auf ein Wellental trifft, wird die Welle ausgelöscht und verschwindet (destruktive Interferenz).

Interferenzmuster (Interferogramm): Das Muster, das durch Wellen erzeugt wird, die sich überlagern. Für zwei gleiche Wellen kann das Interferenzmuster von null bis zu doppelter Größe reichen.

Interferometer: Ein Gerät, das Interferenzeffekte erzeugt. Interferometer können benutzt werden, um die verschiedenen Wellenlängen von Licht zu messen. Wenn das Gerät bei einer bestimmten Wellenlänge eingesetzt wird, kann man damit auch kleine Entfernungen sehr genau messen.

Kernfusion: Eine Atomreaktion, bei dem ein oder mehrere leichte Elemente zu einem schweren verschmolzen werden. Auf der Sonne wird Wasserstoff ständig zu Helium fusioniert. Diese Reaktion, die in der Wasserstoffbombe nachgebildet worden ist, setzt sehr viel Energie frei. Sie findet nur bei sehr hohen Temperaturen und ungeheuer hohem Druck statt.

Kohärentes Licht: Lichtstrahlen mit einer einzigen Wellenlänge und gleicher Schwingung. Alle Lichtwellen sind miteinander „in Phase", d. h. alle Wellengipfel und Wellentäler stimmen überein. Laserstrahlen erzeugen kohärentes Licht, Glühlampen und Leuchtstoffröhren dagegen nicht.

Kohlendioxid: Dieses Gas entsteht, wenn kohlenstoffhaltige Stoffe unter Sauerstoffzufuhr verbrannt werden. Wird es durch elektrischen Strom entsprechend angeregt, so erzeugt es langwellige Laserstrahlen im Infrarotbereich. Die Ausbeute an Laserlicht erhöht sich, wenn Kohlendioxid mit Stickstoff und Helium gemischt wird.

Künstliche Intelligenz: Das Bemühen, Maschinen „intelligente" Dinge tun zu lassen. Fachleute sind sich allerdings nicht einig darüber, was genau bei Maschinen als Intelligenz oder intelligentes Verhalten angesehen werden kann.

Laser: Englische Abkürzung für **L**ight **A**mplification by **S**timulated **E**mission of **R**adiation = Lichterzeugung durch angeregte Strahlenaussendung. Ein Gerät, in dem die Atome fester oder gasförmiger Stoffe durch Lichteinwirkung so angeregt werden, daß sie **kohärentes Licht** ausstrahlen.

LCD: Englische Abkürzung für **L**iquid **C**rystal **D**isplay, auf deutsch Flüssigkristallanzeige; ein Leuchtfeld oder kleiner Bildschirm zur Anzeige von Informationen.

LED: Englische Abkürzung für **L**ight **E**mitting **D**iode, auf deutsch Leuchtdiode; eine **Diode**, die Licht aussendet, sobald sie von elektrischem Strom durchflossen wird.

Licht: Ursprünglich die Bezeichnung für elektromagnetische Wellen, die man mit dem Auge sehen kann. Heute weiß man, daß Licht auch aus unsichtbaren ultravioletten und infraroten Wellen bestehen kann. Licht, das sich aus allen Wellenlängen sichtbaren Lichts zusammensetzt, erscheint dem menschlichen Auge als weißes Licht.

Lichtleiter: Dünne Fasern aus Glas oder Kunststoff, die Licht leiten können. Glasfasern sind sehr biegsam und übertragen Infrarot-Lasersignale über mehr als 100 Kilometer.

Linse: Ein durchsichtiger Körper, meist aus Glas oder Kunststoff, der so geformt ist, daß er einen Lichtstrahl bündeln (fokussieren) oder zerstreuen kann. Konvexe Linsen sammeln, konkave Linsen streuen Licht.

Logo: Eine Computersprache, mit der man vor allem Grafikroboter (z. B. die **Schildkröte**) programmieren kann.

Maschinencode: Eine Computersprache, die aus Binärzahlen besteht und die ein Computer direkt „versteht" und verarbeiten kann.

Mikrochip: Ein kleines elektronisches Gerät, das viele Bauteile und Schaltungen enthält, die auf die Oberfläche eines Halbleitermaterials wie Silizium geätzt sind.

Mikrowellen: Besonders kurze elektromagnetische Wellen, die für Richtfunk- bzw. Telekommunikationsverbindungen benutzt werden.

Modem: Abkürzung für **Mo**dulator/**Dem**odulator; ein Gerät, das Computerdaten in Signale umwandelt, die über Telefon gesendet oder empfangen werden können.

Neodym: Ein Metall, das unterschiedliche Energieebenen hat, die für Laserreaktionen ausgenutzt werden können. Neodym wird in ein entsprechendes Material verpackt, das Laserlicht aussendet, z. B. in YAG (**Y**ttrium-**A**luminium**g**ranat) oder in Glas.

On-line: Wenn ein Terminal, Telefon oder ein anderes Endgerät direkt mit einem Computer verbunden ist, sagt man, es ist on-line (angeschlossen). Ist es nicht angeschlossen oder abgeschaltet, so ist es off-line.

Orientierung: Die Informationen von Sensoren eines mobilen Roboters benutzt der Computer, um den Roboter von einer Stelle zu einer anderen zu bewegen, ohne daß dieser irgendwo anstößt.

Output: Informationen, die von einem Computer ausgegeben werden.

Peripheriegeräte: Geräte, die zusätzlich an einen Computer angeschlossen werden können, wie Kassettenrecorder, Diskettenlaufwerk, Drucker, Grafiktablett u. a.

Photozelle: Ein elektronisches Gerät, das Veränderungen von Lichtverhältnissen erfaßt und diese in elektrische Signale umwandelt. Es wird oft als Teil eines **Sensors** an Robotern benutzt.

Pitch: Bezeichnung für die Auf- und Abbewegung eines Robotergelenks; sie ähnelt der Bewegung bei der Benutzung eines Hebels.

Pixel: Englische Abkürzung für **pic**ture **cell**, auf deutsch Bildzelle. Ein Bildschirm wird in ein Gitter aus Bildpunkten aufgeteilt. Bestimmte Chips im Bildschirmgerät lassen diese Bildpunkte als Antwort auf Signale von einem Computer aufleuchten.

Pneumatisches System: Ein Gerät, das bei Armrobotern zur Bewegung mechanischer Teile eingesetzt wird. Dabei dienen luft- oder gasgefüllte Rohre und Zylinder zur Erzeugung und Regulierung des benötigten Drucks.

Prisma: Ein dreieckig aussehender Block, meist aus Glas oder Kunststoff, der die Lichtwellen in unterschiedlichen Winkeln bricht und dadurch das Farbspektrum sichtbar werden läßt.

Programm: Eine Folge von Anweisungen, die einen Computer oder Roboter eine Aufgabe ausführen lassen. Sie sind in Computersprachen geschrieben, beispielsweise in **BASIC** oder in **Maschinencode**.

Rechnerkopplung: Die Verbindung einer Datenbank mit dem Bildschirmtext-System, so daß die Benutzer Zugriff auf die Informationen der Datenbank haben.

Roboter: Eine computergesteuerte Maschine, die dazu programmiert werden kann, verschiedene Dinge zu tun. Fachleute definieren den Begriff „Roboter" unterschiedlich.

Roll: Bezeichnung für die Bewegung eines Robotergelenks, die dem Schlingern („Rollen") eines Schiffes von einer Seite zur anderen ähnelt.

Rubin: Ein Mineral aus Aluminiumoxid, das Chrom enthält. Chrom kann aufgrund seines Energiegehalts zur Gewinnung von Laserstrahlen eingesetzt werden.

Rückkopplung: Die Informationen über den Roboter oder seine Umgebung, die ein Computer von den **Sensoren** des Roboters erhält.

Satellitenfernsehen: Fernsehsendungen, die über Satelliten ausgestrahlt und mit Hilfe einer speziellen Parabolantenne empfangen werden können.

Schildkröte: Ein Mikroroboter auf Rädern, der sich nach einem entsprechenden Programm bewegen und zeichnen kann.

Schnittstelle: Ein elektronisches Bauteil mit integrierten Schaltkreisen, das zur Umwandlung von Signalen dient, die zwischen einem Computer und einem Peripheriegerät, z. B. einem Roboter, ausgetauscht werden.

Seite: Die bildschirmfüllende Anzeige von Informationen bei Bildschirmtext und Videotext; wird auch Einzelbild genannt.

Sensor: Ein Gerät, das dem Computer eines Roboters Informationen über den Roboter oder seine Umgebung übermittelt.

Software: Ein anderer Ausdruck für Computerprogramme. Der Computer selbst, auf dem man die Software benutzt, wird zur **Hardware** gerechnet.

Sonar: Ein **Sensor**, der oft für Orientierungszwecke eingesetzt wird. Solche Sensoren senden einen Ton aus und „hören" dann das Echo ab, das von Hindernissen reflektiert wird. Man kann damit z. B. Entfernungen berechnen, indem man die Zeit mißt, die der Ton vom Sonar bis zum Hindernis und zurück braucht.

Spektroskopie: Die Untersuchung und Bestimmung der Wellenlängen von Flüssigkeiten und Gasen. Einstellbare Laser, d. h. solche, deren Wellenlänge veränderbar ist, sind besonders geeignet für diese Aufgabe.

Spektrum: Darunter versteht man normalerweise die Spannweite der Farben von sichtbarem Licht. Als elektromagnetisches Spektrum bezeichnet man die gesamte Spannweite elektromagnetischer Wellen.

Sprachsynthesizer: Ein elektronisches Gerät, oft ein Chip, das programmiert werden kann, um mit Hilfe eines Lautsprechers Wörter und Sätze von sich zu geben. Dabei wird jedes einzelne Wort in kleine Klangeinheiten aufgegliedert, die dann digital aufgezeichnet werden.

Strichcode: Ein Muster aus unterschiedlich breiten schwarzen und weißen Streifen, das digitale Daten darstellt.

Telebanking: Die Abwicklung von Bankgeschäften von zu Hause aus über Telefonleitung oder Fernsehkabel (Bildschirmtext).

Telesoftware: Computerprogramme, die über Videotext in Ihren Computer übertragen werden können. (Wird in der Bundesrepublik noch nicht angeboten.)

Teletext: Eine Sammelbezeichnung für die Fernübertragung von Informationen auf den Fernsehbildschirm. Dazu zählen Bildschirmtext, Bürofernschreiben und Videotext. Da alle diese Systeme neue Entwicklungen sind, gibt es noch keine einheitlichen Bezeichnungen dafür. So wird z. B. Videotext auch als Teletext bezeichnet, Bürofernschreiben als Teletex, und Bildschirmtext wird gelegentlich Videotext genannt.

Terminal: Eine Computertastatur oder ein anderes Eingabegerät, das über keinen eigenen Rechner verfügt, das aber mit einem Computer oder einer Datenbank verbunden ist.

Textautomat: Ein Computer, der zum Schreiben, Korrigieren und Überarbeiten, Speichern oder Verändern von Texten benutzt wird.

Transformator: Ein elektronisches Gerät, das Starkstrom oder Netzstrom in eine niedrigere Spannung umwandelt, die geeignet ist, z. B. Mikroroboter oder Modelleisenbahnen anzutreiben.

Transphasor: Das mit optischen Mitteln arbeitende Gegenstück zum Transistor. In einem Computer wird die Schaltfunktion eines Transistors von einem elektrischen Impuls ausgelöst. Diese Funktion wird bei einem Transphasor durch einen Lichtimpuls ausgelöst.

User Port: Der Anschluß am Computer, an dem Schnittstellen und andere elektronische Geräte eingesteckt werden können.

Videotext (oder **Fernsehtext**): Computerinformationen, die in Form von Texten und Grafiken zusammen mit den Fernsehsignalen in der Austastlücke des Fernsehbildschirms auf das Fernsehgerät zu Hause übertragen werden. Für den Empfang braucht man einen Videotext-Decoder.

Wahlfreier Zugriff (englisch random access): Wenn Informationen auf Band gespeichert sind, muß man dieses vorwärts und rückwärts laufen lassen, um eine bestimmte Stelle zu finden. Ein System mit wahlfreiem Zugriff ermöglicht es, ohne Wartezeit von einer Stelle zu einer anderen zu springen. Solche Systeme gibt es als Speicherchips auf sogenannten Karten, auf Magnetdisketten und Laserplatten.

Wellenlänge: Der Abstand zwischen zwei aufeinanderfolgenden Gipfeln einer Welle. Verschiedene Farben haben unterschiedliche Wellenlängen. Grünes Licht hat z. B. eine Wellenlänge von 500 Nanometer (1 Nanometer = 1 milliardstel Meter).

Yaw: Bezeichnung für die Links- und Rechtsbewegung eines Robotergelenks – ähnlich der Bewegung beim Lenken eines Fahrrads.

Zugriff: Die Möglichkeit, Daten aus einem Computer oder einer Datenbank abzurufen.

Register

Absorption 103, 128
Adapter 24
Akku 56
Akustikkoppler 19, 25, 137
Algorithmisches Programm 80
ALU 42
Analog-Digital-Wandler 75
Android 83, 137
Antenne 9, 14, 34, 46, 139
Antiope 46
Antrieb 54 – 56, 138
Arbeitsbereich 68, 69, 137
Arithmetisch-logische Einheit 42
Armroboter 50, 68, 70, 74, 83, 137 – 139
Austastlücke 23, 140
Automation 137

Bargeldlose Gesellschaft 12
BASIC 25, 137, 139
Basis 85
Bild 3, 4, 6, 8, 15, 17, 18, 22, 23, 40, 41, 45, 62, 108, 117, 118, 124, 125, 132, 135
Bild, ebenes 119
– pseudoskopisches 119
– reales 119
– virtuelles 119
Bildfernsprechen 46
Bildgenerator 19
Bildplatte(nspieler) 6, 7, 14, 15, 21, 40, 41, 45, 95, 110, 111, 124, 125
Bildpunkt 17, 18, 139
Bildschirm(gerät) 7, 11, 14, 15, 17, 23, 25, 27 – 29, 40, 45, 46, 65, 138, 139
Bildschirmtext 4, 7, 13, 14, 16 – 25, 32, 36, 44, 46, 137, 139, 140
Bildschirmzeitung 46
Bildtelefon 21, 46
Binärcode, -system 8, 74, 78, 130, 137, 139
Bit 8, 15, 74, 75, 79, 137
Brennpunkt 137
Broadcast Teletext 46
Btx 19, 46
Bürocomputer 20
Bürofernschreiben 4, 6, 26, 46, 140
Bus 74
Byte 8, 74, 75, 137

CAD 38
CAM 38
Ceefax 46
Cellular Telefon 137
Chip 3, 6, 7, 13, 15, 18, 23, 28, 30, 31, 37, 41 – 43, 45, 56, 100, 108, 137 – 140
Compact Disc 9, 45, 110, 111

Computerprogramm 5, 7, 9, 16, 24, 29, 38, 39, 41, 56, 66, 80 – 82, 107, 137, 139, 140
Computersprache 25, 137, 139
Computersteuerung 41, 45, 56, 57, 74 – 76, 80, 109, 122
Computerunterstützte Produktion 38
Computerunterstütztes Konstruieren 38

Daten 8, 137
Datenbank 4, 18, 19, 24, 26, 27, 30, 34, 137, 139, 140
Datenfernübertragung 35
Datensichtgerät 26
Datenspeicher siehe Datenbank
Dauerstrichlaser 102
Decoder 14, 17 – 19, 22 – 24, 46, 137, 140
Dialogverkehr 14, 15
Didon / Antiope 46
Digitalcode 8, 9, 130
Digitalplatte 102, 110, 111
Digitaluhr 8, 44, 45
Diode 42, 85, 137, 138
Direktkoppler 19, 137
Direktsteuerung 66
Diskette(nlaufwerk) 5, 9, 20, 25, 26, 28, 29, 41, 44, 137, 139, 140
Downloading 26
Drucker 4, 9, 12, 13, 25 – 30, 45, 139
Drucksensor 44
Durchführprogrammierung 66, 137

Einwegsystem 16, 22
Einzelbild 111
Electronic Mail 46
Elektrische Impulse 6, 8, 10, 37, 42, 44, 52, 74, 140
Elektrische Signale 8, 17, 19, 32, 33, 35, 40, 41, 67, 74, 76, 80, 110, 111, 122, 124, 125, 139
Elektrische Spannung 8, 37, 54, 79, 80, 140
Elektrischer Strom 42, 52, 54, 73, 74, 86, 98, 100, 138
Elektromagnet 70, 71, 73, 86
Elektromagnetische Wellen 31, 36, 124, 138 – 140
Elektromagnetisches Spektrum 36
Elektromotor 60, 63, 70, 83
Elektronen 37, 130
Elektronenkanone 135
Elektronische Post 18
Elektronischer Briefkasten 46
Emission 98, 99
– spontane 98

Emitter 85
Endoskop 112
Energie 97, 98, 100, 129, 137, 138
Farbe 95 – 97, 101, 102, 110, 115, 116, 123, 140
Farblaser 100, 123, 128
Fernbedienung 15, 16, 22, 46
Fernkopierer 32, 46
Fernschreiber 27
Fernsehen, Fernsehsendung 14 – 16, 18, 124, 139
Fernsehgerät 8, 14 – 16, 18 – 20, 22 – 25, 29, 30, 35, 40 – 42, 46, 135, 140
Fernsehkamera 49, 56, 57, 59, 60, 74, 75
Fernsehprogramm 5, 14, 23
Fernsehsignale 4, 14, 16, 22, 32, 34, 40, 140
Fernsehtext 140
Festkörperlaser 101
Festwertspeicher 43
Film 40, 114, 116, 118, 121, 123, 138
Flachbildschirm 15
Fließband 50, 51, 64, 65, 67, 74, 75, 77
Floppy disk 137
Flüssigkristallanzeige 14, 138
Fokus 137
Fotoapparat 7
Fotokopierer 26, 27
Frequenz 36, 95 – 97, 138
Funk 31, 52
Funktelefon 31, 137

Gabelstapler 50, 65, 82
Gammastrahlen 36
Gasdrucksystem 70
Gaslaser 98, 100, 104
Gedruckte Schaltung 43
Geldautomat 12, 13
Geschlossene Nutzergruppe 20
Glasfaser(kabel) 8, 15, 33, 77, 103, 139
Grafik 4, 8, 17, 18, 45, 140
Grafiktablett 139
Greifarm, Greifer 55, 60, 61, 67, 71 – 73, 77, 138
Großcomputer 21

Halbleiter 42, 43
Halbleiterkamera 77
Hardware 138, 140
HDTV 15
Heimcomputer 5 – 7, 14, 15, 19, 24, 25, 44, 49, 62
Heuristisches Programm 80
Hi-Fi-Lautsprecher 14
Hitze 129

Hochleistungslaser 102, 105, 128
Hochzeilenfernsehen 15
Hologramm 95, 114 – 121, 138
Holographie 116, 118 – 120
Hydraulisches System 70, 71, 83, 138

IC 42, 138
Impulse, elektrische 6, 8, 10, 37, 42, 44, 52, 74
Impulse, magnetische 40
Impulslaser 104, 106, 109, 121
Industrielaser 104
Industrieroboter 51, 54, 58, 67, 82, 107
Informationen, analoge 8, 41, 74, 75
– digitale 8 – 10, 35, 41, 45, 74, 75, 78, 137, 140
Informationsverarbeitung 3, 7, 9, 27, 34, 130, 137, 138
Infrarotlicht, -strahlen 22, 36, 63, 103, 112, 137 – 139
Input 44, 138
Integrierte Schaltung 42, 138
Intelligente Maschinen 7, 39
Interactive Videotex 46
Interferenz 116, 117, 127, 130, 131, 138
– destruktive 117, 131 138
– konstruktive 117, 131, 138
Interferenzmuster 116, 117, 121, 131
Interferogramm 138
Interferometer 127, 138

Kabel(netz, -verbindung) 4, 5, 15, 18, 26, 31, 34, 52, 56, 59, 65, 112, 124, 140
Kabelfernsehen 14 – 16, 18, 21, 24, 36, 46
– interaktives 16
Kabeltext 46
Kalkulation 10, 27
Karte 140
Kassettenrecorder 6, 11, 40, 139
Kernfusion 129, 138
Kollektor 85
Kommunikationssystem 16
Kompaktplatte 9, 110, 124
Kondensator 42
Kontenführung 13
Kontinuierlicher Wellenlaser 102
Kopie 4, 28
Kopiergerät 26, 27
Kristall 101
Künstliche Intelligenz 80, 138
Kybernetik 80

Lagerverwaltung 10, 11
Landesonde 61
Laser 93 – 136
– chemischer 101
Laseranalyse 128, 129

Laserblitz 8
Laserbohrer 105
Laserdetektor 129
Laserchip 37, 110
Laserflecken 97, 132
Laser-Lesegerät 11
Laserlicht, -strahlen 9, 11, 36, 37, 41, 45, 95 – 139
Laserplatte 41, 45, 110, 111, 125, 140
Laufroboter 59, 83
LCD 14, 138
LED 11, 37, 138
Leitseite 17
Leitungstext 46
Lernroboter 59
Lernsteuerung 66
Leuchtdiode 37, 138
Licht(quelle, -strahlen) 37, 45, 52, 77, 79, 81, 96 – 102, 104, 105, 110, 114, 115, 122 – 124, 126, 128 – 131, 137 – 140
– infrarotes 22, 36, 63, 103, 112, 137 – 139
– (in)kohärentes 97, 99, 117, 138
– monochromatisches 96
– ultraviolettes 36, 103, 138
Lichteffekte 122, 123
Lichtenergie 98, 102
Lichtgeschwindigkeit 102, 126, 130
Lichtimpulse 8, 102, 140
Lichtleiter 8, 15, 33, 36, 37, 43, 77, 112, 124, 133, 139
Lichtstift 10
Lichtwellen 36, 95 – 97, 103, 114, 116, 117, 131, 135, 139
Linse 37, 103 – 105, 108, 110, 116 – 118, 123, 127, 137, 139
Lochkarte, -streifen 9
Logo 62, 63, 66, 139

Magnetband 12, 28, 40, 44, 125
Magnetfeld 52, 73, 86
Magnetgreifer 73
Magnetsignale 52
Magnetspeicher 44
Magnetstreifen 12, 44
Manipulator 50
Maschinencode 25, 139
Maschinenlesbare Schrift 12
Maschinenzentrum 64
Menü 16, 18, 25
Mikrochip siehe Chip
Mikrocomputer 26, 83
Mikroelektronik 7, 14, 30, 38, 42, 49
Mikrofon 39, 45, 46, 49, 58, 67, 80, 111, 124
Mikroprozessor 9, 42 – 45, 132
Mikroroboter 49, 51, 62, 66, 67, 76, 84 – 92, 140
Mikroschreiber 29

Mikrowellen 31, 34 – 36, 139
Modem 6, 18, 24, 26, 29, 30, 33, 43, 46, 137, 139
Modul 83
Monitor 18
Musik 5, 8, 9
Musiksynthesizer 135

Nachrichtensatellit 8, 34, 35, 61
Nachrichtenverbindung 6, 36, 127

Objektstrahl 116 – 118
Öldrucksystem 70
Optischer Leiter 103, 105
Optischer Positionsmelder 78
Oracle 46
Orientierungssensor 82
Output 44, 139

Parabolantenne 9, 14, 46, 139
Parallaxe 114
Pay-TV 14
Peripheriegerät 138, 139
Phonem 45
Photodetektor 10, 37, 79, 135
Photodiode 41, 45
Photonen 97 – 99, 135
Photozelle 52, 59, 62, 77, 139
Pin 42
Pit 41, 110, 111
Pitch 139
Pixel 17, 139
Platine 63, 86
Plotter 45
Pneumatisches System 71, 139
Positionsmelder 78
Postfax 46
Potentiometer 79
Prestel 46
Prisma 96, 100, 123, 139
Programm
 siehe Computerprogramm

Radar 39, 61
Radioapparat 42
Radiowellen 31, 34 – 36, 124, 138
Rakete 61, 136
RAM 43
Rauchdetektor 45
Raumfähre 60, 132
Raumfahrt 7
Raumsonde 61
Rechnerkopplung 21, 139
Referenzstrahl 116 – 118
Reflexion 41, 103, 105, 124, 125, 132, 135
Reflexionshologramm 115, 117 – 119
Regenbogen-Hologramm 115
Registrierkasse 3, 10, 11
Rekonstruktion 115
Relais 42, 86
Richtfunk 31, 34, 35, 139

Roboter 5 – 7, 34, 39, 47 – 92, 107, 132, 137, 139
– sphärischer 68
– zylindrischer 69
Roboterarchitektur 68
Roboterfahrzeug 52, 53, 59, 70, 78
Robotergelenk 54 – 56, 60, 66, 68, 72, 75, 137, 139, 140
Röntgenstrahlen 36, 138
Roll 139
ROM 43
Rückkanal 14, 16, 18, 24, 46
Rückkopplung 139

Satellit 5, 8, 14, 26, 31, 34, 35, 60, 61, 124, 127, 132, 136, 139
Satellitenfernsehen 14, 15, 34, 46, 139
Schallwellen 32, 33, 78, 124, 135
Schaltkreis 42, 43, 54, 63, 139
– integrierter 42
Scheckkarte 12, 13, 120, 121
Schildkröte 62, 63, 84, 139
Schnittstelle 54, 55, 57, 62, 63, 67, 74, 75, 79, 84, 139, 140
Schreib-/Lesespeicher 43
Schreibmaschine 27, 28, 46
Schwingungstakt 97
Sehsystem 81
Sensor 39, 43, 44, 49 – 53, 57 – 63, 66, 72, 74 – 79, 82, 139, 140
– magnetischer 44
– optischer 44
Silizium 6, 42, 43, 139
Signale, analoge 33, 37, 43
– digitale 9, 15, 33, 37, 43
– elektrische 8, 17, 19, 32, 33, 35, 40, 41, 67, 74, 76, 80, 110, 111, 122, 124, 125, 139
Software 18, 24, 25, 39, 56, 67, 125, 140
Sonar 39, 53, 140
Sonnenlicht, -strahlen 96, 104
Sonnensegel 61
Spannung
 siehe Elektrische Spannung

Speicher 10, 11, 26, 45, 125
– optischer 45, 125
Spektroskopie 128, 129, 133, 140
Spektrum 96, 100, 110, 115, 139, 140
Spiegel 77, 99, 103 – 105, 107, 108, 110, 116, 117, 123, 127, 130, 131, 135, 137
Sprachausgabe 56
Spracherkennung 80
Sprachsteuerung 67
Sprachsynthesizer 7, 31, 33, 43, 45, 56, 59, 82, 140
Standbild 41
Stereowiedergabe 15
Strichcode 9 – 12, 45, 63, 95, 124, 125, 140
Strom siehe Elektrischer Strom

Taktgeber 43
Taschenrechner 6, 28, 29, 45
Tastenfeld 16, 18, 19, 22, 24
Tastsensor 72, 77, 82
Tauchfahrzeug, -roboter 59
Telebanking 9, 21, 140
Telebox 46
Telebrief 32, 46
Telecopy 46
Telefax 32, 46
Telefon 4, 6 – 10, 12 – 14, 16, 18 – 21, 24, 26, 27, 30 – 34, 36, 42 – 46, 95, 120, 124, 137, 139, 140
Telekommunikation 4, 5, 32, 33, 139
Telekopierer 6
Teleletter 46
Teleshopping 4
Telesoftware 24, 25, 140
Teletex 46, 140
Teletext 16 – 18, 21, 24, 46, 140
Terminal 10 – 13, 16, 26, 44, 139, 140
Text 4, 6, 8, 17, 18, 28, 29, 45, 124, 125, 140
Textautomat 28, 29, 140
Textverarbeitung 27 – 29

Titan/Antiope 46
Ton 3, 8, 9, 15, 19, 33, 40, 41, 45, 63, 80, 110, 124, 125, 135, 137, 140
Transformator 54, 62, 140
Transistor 42, 85, 86, 100, 130
Transmissionshologramm 115, 117 – 119
Transparenz 103
Transphasor 130, 131, 140

Uhr 8
Ultraschallsensor 78
Umsetzer 31, 137
User Port 62, 140

Verkehrsfunk 7
Videoband 5, 40, 41
Videokamera 39, 40, 111
Video-Kassettenrecorder 40
Videorecorder 14, 15
Videotex 46
Videotext 4, 16, 17, 22 – 24, 44, 46, 139, 140
Viewdata 46

Wafer 42
Wellenlänge 36, 37, 97, 100 – 103, 105, 123, 128, 137, 138, 140
Wettersatellit 6
Widerstand 85
Winkelmessung 78, 79
Wirbelsäulenroboter 69

XYZ-Roboter 68

Yaw 140

Zeichenerkennung 44
Zeichengenerator 43
Zeichenroboter 62
Zelle 31, 64, 137
Zentralcomputer 12, 13, 17, 20, 22, 26, 34
Zielgruppenfernsehen 15
Zweiwegsystem 4, 16, 18, 32, 36, 137

143

Titel der englischen Originalausgabe:
Usborne Introduction to the New Technology
Aus dem Englischen übersetzt
von Gabriele Preis-Bader
und bearbeitet von Gerhard Bader
Unter Mitarbeit von Nigel East und Robin Mudge
Computerprogramm: Chrris Oxlade
Illustrationen: Roger Boffey, Kuo Kang Chen, Kai Choi, Tim Cowdell, Geoff Dicks, Mick Gillah, Jeremy Gower, Hussein Hussein, Chris Lyon, Rob McCaig, Janos Marffy, Martin Newton, Stan North, Simon Roulstone, Graham Round und Mike Saunders
Buchgestaltung: Iain Ashman, Roger Boffey, Gerry Downes, Richard Lee und Roger Priddy
Umschlaggestaltung: Ekkehard Drechsel unter Verwendung des Umschlags der Originalausgabe

Bildnachweis für Seite 114 oben:
Dicken Eames/Light Fantastic Ltd.

© 1983 by Usborne Publishing Ltd., London
Alle Rechte der deutschen Bearbeitung liegen beim
Otto Maier Verlag, Ravensburg, 1986
Printed in Germany
ISBN 3-473-35621-2

CIP-Kurztitelaufnahme der Deutschen Bibliothek

Roboter – Laser – Neue Medien/
Ian Graham ... Aus d. Engl. übers. von
Gabriele Preis-Bader.
[Bearb. von Gerhard Bader]. –
Ravensburg: Maier, 1986.
(Wissen – leichtgemacht)
Einheitsacht: Usborne Guide to the
new technology <dt.>
ISBN 3-473-35621-2
NE: Graham, Ian [Mitverf.]; Bader, Gerhard [Bearb.];
EST